普通高等教育新工科人才培养地球物理学

数值计算与程序设计

（地球物理类）

刘海飞　柳建新　编著

中南大学出版社
www.csupress.com.cn

·长沙·

前 言

数值计算方法是在计算机上解决数学问题的近似方法，它已成为理论分析和科学实验之外第三种科学研究的方法和手段，数值计算能力已成为当代大学生和工程技术人员必须具备的一种基本能力。在实际应用中，只有把数值计算方法和程序设计紧密结合起来，才能够更好地使用计算机正确、高效地解决各种复杂的计算问题。目前，数值计算方法已广泛地应用于航空航天、地质勘探、汽车制造、桥梁设计和天气预报等科学研究与工程计算当中。

数值计算与程序设计是地球物理勘查专业的一门基础课程，本书主要介绍地球物理勘查中常用的一些数值计算方法及其程序设计，包括数值计算的基础知识和误差分析、排序算法、插值方法、数据拟合、数值积分、数值微分和线性方程组的数值解法。通过对本课程的学习，使学生从算法原理、实现步骤、程序设计等方面对数值计算方法达到较深入的理解和认识，提高分析问题和解决实际问题的能力。

本书在编著过程中力求突出以下特色：

(1)注重算法的先进性

书中所编入的算法是在地球物理数据处理和正反演计算中常用的数值稳定且计算高效的算法，例如快速排序算法、平面离散点的二维网格化算法、多重积分法、样条函数和拟多重二次函数的求导、超松弛预条件共轭梯度法、阻尼最小二乘共轭梯度法以及基于奇异值分解的广义逆法等。

(2)简化理论推导，强调算法的实用性

对于绝大多数地球物理专业的学生，在将来的工作实践中主要运用计算机解决实际问题，没有必要在内容繁杂的数值算法的理论分析上花费太多的时间和精力。因此，本书从实用的角度出发，有意忽略繁琐的理论证明和推导，简明扼要地介绍各算法的基本原理和实现过程，缩短数值算法与程序设计之间的距离，使学生能够在短时间内理解并掌握算法，最终达到独立编写算法程序的目的。

(3)突出实用高效的程序设计

书中程序设计完全遵循模块化的编程思想和软件工程的编程风格，程序注释清晰，便于学生对程序的理解和自学。在根据算法编写程序时，紧密结合地球物理勘查数据，充分考虑程序代码的实用性和高效性，既注重理论联系实际，又强调学以致用，对每个算法进行了算

【CHINESE TEXT】

例分析,有助于学生对算法特性和程序设计有更深入的理解和认识。

本课程建议学时:讲授32~36学时和实验8~10学时。另外,在学习本课程之前,应先修高等数学、线性代数和C++语言程序设计等课程。

本书相关算法研究得到了国家自然科学基金项目(编号:41774149、42074165)、湖南省自然科学基金项目[编号:2020JJ469(4)]以及中南大学教改项目(编号:2019jy060)的支撑。

本书的撰写得到了中南大学地球科学与信息物理学院地球物理系和"有色资源与地质灾害探查"湖南省重点实验室的支持。在此致以衷心的感谢。

在本书撰写过程中,课题组童孝忠副研究员、崔益安教授、肖建平教授、佟铁钢副教授、郭荣文研究员、孙娅副教授、陈波副教授、郭振威副教授、潘新朋教授、李磊副教授给予了大力支持和帮助,并提出了许多宝贵中肯的建议。桂林理工大学徐志锋副教授不厌其烦地帮助查阅数值计算方面的电子书籍,并多次参与了一些有益的讨论。中南大学出版社刘小沛编辑为本书的出版付出了辛勤的劳动。研究生苟万灯、李昶萱、郭鹏、张一凡完成了初稿的校对工作。在此一并表示诚挚的感谢。

本书虽然经过反复修改,但由于笔者水平有限,书中难免有疏漏和不足之处,恳请读者批评指正。

编著者

2021年4月

目　录

第1章 引 论

1.1 数值计算方法

数值计算方法又称计算方法或数值分析，它是近代数学的一个重要分支，是一种在计算机上解决数学问题的方法。它需要将欲求解的数学问题简化成一系列的算术运算和逻辑运算，以便在计算机上求出问题的数值解。目前，数值计算方法已广泛地应用于航空航天、汽车制造、桥梁设计、天气预报及地质勘探等科学与工程计算当中。

1.1.1 研究对象

用数值计算方法来解决实际问题时，首先必须将实际问题抽象为数学问题，即建立能描述实际问题的数学模型，例如将实际问题转化为微分方程、积分方程或代数方程等；然后选择合适的计算方法和编程语言，编写出计算程序；最后在计算机上算出结果。

利用计算机解决科学计算问题一般分为以下几个过程：

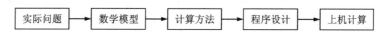

从实际问题到数学模型通常是应用数学的任务，而从数学模型到计算方法，再到程序设计是计算数学的任务，是数值计算方法的研究对象，它涉及数学的各个分支，内容十分广泛。

1.1.2 研究特点

数学模型中的运算（如微分、积分、无穷级数求和等）是无穷过程的运算，属于精确计算。而在计算机中，只能进行有限次数和有限位数的四则运算，属于近似计算。

数值计算方法就是为解决各类工程实际问题而设计的、能够满足所需精度要求的计算机算法，与纯数学只研究数学本身的理论不同，它还具有以下特点[1]：

（1）着重研究数值解法，即把连续变量的问题转化为离散变量的问题，并根据计算机的特点，使算法的计算量尽可能少，从而节省计算时间。

（2）近似计算不可避免地存在误差，关键是如何把误差控制在允许的范围内，因此除了研究数值解法外，还要研究其相关的理论——算法的收敛性、稳定性及误差估计。

（3）尽管各类数值方法已经很丰富，但它们不是在任何情况下都为最优的，因此，在选择解决具体问题的算法时，应进行算法的有效性试验。

总之，数值计算方法既有纯数学的高度抽象性、严密性与科学性的特点，又有应用数学的广泛性、试验性与技术性的特点，是一门与计算机紧密结合的、实用性很强的数学课程。

1.1.3　研究意义

目前，计算机的运算速度得到大幅度提高，可以承担大型科学技术问题的数值计算工作，但这是否意味着可以随意选择数值算法呢？

例如 用 Gramer 法则求解 n 阶方程组，要计算 $n + 1$ 个 n 阶行列式的值，总共需要计算 $n!(n - 1)(n + 1)$ 次乘法。当 n 较大时，计算量是相当大的，手工计算是完全不切实际的，那么使用现代计算机进行计算是不是很容易呢？如果采用 Gramer 法则解 20 阶的线性方程组，大约需要 10^{21} 次乘除法，若用每秒亿次的计算机也要算 30 万年，即使天河二号超级计算机以每秒 5.49 亿亿次的峰值运算速度也要耗费约 5 小时，这显然是不切实际的。事实上，求解线性方程组有很多实用的算法，若使用列选主元高斯消去法求解 20 阶的线性方程组，则只需 3060 次乘除运算，在每秒亿次的计算机上只需 0.03 毫秒，这在实际应用中是可以接受的。

因此，在计算机技术如此发达的今天，如何提高算法的性能仍然是数值计算方法研究中非常重要的一个问题。值得说明的是，对于小型问题，似乎无需考虑计算速度和占用内存问题，但对于复杂的大型问题，数值计算方法的性能仍然起着决定性的作用，这体现了算法研究的重要性和研究意义，也说明了只提高计算机速度，而不改进和选用好的数值计算方法是不行的。

1.2　数值计算中的误差

随着计算机技术和数值计算方法的发展，许多复杂的数值计算问题得到较好的解决。这一点不可否认，但数值计算所处理的数值型数据只能是真解的某种近似，产生误差是不可避免的，数值计算中的各个环节都有可能产生误差。

1.2.1　误差来源

误差的来源是多方面的，但主要有以下几种[2-3]：

（1）模型误差

用计算机解决科学计算问题，首先必须将实际问题归结为数学问题，进而建立近似的数学模型。在建立数学模型时，通常需要施加许多限制条件，并忽略掉一些次要因素，这样建立起来的"理想化"的数学模型，虽然具有"精确"而"完美"的外表，但其实只是客观现象的一种近似描述。我们把这种数学模型的解与实际问题的解之间出现的误差称为模型误差。

（2）观测误差

由于受观测仪器、观测方法和观测环境等因素的限制，使得物理量的观测值与客观存在的真实值之间总会存在一定的差异，这种差异称为观测误差。观测误差又包括系统误差和偶然误差，系统误差主要是观测仪器产生的误差，偶然误差主要是环境扰动和测量手段产生的误差。

（3）截断误差

由实际问题构建的数学模型，在很多情况下要得到准确解是困难的。当用数学模型得不到准确解时，通常要用数值方法求其近似解。这种数学模型的准确解与数值方法的近似解之间的误差称为截断误差，因为截断误差是方法固有的，又称方法误差。

【例 1.1】   指数函数 e^x 可展为幂级数形式

$$e^x = 1 + x + \frac{x^2}{2!} + \cdots + \frac{x^n}{n!} + \frac{x^{n+1}}{(n+1)!}e^{\xi x}, \ 0 < \xi < 1$$

若记

$$S_n(x) = 1 + x + \frac{x^2}{2!} + \cdots + \frac{x^n}{n!}$$

$$R_n(x) = \frac{x^{n+1}}{(n+1)!}e^{\xi x}, \ 0 < \xi < 1$$

则

$$e^x = S_n(x) + R_n(x)$$

在对指数函数 e^x 求值时，我们不能计算泰勒展开式的无穷多项的和，而只能截取有限项求和。若取

$$e^x \approx S_n(x)$$

则 $R_n(x)$ 即为截断误差。

（4）舍入误差

由于受计算机字长的限制，原始数据在计算机上表示会产生误差，每一次运算又可能产生新的误差，这种误差称为舍入误差。在数值计算过程中，参与计算的数据位数可能很多，甚至是无穷小数，由于受机器字长的限制，用机器代码表示的数据必然会引起舍入误差。每一步的舍入误差是微不足道的，但经过计算过程的传播和积累，舍入误差甚至可能会"淹没"所要的真解。

数值计算中除了研究求解数学问题的数值方法外，还要评价计算结果的误差是否满足精度要求。上述几种误差都会影响计算结果的准确性，但模型误差与观测误差往往不是计算人员所能完全避免的，主要由于数值计算中通常不用描述自然现象和观测数据，因此，数值计算方法主要研究截断误差与舍入误差对计算结果的影响。

1.2.2　绝对误差和相对误差

如何定义误差？人们常用绝对误差、相对误差或有效数字来说明一个近似值的准确程度。

（1）绝对误差和绝对误差限

定义 1.1　若用 x^* 表示准确值 x 的近似值，则

$$e_a(x^*) = x - x^* \tag{1.2.1}$$

称为近似值 x^* 关于准确值 x 的绝对误差。绝对误差是存在正值和负值的，它的符号取决于近似值相对准确值的大小。若绝对误差为正值，则近似值偏小，称为"弱近似"；若绝对误差为负值，则近似值偏大，称为"强近似"[4]。

一般来说，准确值 x 是未知的，因而不能得到近似值 x^* 的绝对误差 $e_a(x^*)$，只能根据测量的情况，估计出绝对误差取绝对值后的一个上界 ε_a，即

$$|e_a(x^*)| = |x - x^*| \leq \varepsilon_a \tag{1.2.2}$$

这个正数 ε_a 通常称为近似值 x^* 关于准确值 x 的绝对误差限。当估计出近似值 x^* 关于准确值 x 的绝对误差限 ε_a 后，工程上可以用以下方法表示准确值 x 所在的范围

$$x^* - \varepsilon_a \leq x \leq x^* + \varepsilon_a \quad \text{或} \quad x = x^* \pm \varepsilon_a$$

【例 1.2】 用一把有毫米刻度的米尺测量桌子的长度，读出的长度为 $x^* = 1235$ mm，它是桌子实际长度 x 的近似值，由米尺精度我们知道，这个近似值的误差不会超过半个毫米，则有：

$$|x - x^*| = |x - 1235| \leq 0.5 \text{ mm}$$

即

$$1234.5 \text{ mm} \leq x \leq 1235.5 \text{ mm} \quad \text{或} \quad x = (1235 \pm 0.5) \text{ mm}$$

注意：绝对误差和绝对误差限是有量纲的。

（2）相对误差和相对误差限

绝对误差的大小反映了一个近似值偏离准确值的程度，但还不能完全刻画一个近似值的准确程度。例如，测量 1000 m 的长度时发生了 1 cm 的误差，与测量 1 m 的长度时发生了 1 cm 的误差，虽然两者绝对误差相等，但前者要准确得多。由此可见，对于一个量的近似值的精度，除了考虑绝对误差的大小外，还要考虑该量本身的大小，为此需要引入相对误差的概念。

定义 1.2 若用 x^* 表示准确值 x 的近似值，则

$$e_r(x^*) = \frac{e_a(x^*)}{x} = \frac{x - x^*}{x} \tag{1.2.3}$$

称为近似值 x^* 关于准确值 x 的相对误差。相对误差也是存在正值和负值的，它的符号取决于绝对误差的符号。

实际上，由于准确值 x 一般是未知的，因此，相对误差通常定义为

$$e_r(x^*) = \frac{e_a(x^*)}{x^*} = \frac{x - x^*}{x^*} \tag{1.2.4}$$

该式说明了近似值 x^* 的绝对误差 $e_a(x^*)$ 相对近似值 x^* 本身所占的比例。由于相对误差考虑了近似值本身的大小，因而更能客观地反映近似值的准确程度。根据式（1.2.4），可知绝对误差与相对误差的关系为 $e_a(x^*) = x^* e_r(x^*)$。

与绝对误差一样，由于准确值 x 一般不知道，其绝对误差也就无法准确地算出，因此无法确定相对误差的准确值，而只能估计出它的范围。若

$$|e_r(x^*)| = \left| \frac{x - x^*}{x^*} \right| \leq \varepsilon_r \tag{1.2.5}$$

则称 ε_r 为近似值 x^* 关于准确值 x 的相对误差限。

根据相对误差的定义，相对误差限 ε_r 与绝对误差限 ε_a 之间有如下关系

$$|e_r(x^*)| = \left| \frac{x - x^*}{x^*} \right| \leq \frac{\varepsilon_a}{|x^*|} = \varepsilon_r \tag{1.2.6}$$

【例 1.3】 光速 $c = (2.997\,925 \pm 0.000\,001) \times 10^{10}$ cm/s，那么 $c^* = 2.997\,925 \times 10^{10}$ cm/s 的相对误差限为

$$\varepsilon_r = \frac{\varepsilon_a}{|x^*|} = \frac{0.000\,001 \times 10^{10}}{2.997\,925 \times 10^{10}} \approx 0.000\,000\,3$$

注意：相对误差和相对误差限是无量纲的。

1.2.3 有效数字及其与误差的关系

（1）有效数字

一般地，如果近似值 x^* 的绝对误差限是 x^* 某一位上的半个单位，则称 x^* 准确到该位，从该位到 x^* 第一个非零数字为止的所有数字即为有效数字，也可写成如下定义形式：

定义 1.3 若用 x^* 表示 x 的近似值，有

$$|x - x^*| \leqslant \varepsilon_a = \frac{1}{2} \times 10^{-k} \tag{1.2.7}$$

则称 x^* 准确到小数点后第 k 位，从小数点之后第 k 位起到 x^* 最左边非零数字之间的所有数字为有效数字。

【例 1.4】 圆周率 $\pi = x = 3.141\,592\,653\cdots$，按四舍五入法取前 n 位后，据定义 1.3 有表 1.2.1。

表 1.2.1 圆周率取不同近似值的绝对误差和绝对误差限

n	近似值 x^*	绝对误差 $e_a = x - x^*$	绝对误差限 $\varepsilon_a = 0.5 \times 10^{-k}$
1	3	0.141 592 653…	0.5×10^0
3	3.14	0.001 592 653…	0.5×10^{-2}
5	3.1416	− 0.000 007 347…	0.5×10^{-4}
6	3.14159	0.000 002 653…	0.5×10^{-5}

从表中不难看出：

若 $x^* = 3$，则 $k = 0$，那么，x^* 准确到个位，有 1 位有效数字；

若 $x^* = 3.14$，则 $k = 2$，那么，x^* 准确到小数点后第 2 位，有 3 位有效数字；

若 $x^* = 3.141\,6$，则 $k = 4$，那么，x^* 准确到小数点后第 4 位，有 5 位有效数字；

若 $x^* = 3.141\,59$，则 $k = 5$，那么，x^* 准确到小数点后第 5 位，有 6 位有效数字。

由此可知，定义 1.3 是通过式（1.2.7）先得到近似值 x^* 的准确数位，再由此推算有效数字。同时可以看出，同一个准确值的不同近似值，有效数字的位数越多，它的绝对误差就越小，当然，相对误差也会越小。

关于有效数字，还有几点需要注意[5]：

①有效数字尾部零的作用。例如 0.618 有 3 位有效数字，而 0.61800 有 5 位有效数字。

②存疑数字的确定。一个近似值的有效位数看起来比该近似值的数字位数要少一位。比如 $x = 0.152\,4$，$x^* = 0.154$。此时 $e_a(x^*) = -0.001\,6$，其绝对误差限为 0.005（第二位小数的半个单位），显然，x^* 虽然有三位小数却只精确到第二位小数，因此它只有 2 位有效数字，其中"1"和"5"为准确数字，而"4"就不再是准确数字了，称为存疑数字。

③虽然近似值 x^* 准确到真值 x 的第 n 位，但近似值 x^* 与真值 x 的第 n 位数字有可能不相同。如果不相同时，两者差 1。例如 3.1416 是 $\pi = 3.1415926\cdots$ 的准确到小数点后第四位的近似值，但它的末位数是 6，与 π 中对应位 5 相差 1。

④由于受到计算机字长的限制（不同数值类型的取值范围是一定的），在利用计算机进行数值计算时，输入和输出的数据只保留有限的位数，并且所保留下来的不一定都是有效数字，同时也不是所有的有效数字都可以保留下来。

（2）有效数字与绝对误差的关系

下面给出有效数字的另外一种定义，它与定义1.3的本质是相同的，但它可以更好地说明有效数字与绝对误差的关系。

定义 1.4 若用 x^* 表示 x 的近似值，并将 x^* 表示成

$$x^* = \pm (a_1 \times 10^{-1} + a_2 \times 10^{-2} + \cdots + a_n \times 10^{-n}) \times 10^m$$

其中，a_1，a_2，$\cdots$，a_n 是 0 ~ 9 的自然数，且 $a_1 \neq 0$，n 是正整数，m 是整数，若

$$|x - x^*| \leqslant \frac{1}{2} \times 10^{m-n} \qquad (1.2.8)$$

则称近似值 x^* 具有 n 位有效数字。

【例 1.5】 $x = \sqrt{2} = 1.414\,213\,567\,37\cdots$

若取 $x^* = 1.414\,2 = 10^1 \times 0.141\,42$，可知 $m = 1$，根据式（1.2.8）

$$|x - x^*| = 0.000\,013\,56\cdots \leqslant \frac{1}{2} \times 10^{-4} = \frac{1}{2} \times 10^{m-n} = \frac{1}{2} \times 10^{1-n}$$

则 $n = 5$，即 x^* 具有 5 位有效数字。

反过来，若 $x^* = 1.414\,2$ 是 x 的具有 5 位有效数字的近似值，同样 $m = 1$，根据式（1.2.8）

$$|x - x^*| = 0.000\,013\,56\cdots \leqslant \frac{1}{2} \times 10^{m-n} = \frac{1}{2} \times 10^{1-5} = \frac{1}{2} \times 10^{-4}$$

即可得到 x^* 的绝对误差限。

由例1.5可知，定义1.4深刻地反映了有效数字的位数与绝对误差的紧密关系，如果给定 x^* 的绝对误差限，则可得到 x^* 的有效数字的位数；如果给定 x^* 的有效数字的位数，则可得到 x^* 的绝对误差限。

（3）有效数字与相对误差的关系

一个近似值的有效数字除了与绝对误差有关系外，还与该近似值的相对误差有一定的联系，下面给出它们之间的两个基本结论[3]。

定理 1 若近似值 x^* 有 n 位有效数字，则其相对误差限满足

$$\varepsilon_r \leqslant \frac{1}{2a_1} \times 10^{-(n-1)} \qquad (1.2.9)$$

其中 a_1 为最左边的一位有效数字。

证明 设近似值 x^* 的表示形式为

$$x^* = \pm (a_1 \times 10^{-1} + a_2 \times 10^{-2} + \cdots + a_n \times 10^{-n}) \times 10^m \qquad 且 \qquad a_1 \neq 0$$

显然有

$$|x^*| \geqslant a_1 \times 10^{m-1}$$

又因为 x^* 有 n 位有效数字，则由有效数字的定义1.4有

$$|x - x^*| \leqslant \frac{1}{2} \times 10^{m-n}$$

因此，根据式（1.2.6），可得

$$|e_r(x^*)| = \left|\frac{x - x^*}{x^*}\right| \leqslant \frac{\varepsilon_a}{|x^*|} = \varepsilon_r \leqslant \frac{0.5 \times 10^{m-n}}{a_1 \times 10^{m-1}} = \frac{1}{2a_1} \times 10^{-(n-1)}$$

定理得证。

根据定理 1，若已知近似值 x^* 具有 n 位有效数字，则 x^* 的相对误差限一定满足式 (1.2.9) 的结论；但反过来，若已知近似值 x^* 的相对误差限满足式 (1.2.9)，则近似值 x^* 具有 n 位有效数字的结论不一定成立，即定理 1 中的条件是充分不必要条件。

【例 1.6】　用 $x^* = 3.141\,6$ 表示圆周率具有 5 位有效数字的近似值，则相对误差限是

$$\varepsilon_r \leqslant \frac{1}{2 \times 3} \times 10^{-(n-1)} = \frac{1}{6} \times 10^{-4}$$

定理 2　若近似值 x^* 的相对误差限满足

$$\varepsilon_r \leqslant \frac{1}{2(a_1 + 1)} \times 10^{-(n-1)} \tag{1.2.10}$$

则 x^* 至少具有 n 位有效数字。其中 a_1 为最左边的一位有效数字。

证明　设近似值 x^* 的表示形式为

$$x^* = \pm(a_1 \times 10^{-1} + a_2 \times 10^{-2} + \cdots + a_n \times 10^{-n}) \times 10^m \quad 且 \quad a_1 \neq 0$$

显然有

$$|x^*| \leqslant (a_1 + 1) \times 10^{m-1}$$

又因为

$$|e_r(x^*)| = \left|\frac{x - x^*}{x^*}\right| \leqslant \varepsilon_r \leqslant \frac{1}{2(a_1 + 1)} \times 10^{-(n-1)}$$

所以有

$$|x - x^*| \leqslant \varepsilon_r |x^*| \leqslant \frac{|x^*|}{2(a_1 + 1)} \times 10^{-(n-1)} \leqslant \frac{(a_1 + 1) \times 10^{m-1}}{2(a_1 + 1)} \times 10^{-(n-1)} = \frac{1}{2} \times 10^{m-n}$$

由定义 1.4 可知，x^* 具有 n 位有效数字，定理得证。

同样，定理 2 中的条件也是充分不必要条件。

【例 1.7】　$\sqrt{26}$ 的相对误差小于 0.001，则至少取几位有效数字？

解：由于 $\sqrt{25} < \sqrt{26} < \sqrt{36}$，则首位非零数字 $a_1 = 5$，根据定理 2，若有

$$\varepsilon_r \leqslant \frac{1}{2(a_1 + 1)} \times 10^{-(n-1)} = \frac{1}{2(5 + 1)} \times 10^{-(n-1)} \leqslant 0.001$$

成立，需要 $n > 2$，故取 $n = 3$ 即可满足要求。

1.3　误差的传播与估计

在介绍误差的传播规律和累积效应之前，我们先了解一下"蝴蝶效应"：南美洲亚马逊河流域热带雨林中的一只蝴蝶，偶尔扇动几下翅膀，可能在两周以后在美国得克萨斯州引起一场龙卷风，如图 1.3.1 所示。

这看起来似乎有些夸张，但实际上与误差的传播和积累是相似的。亚马逊河的蝴蝶拍拍翅膀的小动作根本不可能引起大家的关注，然而恰恰这个小动作通过传播和累积却在美国引

起了"轩然大波"，这也恰好说明了误差累积的可怕性，这跟"千里之堤，溃于蚁穴"的道理是一样的。同样，如果在数值计算方法中不重视误差的传播和积累，即使一个好的算法也可能得到坏的结果[6]。

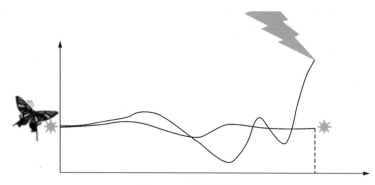

图 1.3.1　蝴蝶效应

1.3.1　误差估计的一般公式

在实际的数值计算中，参与运算的数据往往都是一些近似值，必然存在误差。这些数据的误差在运算过程中不断传播，研究误差的传播规律有助于估算计算结果能否达到精度要求。这里介绍一种误差估计的一般公式，它是利用函数的泰勒(Taylor)级数展开得到的，泰勒公式在数值计算方法的构造和误差分析中起着非常重要的作用[6]。

以多元函数 $y = f(x_1, x_2, \cdots, x_n)$ 为例，设 $x_1^*, x_2^*, \cdots, x_n^*$ 分别是 $x_1, x_2, \cdots, x_n$ 的近似值，$y^* = f(x_1^*, x_2^*, \cdots, x_n^*)$，利用函数在 $(x_1^*, x_2^*, \cdots, x_n^*)$ 点处的泰勒展开式，并略去高阶无穷小，有

$$y = f(x_1, x_2, \cdots, x_n) \approx f(x_1^*, x_2^*, \cdots, x_n^*) + \sum_{i=1}^{n} \left[\frac{\partial f}{\partial x_i^*} e_a(x_i^*) \right]$$

因此，y^* 的绝对误差为

$$e_a(y^*) = y - y^* = f(x_1, x_2, \cdots, x_n) - f(x_1^*, x_2^*, \cdots, x_n^*) = \sum_{i=1}^{n} \left[\frac{\partial f}{\partial x_i^*} e_a(x_i^*) \right]$$

$$(1.3.1)$$

式中，$\frac{\partial f}{\partial x_i^*}$ 可视为绝对误差的传播因子，它表示绝对误差 $e_a(x_i^*)$ 经过传播后增大或缩小的倍数。

将式(1.3.1)两端同除以 y^*，可得 y^* 的相对误差为：

$$e_r(y^*) = \frac{y - y^*}{y^*} = \frac{f(x_1, x_2, \cdots, x_n) - f(x_1^*, x_2^*, \cdots, x_n^*)}{f(x_1^*, x_2^*, \cdots, x_n^*)}$$

$$= \sum_{i=1}^{n} \left[\frac{x_i^*}{y^*} \frac{\partial f}{\partial x_i^*} \frac{e_a(x_i^*)}{x_i^*} \right] = \sum_{i=1}^{n} \left[\frac{x_i^*}{y^*} \frac{\partial f}{\partial x_i^*} e_r(x_i^*) \right]$$

$$(1.3.2)$$

式中，$\frac{x_i^*}{y^*} \frac{\partial f}{\partial x_i^*}$ 可视为相对误差的传播因子，它表示相对误差 $e_r(x_i^*)$ 经过传播后增大或缩小的倍数。

通过对函数的泰勒级数展开式分析可知，当误差的传播因子的绝对值很大时，数据的误差在运算中传播后，会增大运算结果的误差。由原始数据 x_i 的微小变化引起结果 y 的很大变化的问题，称为病态问题或坏条件问题。

1.3.2 误差在算术运算中的传播

利用式(1.3.1)和式(1.3.2)，可对加、减、乘、除、乘方和开方等算术运算中的误差传播规律进行分析。

(1) 加、减运算

根据式(1.3.1)，可得加、减运算的绝对误差为

$$e_a(x_1^* \pm x_2^*) = e_a(x_1^*) \pm e_a(x_2^*) \tag{1.3.3}$$

由式(1.3.3)可知，近似值之和(差)的绝对误差等于各近似值的绝对误差之和(差)。

根据式(1.3.2)，可得加、减运算的相对误差为

$$e_r(x_1^* \pm x_2^*) \approx \frac{x_1^*}{x_1^* \pm x_2^*} e_r(x_1^*) \pm \frac{x_2^*}{x_1^* \pm x_2^*} e_r(x_2^*) \tag{1.3.4}$$

由式(1.3.4)可知，近似值之和的相对误差与各近似值的相对误差保持同数量级，即运算结果的相对误差不会被放大。当相近的两近似值作减法运算时，由于有效数位的减少，将导致运算结果的相对误差增大。

(2) 乘法运算

根据式(1.3.1)，可得乘法运算的绝对误差为

$$e_a(x_1^* x_2^*) \approx x_2^* e_a(x_1^*) + x_1^* e_a(x_2^*) \tag{1.3.5}$$

由式(1.3.5)可知，当 x_1^* 与 x_2^* 的绝对值大于 1 时，乘积的绝对误差可能会增大。

根据式(1.3.2)，可得乘法运算的相对误差为

$$e_r(x_1^* x_2^*) = e_r(x_1^*) + e_r(x_2^*) \tag{1.3.6}$$

由式(1.3.6)可知，近似值之积的相对误差等于各近似值的相对误差之和。

(3) 除法运算

根据式(1.3.1)，可得两近似值作除法运算的绝对误差为

$$e_a(x_1^*/x_2^*) \approx \frac{1}{x_2^*} e_a(x_1^*) - \frac{x_1^*}{(x_2^*)^2} e_a(x_2^*) = \frac{x_1^*}{x_2^*}[e_r(x_1^*) - e_r(x_2^*)] \tag{1.3.7}$$

由式(1.3.7)可知，当除数的绝对值趋于零时，商的绝对误差会变大，容易造成计算机"溢出"错误，故应设法避免绝对值太小的数作除数。

根据式(1.3.2)，可得两近似值作除法运算的相对误差为

$$e_r(x_1^*/x_2^*) = e_r(x_1^*) - e_r(x_2^*) \tag{1.3.8}$$

由式(1.3.8)可知，近似值之商的相对误差等于各近似值的相对误差之差。

(4) 乘方、开方运算

根据式(1.3.1)，可得近似值的乘方、开方运算的绝对误差为

$$e_a((x^*)^p) \approx p \cdot (x^*)^{p-1} \cdot e_a(x^*) \tag{1.3.9}$$

由式(1.3.9)可知，当 $p > 1$ 时，$(x^*)^p$ 为乘方运算；当 $0 < p < 1$ 时，$(x^*)^p$ 为开方运算。若 $p(x^*)^{p-1} > 1$，$(x^*)^p$ 的绝对误差会增大；若 $p(x^*)^{p-1} < 1$，$(x^*)^p$ 的绝对误差会减小。

根据式(1.3.2)，可得近似值的乘方、开方运算的相对误差为

$$e_r\left[(x^*)^p\right] = p \cdot e_r(x^*) \tag{1.3.10}$$

由式(1.3.10)可知，$(x^*)^p$ 的相对误差是 x^* 的相对误差的 p 倍，即乘方运算相对误差增大，开方运算相对误差减小。

1.4　数值计算中应注意的一些问题

由于误差的普遍存在，数值计算中的每一步都有可能产生误差，而解决一个大型科学计算问题，可能需要数以亿次的运算，如果每一步运算都分析误差，显然是不可能的，也是不必要的。因此，人们常常通过分析误差的某些传播规律，总结数值计算中应该注意的一些问题，以避免误差危害现象的发生。下面给出数值计算中应注意的一些问题[1-5]。

（1）要选用数值稳定的算法

在数值计算中，解决同一个问题可能存在多种算法，而不同的算法对误差（如观测误差、舍入误差等）的敏感度不同。在计算过程中误差不随迭代次数的增加而增大的算法称为数值稳定的算法，反之称为数值不稳定的算法，在实际中数值不稳定的算法是不能用的。

【例1.8】　计算定积分

$$I_n = \int_0^1 \frac{x^n}{x+5}\,dx, \quad n = 0,1,2,\cdots,30$$

解：由于

$$I_n + 5I_{n-1} = \int_0^1 \frac{x^n + 5x^{n-1}}{x+5}\,dx = \int_0^1 x^{n-1}\,dx = \frac{1}{n} \tag{1.4.1}$$

将此式变形，可得

$$I_n = \frac{1}{n} - 5I_{n-1}, \quad n = 1,2,3,\cdots,30 \tag{1.4.2}$$

或

$$I_{n-1} = \frac{1}{5n} - \frac{1}{5}I_n, \quad n = 30,29,\cdots,1 \tag{1.4.3}$$

很显然，采用式(1.4.2)或式(1.4.3)均可求出各积分结果。下面分别按这两个公式计算：

方法1：给定初值

$$I_0 = \int_0^1 \frac{1}{x+5}\,dx = \ln6 - \ln5 = \ln1.2$$

采用式(1.4.2)递推公式，可计算出 $I_1, I_2, \cdots, I_{30}$。

方法2：由于 $I_0 > I_1 > I_2 > \cdots > I_{n-1} > I_n$，根据式(1.4.2)和式(1.4.3)，有

$$I_n = \frac{1}{n} - 5I_{n-1} < I_{n-1} = \frac{1}{5n} - \frac{1}{5}I_n \quad \text{且} \quad I_n = \frac{1}{5(n+1)} - \frac{1}{5}I_{n+1} > I_{n+1} = \frac{1}{n+1} - 5I_n$$

经整理

$$\frac{1}{6(n+1)} < I_n < \frac{1}{6n}$$

因此，可近似给定 I_{30} 的初值

$$I_{30} \approx \frac{1}{2}\left(\frac{1}{186} + \frac{1}{180}\right)$$

采用式(1.4.3)递推公式，可计算出 $I_{30}, I_{29}, \cdots, I_0$。

根据方法1和方法2，采用双精度分别计算 $I_0, I_1, \cdots, I_{30}$，计算结果如表1.4.1所示。

表 1.4.1　方法 1 与方法 2 的计算结果

n	方法 1	方法 2	n	方法 1	方法 2
0	0.182321556793955	0.182321556793955	16	0.009890324510982	0.009896332328565
1	0.088392216030227	0.088392216030227	17	0.009371906856857	0.00934186776894
2	0.058038919848865	0.058038919848866	18	0.008696021271271	0.008846216710854
3	0.04313873408901	0.043138734089005	19	0.009151472591016	0.008400495393098
4	0.03430632955495	0.034306329554975	20	0.004242637044922	0.007997523034511
5	0.028468352225249	0.028468352225126	21	0.02640586239444	0.007631432446493
6	0.024324905540419	0.024324905541035	22	-0.086574766517654	0.007297383222083
7	0.021232615155046	0.02123261515197	23	0.476352093457833	0.006991344759152
8	0.01883692422477	0.01883692424015	24	-2.3400938006225	0.006709942870906
9	0.016926489987263	0.016926489910363	25	11.7404690031125	0.006450285645471
10	0.015367550063686	0.015367550448186	26	-58.663883477101	0.006210110234181
11	0.014071340590662	0.01407133866816	27	293.356454422542	0.00598648586613
12	0.012976630380023	0.012976639992532	28	-1466.746557827	0.005781856383636
13	0.01203992502296	0.012039876960419	29	7333.7672718936	0.005573476702509
14	0.011228946313773	0.011229186626476	30	-36668.8030261346	0.005465949820789
15	0.010521935097804	0.010520733534287			

从表中可以看出，当 n 值较大时，两种方法的计算结果差异很大。那么为何由同一关系式给出的两个递推公式会有两种不同的结果呢？

对于方法1，由于初值 I_0 存在少量的舍入误差，而随着递推次数 n 的增加，误差总是以5的倍数逐渐增大，当计算到 I_{30} 时，I_0 的舍入误差被放大了 5^{30} 倍，以至于 I_{30} 的计算结果已经"面目全非"了，这就是典型的"蝴蝶效应"。而对于方法2，初值 I_{30} 虽然存在舍入误差，但每次递推误差总是减少 $1/5$，当计算到 I_0 时，初始舍入误差被减小了 5^{30} 倍。相比之下，方法1是数值不稳定的，方法2是数值稳定的。

上述算例说明，在数值计算中，选用或设计数值稳定的算法是十分重要的。

(2) 要避免两个相近的数相减

在数值计算中，两个相近的数作减法运算时，有效数字会有损失。

设 x^* 是 x 的近似值，y^* 是 y 的近似值，考察 $x^* - y^*$ 的相对误差，由相对误差的定义

$$e_r(x^* - y^*) = \frac{|(x-y) - (x^* - y^*)|}{|x-y|} \leqslant \frac{|x - x^*| + |y - y^*|}{|x-y|}$$

$$= \left|\frac{x - x^*}{x}\right|\left|\frac{x}{x-y}\right| + \left|\frac{y - y^*}{y}\right|\left|\frac{y}{x-y}\right| = e_r(x^*)\left|\frac{x}{x-y}\right| + e_r(y^*)\left|\frac{y}{x-y}\right|$$

当 x 接近于 y 时，由于 $\left|\dfrac{x}{x-y}\right|$ 和 $\left|\dfrac{y}{x-y}\right|$ 都很大，使得 $x^* - y^*$ 的相对误差 $e_r(x^* - y^*)$ 要比 x^* 和 y^* 的相对误差大得多。由此可见，当两个相近的数相减时，可能会造成有效数字的严重损失，在实际计算时常常需要适当改变算法，以避免这种情况的发生。例如

① 当 $x \to 0$ 时，$\dfrac{1 - \cos x}{\sin x} \Rightarrow \dfrac{\sin x}{1 + \cos x}$

② 当 x 很大时，$\sqrt{x+1} - \sqrt{x} \Rightarrow \dfrac{1}{\sqrt{x+1} + \sqrt{x}}$

③ 当 $x \to y$ 时，$\ln x - \ln y \Rightarrow \ln(x/y)$

④ 当 $f(x) \to f(x^*)$ 时，$f(x) - f(x^*) \Rightarrow (x - x^*)f'(x^*) + \dfrac{1}{2}(x - x^*)^2 f''(x^*)\cdots$

（3）要避免除数的绝对值远小于被除数的绝对值

若 $u = x/y$，$u^* = x^*/y^*$，其中 x^* 和 y^* 分别是 x 和 y 的近似值，则 u^* 的绝对误差为

$$e_a(u^*) = u - u^* = \frac{x}{y} - \frac{x^*}{y^*} = \frac{xy^* - yx^*}{yy^*} = \frac{y^*(x - x^*) - x^*(y - y^*)}{yy^*}$$

$$= \frac{y^* e_a(x^*) - x^* e_a(y^*)}{yy^*} \approx \frac{y^* e_a(x^*) - x^* e_a(y^*)}{(y^*)^2}$$

由上式可以看出，在作除法运算时，分母的绝对值越小，则商的绝对值越大。在后续章节介绍的高斯消去法解线性方程组中，如果消元过程不选主元，就有可能遇到绝对值较小的数作除数的情况，最终可能导致方程求解结果出现偏差，甚至方程求解失败。

（4）要防止大数"吃掉"小数的现象

在使用计算机作加、减运算时，参与运算的各数需要先"对阶"再运算，如果各数的数量级相差很大，数量级较小的数会被数量级较大的数"吃掉"，这将严重影响计算结果的准确性。下面我们通过具体算例来说明这种情况。

【例 1.9】 求解一元二次方程 $x^2 - (10^9 + 1)x + 10^9 = 0$ 的根。

采用因式分解容易得到方程的两个根分别为 $x_1 = 10^9$，$x_2 = 1$。

如果使用单精度定义变量，按二次方程求根的公式编程计算

$$x_{1,2} = \frac{-b \pm \sqrt{b^2 - 4ac}}{2a}$$

其中 $-b = 10^9 + 1 = 0.1 \times 10^{10} + 0.000\,000\,000\,1 \times 10^{10}$，而单精度浮点数只能保留 7 位有效数字，故 $0.000\,000\,000\,1 \times 10^{10}$ 在计算中不起作用，则 $-b = 10^9$，类似地

$$\sqrt{b^2 - 4ac} \approx |b|$$

因此，求得的两个根是：$x_1 = 10^9$，$x_2 \approx 0$。

【例 1.10】 在计算机上计算两个单精度浮点型变量 a 与 b 的和。若将变量 a、b 分别初始化为 479.384 2、0.000 011 111，求 $a + b$。

如果计算时没有位数的限制，则计算结果应为 479. 384 211 111。当受到有效位数的限制（单精度变量保留 7 位有效数字）时，实际计算结果为 479. 384 2。若将两变量其中之一改为双精度浮点型，由于受低精度变量的影响，计算结果仍为 479. 384 2。若将两变量都改为双精度浮点型，因有效位数被提高到了 15 位，使得计算中的小数没有被"吃掉"。

所以在数值计算过程中，应先分析参与计算的各数的数量级，以便编程时合理地选择数据类型与合理地安排运算顺序，防止各数在数量级相差悬殊时大数"吃掉"小数的现象发生。当多个数相加时，应该从绝对值最小的数到绝对值最大的数依次相加；当多个数相乘时，应该从有效位数最多的数到有效位数最少的数依次相乘。

（5）要简化计算步骤，减少运算次数

简化计算步骤十分重要，它直接影响着计算效率和误差积累。

【例 1. 11】 计算多项式

$$P(x) = a_n x^n + a_{n-1} x^{n-1} + \cdots + a_1 x + a_0$$

若直接用上式计算，计算 k 次项 $a_k x^k$ 需要 k 次乘法，得到最终结果则需要 $n(n+1)/2$ 次乘法和 n 次加法，但如果将上式改写成：

$$P(x) = x(x\cdots(x(a_n x + a_{n-1}) + a_{n-2}) + \cdots + a_1) + a_0$$

或改写为

$$\begin{cases} b_n = a_n \\ b_{i-1} = b_i x + a_{i-1}, \ i = n, \ n-1, \ \cdots, \ 1 \end{cases}$$

当 $i = 1$ 时，b_0 即为所求结果，计算过程只需 n 次乘法和 n 次加法，计算量大大减少。该算法是由我国南宋数学家秦九韶在 1247 年提出的，故称为秦九韶算法。英国数学家 William George Horner 在 1819 年也给出了该算法，国外文献通常称此算法为霍纳法则（Horner Rule）。

【例 1. 12】 计算 x^{255}。

如果逐个相乘，需要 254 次乘法，但如果改成 $x^{255} = x \cdot x^2 \cdot x^4 \cdot x^8 \cdot x^{16} \cdot x^{32} \cdot x^{64} \cdot x^{128}$，则只需要 14 次乘法运算即可。

最后指出，任何数值算法只有在有效的时间内计算出可靠的结果时，才能表现出它的实用性。许多计算案例表明，解决同一问题的不同算法所表现的特性各不相同，一般而言，选择算法时应综合考虑以下几点：

（1）计算量小；

（2）计算精度高；

（3）占用内存少。

然而，上述条件往往不能同时兼备，有时是相互制约的。因此，实际中也常常根据问题的精度要求和计算机的性能选择计算方法。

1.5　程序设计概述

计算机科学的发展为科学计算提供了高速、高精度的计算工具，然而计算机只能机械地执行人的指令，它不会独立地思维，也不能发挥任何创造性。为了利用计算机解决问题，需要进行程序设计。程序设计主要包括两个方面：行为设计和结构设计。行为设计也称算法设计，即对解决问题的每个细节准确地加以定义，并且将全部的解题过程用某种工具完整地描述出来。结构设计是为解决问题而选取合适的数据结构。算法与数据结构之间有着密切的联系，算法是为了实现数据运算而存在的；数据结构是为了研究数据运算而存在的。对于算法而言，若不了解基本的数据结构，就无法确定施加在数据结构上的操作；对于数据结构而言，若不了解操作数据的算法，就无法决定实施算法的数据结构。

算法与数据结构的本质联系是：

$$算法 + 数据结构 = 程序$$

计算机程序是人们利用计算机解决某一问题时，向计算机提供的、用程序设计语言编写的、能被计算机执行的一组规则或步骤。程序在计算机上运行，运行的对象是数据，运行的目的是处理数据，运行的结果是得到问题的解答。

在设计程序时，需要根据问题性质引入相应的程序设计方法，主要包括面向过程的程序设计和面向对象的程序设计。面向过程的程序设计是采用自顶向下、逐步细化的设计方法，即将待解决的问题看成一个系统，将系统按功能划分成各个模块，将子模块编写成子程序，再通过子程序之间的相互耦合来解决复杂的问题。面向对象的程序设计是一种认识事物的方法，它是以对象为中心的思维方式，将系统看作通过交互作用来完成特定功能的对象的集合，每个对象用自己的方法来管理数据，只有对象内部的代码才能够操作对象内部的数据。

面向过程的程序设计和面向对象的程序设计有一定的区别。面向过程的程序设计以数据为实体，着眼于处理数据的整个流程。面向对象的程序设计则从现实中人的角度考虑问题，将软件功能转变为不同模块的动作和模块间的通信。面向过程的程序设计对需求变化的适应能力比较弱，功能的改变甚至会牵一发而动全身。而在面向对象的程序设计中，数据不再贯穿整个程序，而是成为各个模块的私有属性，这种私有化带来了一些便利，当然，也会增加对象内部的复杂性，但大大降低了模块之间的耦合性，恰好满足了我们对程序"低耦合、高内聚"的期望。此外，继承性体现了现实世界中的层次、世代关系，多态体现了现实世界的多样性，这种对现实世界的模仿使程序更容易被理解。

面向过程的程序设计更适合于那些强调过程、强调对数据处理的软件，这类软件就像一个流水线，数据进入这个流水线并流出，每一步都是一个结构化的层次。而面向对象的程序设计更适合于那种强调对象的操作和通信、强调功能特性的软件，例如 Windows 操作界面程序中的各元素，如滚动条、按钮和列表框等，在鼠标的操作下，各元素有着相应的动作，而这类软件在面向过程的程序设计中就会产生低重用性和高耦合性。

本书提供的程序大多为功能较单一的算法程序，为便于阅读和修改，设计程序时主要基于面向过程的程序设计方法。在程序设计过程中，除了确保程序的正确性和有效性以外，还力求做到程序具有可读性、可修改性、可重用性及实用性等。初学者在学习算法原理的同时，结合算法的实现过程阅读相应的程序代码，并在计算机上调试和测试代码，这样可对算法的数学原理、实现过程及计算性能等方面有全面的理解和认识，最终达到熟悉掌握算法以及根据算法设计程序的目的。

习　题

1. 数值计算的误差来源有哪些?

2. 数值计算过程中应注意的问题有哪些?

3. 下列各数是按四舍五入原则得到的近似数,它们各有几位有效数字?

$$92.357, \ 0.004926, \ 6.88291, \ 0.3219400$$

4. 按四舍五入原则,将下列各数近似成 5 位有效数字:

$$759.9567, \ 9.0000283, \ 46.32190, \ 2.295671, \ 97.18243, \ 0.4563633$$

5. 若近似值 $x_1^* = 2.45$, $x_2^* = -0.146$, $x_3^* = 0.78 \times 10^{-4}$ 的绝对误差限均为 0.005,请问各近似值有几位有效数字?

6. 若 $a = 3.2059$, $b = 0.897$ 均是经过四舍五入的近似值,问: $a + b$, $a \times b$, a/b 有几位有效数字?

7. 正方形的边长约为 100 cm,为使其面积的误差不超过 1 cm^2,则在测量边长时允许的最大误差是多少?

8. 已测得某长方形场地长边 $a^* = 110$ m,宽 $b^* = 80$ m,若已知 $|a - a^*| \leq 0.2$ m, $|b - b^*| \leq 0.1$ m,试求其面积的绝对误差限和相对误差限。

第 2 章　排序算法

排序是计算机程序设计中的一种重要操作，它的功能是将一组"无序"的数据序列重新排列成"有序"的数据序列。排序本不属于数值计算方法，但对于从事地球物理勘查的专业技术人员来讲，掌握一些排序算法是必要的。

在介绍排序算法之前，先了解几个基本概念[7]：

内部排序：若整个排序过程不需要访问外存便能完成，则称此类排序问题为内部排序。

外部排序：若参加排序的记录数量很大，以致于内存不能一次容纳全部记录，在排序过程中需要借助外存完成全部记录的排序，则称此类排序问题为外部排序。

稳定排序和不稳定排序：假设在排序记录中，存在两个或两个以上的记录具有相同的关键字，采用某种排序算法排序后，若这些相同关键字的前后相对次序仍然保持不变（即在原序列中，$d_i = d_j$，且 d_i 在 d_j 之前，而排序后 d_i 仍在 d_j 之前），则称这种排序为稳定排序，否则称为不稳定排序。

时间复杂度：是指算法重复执行某种基本操作的次数，它是问题规模 n 的函数 $t(n)$，其时间量度记作

$$T(n) = \Theta(t(n))$$

它表示随着问题规模 n 的增大，算法运行时间的增长率与 $t(n)$ 的增长率相同，称作算法的渐近时间复杂度，简称时间复杂度。例如：采用冒泡法对 n 个整型数按升序排序

```
for (int i = 1; i < n; i++)
    for (int j = 0; j < n - i; j++)
        if (a[j] > a[j + 1]){
            int tmp = a[j];
            a[j] = a[j + 1];
            a[j + 1] = tmp;
        }
```

该算法执行比较的次数为 $t(n) = n(n-1)/2$，则时间复杂度为 $\Theta(n^2)$。

空间复杂度：算法执行时所需的辅助存储空间与时间复杂度类似，它也可记为问题规模 n 的函数 $s(n)$，其空间量度记作

$$S(n) = \Theta(s(n))$$

一个程序除了需要内存空间来存储本身所用的指令、常数、变量和输入数据外，也需要为实现计算或某种操作开辟一些辅助存储空间。例如上述冒泡排序，所需辅助存储空间函数 $s(n) = 3$，不随问题规模 n 的变化而变化，则空间复杂度为 $\Theta(1)$。

为简明起见，书中在介绍排序算法原理和实现过程时，均按升序方式。

2.1 选择排序

选择排序(straight selection sort):每一轮在 $n - i + 1 (i = 1, 2, \cdots, n - 1)$ 个记录中选取关键字最小的记录作为有序序列中第 i 个记录,这样经过 $n - 1$ 轮操作得到一个有序序列。

(1)选择排序算法

选择排序算法的原理如图2.1.1所示,其排序过程可描述为:

① 将待排序的数据序列 $d_1, d_2, \cdots, d_n$ 划分为有序序列和无序序列,排序前整个数据序列为无序序列;

② 从无序序列的第一个元素开始,向后寻找最小元素直到序列末尾,找到的最小元素与无序序列第一个元素作比较,如果前者比后者小,则交换两者,否则不交换。交换后,有序序列元素个数加1,无序序列元素个数减1;

③ 重复②操作,直到无序序列元素个数为0,排序过程结束。

(2)选择排序示例

下面以序列 {49, 27, 65, 97, 76, 13, 38} 为例,图示说明选择排序算法的排序过程,如图2.1.2所示。对 n 个数据由小到大排序,需要 $n - 1$ 轮选择最小数据元素的操作,无论数据序列的初始排序状态如何,数据元素之间需要比较的次数均为 $n(n - 1)/2$,时间复杂度为 $\Theta(n^2)$,另外排序时只需定义几个临时变量,即空间复杂度为 $\Theta(1)$。该算法简单、直观,在小规模排序问题中应用较多。

(3)选择排序的程序设计

根据选择排序算法设计程序,具体如程序代码2.1.1所示。

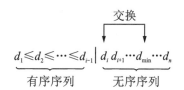

图2.1.1 选择排序算法的原理图

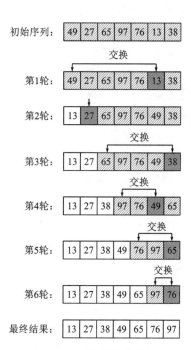

图2.1.2 选择排序示例

程序代码2.1.1 选择排序的程序代码

```
template<class T>
void SelectSort(T * d, const int n)
{
    int i, j, k;
    for (i = 0; i <n - 1; i++)
    {
        k = i;                        //i为无序序列首索引
```

```
    for (j = i + 1; j <n; j++)           //搜索无序序列最小元素的索引 k
    {
        if (d[ j ] <d[ k ]) k = j;
    }
    if (k ! = i) swap(d[ i ], d[ k ]);    //无序序列首元素与最小元素交换
    }
}
```

2.2 插入排序

插入排序(straight insertion sort):它的基本操作是将一个记录插入到一个有序序列中,从而得到一个新的、记录数增 1 的有序序列。

(1)插入排序算法

插入排序算法的原理如图 2.2.1 所示,其排序过程可描述为:

① 将待排序的数据序列 d_1, d_2, $\cdots$, d_n 划分为有序序列和无序序列。排序前整个数据序列为无序序列,排序时假定第一个元素已经被排序,则无序序列从整个序列的第二个元素开始;

② 取无序序列的第一个元素 d_i,与有序序列 $d_1 \leq d_2 \leq \cdots \leq d_{i-1}$ 从后向前逐一比较。如果元素 d_i 小于 d_{i-1},则将 d_{i-1} 后移置于索引 i 的位置,再将 d_i 与 d_{i-2} 比较,如果 d_i 仍然小于 d_{i-2},则将 d_{i-2} 后移置于索引 $i-1$ 的位置,继续向前比较,直到 d_i 大于 d_k,则将 d_i 置于索引 $k+1$ 的位置。至此有序区序列个数加 1,无序区序列个数减 1;

③ 重复 ② 步,直到无序区序列为 0 个,有序区序列为 n 个。

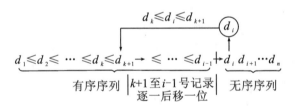

图 2.2.1　插入排序算法的原理图

(2) 插入排序示例

下面以序列{49, 27, 65, 97, 76, 13, 38}为例,图示说明插入排序算法的排序过程,具体如图 2.2.2 所示。对 n 个数据由小到大排序(升序),需要 $n-1$ 轮将数据元素插入有序序列的操作,若数据序列本身就为升序排列,则数据元素间的比较次数为 $n-1$ 次,移动次数为 0 次;若数据序列本身就是降序排列,则数据元素之间的比较次数为 $n(n-1)/2$,移动次数为 $(n+2)(n-1)/2$;若数据序列的排序状态是随机的,各种序列出现的概率相同,可取上述最小值和最大值的平均值作为插入排序的比较次数和移动次数,约为 $n^2/4$,因此,插入排序的时间复杂度为 $\Theta(n^2)$。排序时只需要一个记录的辅助空间,即空间复杂度为 $\Theta(1)$。

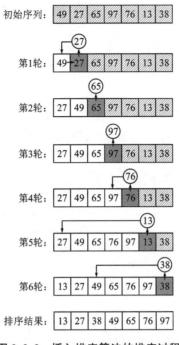

初始序列：49 27 65 97 76 13 38

第1轮：49 27 65 97 76 13 38

第2轮：27 49 65 97 76 13 38

第3轮：27 49 65 97 76 13 38

第4轮：27 49 65 97 76 13 38

第5轮：27 49 65 76 97 13 38

第6轮：13 27 49 65 76 97 38

排序结果：13 27 38 49 65 76 97

图2.2.2 插入排序算法的排序过程

(3)插入排序的程序设计

根据插入排序算法设计程序，具体如程序代码2.2.1所示。

程序代码2.2.1 插入排序的程序代码

```
template<class T>
void InsertSort(T * d, const int n)
{
    for (int i = 1; i <n; i++)
    {
        int k = i - 1;                //有序序列最后一个数据的索引
        T a = d[i];                   //无序序列第一个数据
        while (k >= 0 && a <d[k])     //数据逐一向后移位
        {
            d[k + 1] = d[k];
            k--;
        }
        d[k + 1] = a;                 //将无序序列第一个数据置于有序序列中
    }
}
```

2.3 希尔排序

希尔排序是 D. L. Shell 于 1959 年提出的，它是当时效率最高的排序算法。希尔排序属于改进的插入排序算法，又称缩小增量排序算法，

（1）希尔排序算法

希尔排序算法的原理如图 2.3.1 所示，其排序过程可描述为：

① 将待排序的数据序列 $d_1, d_2, \cdots, d_n$ 以增量 h 间隔抽取数据元素构成若干个子序列，然后分别对每个子序列采用插入排序算法排序；

② 继续缩小增量 h，如果 h 大于或等于 1，重复第 ① 步，否则，排序过程结束。

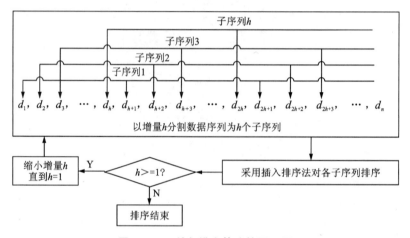

图 2.3.1 希尔排序算法的原理图

希尔排序算法的效率与增量序列 $\{h\}$ 有一定关系，增量序列不同，排序的时间复杂度不同，理论上应使增量序列的值除 1 和自身外不再有其他因数。下面给出几种构建增量序列的方法，如表 2.3.1 所示。

表 2.3.1 增量序列的构建方法

提出者	增量序列递推公式	最坏时间复杂度
Shell	$h_k = n/2,\ h_{k-1} = h_k/2,\ \cdots,\ 1$	$\Theta(n^2)$
Hibbard	$h_k = 2 \cdot h_{k-1} + 1,\ \cdots,\ 15,\ 7,\ 3,\ 1$	$\Theta(n^{3/2})$
Knuth	$h_k = 3 \cdot h_{k-1} + 1,\ \cdots,\ 40,\ 13,\ 4,\ 1$	$\Theta(n^{3/2})$
Sedgewick	$h_k = (9 \cdot 4^i - 9 \cdot 2^i + 1,\ 4^j - 3 \cdot 2^j + 1),\ \cdots,\ 41,\ 19,\ 5,\ 1$ $i = 0, 1, 2, \cdots \quad j = 2, 3, 4, \cdots$	$\Theta(n^{4/3})$

（2）希尔排序示例

下面对数据序列 [49, 27, 65, 97, 76, 13, 38] 采用希尔排序算法排序，以说明其排序过

程。采用 Knuth 方法构建增量序列{4，1}，排序过程如图2.3.2所示。

通过逐渐缩小增量的插入排序过程，使整个数据序列逐渐变得有序，而插入排序在数据序列基本有序的情况下，只需要少量的比较和移动即可完成排序，因此，希尔排序的时间复杂度明显低于插入排序。空间复杂度与插入排序相同，只需要一个记录的辅助空间。

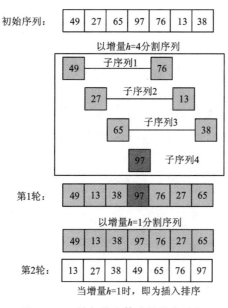

图2.3.2 希尔排序算法的排序过程

(3)希尔排序的程序设计

以 Knuth 和 Sedgewick 公式分别定义增量序列，根据希尔排序算法设计程序，具体如程序代码2.3.1所示。

程序代码2.3.1 希尔排序的程序代码

```cpp
//希尔排序----Knuth 定义增量序列
template<class T>
void ShellSortKnuth(T * d, const int n)
{
    int h = 1;
    while (h < n / 3)h = h * 3 + 1;      //动态定义增量序列
    while (h > 0)                        //逐渐缩小增量 h 作插入排序
    {
        for (int i = h; i < n; i++)       //在当前增量 h 下对各子序列作插入排序
        {
            int j = i - h;                //当前子序列的有序序列最后一个元素的索引
            T a = d[i];                   //无序序列的第一个元素
            while (j >= 0 && a < d[j])
```

```
            {
                d[ j + h ] = d[ j ];
                j -= h;
            }
            d[ j + h ] = a;                //将 d[ i ]插到 j + h 的位置
        }
        h = h / 3;
    }
}


//Shell 排序----Sedgewick 定义增量序列
template<class T>
void ShellSortSedgewick(T * d, const int n)
{
    vector<int> Sedgi;              //存储增量序列
    int i = 0, j = 2;
    while (true)                    //动态定义增量序列
    {
        int s = int(9 * pow(4, i) - 9 * pow(2, i) + 1);
        if (s >n)break;
        else  Sedgi.push_back(s);
        s = int(pow(4, j) - 3 * pow(2, j) + 1);
        if (s >n)break;
        else  Sedgi.push_back(s);
        i++; j++;
    }
    for (int k = Sedgi.size() - 1; k >= 0; k--)    //逐渐缩小增量 h 作插入排序
    {
        int h = Sedgi[k];
        for (int i = h; i <n; i++)                 //在当前增量 h 下对各子序列作插入排序
        {
            T a = d[ i ];
            int j = i - h;
            while (j >= 0 &&d[ j ] > a)            //数据按增量 h 向后移位
            {
                d[ j + h ] = d[ j ];
                j -= h;
            }
            d[ j + h ] = a;                        //将 d[ i ]插到 j + h 的位置
        }
```

```
    }
    //释放内存
    Sedgi.clear();
    Sedgi.shrink_to_fit();
}
```

2.4　堆排序

堆排序(heapsort)是由图灵奖获得者罗伯特·弗洛伊德(Robert W. Floyd)与威廉姆斯(J. Williams)在 1964 年共同提出的。

堆排序是一种树形选择排序,其中堆的定义为:n 个元素的序列 $d_1, d_2, \cdots, d_n$ 当且仅当满足

$$\begin{cases} d_i \geqslant d_{2i} \\ d_i \geqslant d_{2i+1} \end{cases}, i = 1, 2, \cdots, k\ (\geqslant n/2) \qquad (2.4.1)$$

或

$$\begin{cases} d_i \leqslant d_{2i} \\ d_i \leqslant d_{2i+1} \end{cases}, i = 1, 2, \cdots, k\ (\geqslant n/2) \qquad (2.4.2)$$

关系时,称之为堆,其中满足条件式(2.4.1)称为大顶堆,满足条件式(2.4.2)称为小顶堆[7]。

例如,数据序列:

{97, 65, 76, 49, 27, 13, 38, 20, 35} 为大顶堆,如图 2.4.1(a) 所示。

{13, 38, 27, 49, 97, 65, 76, 59, 87, 99} 为小顶堆,如图 2.4.1(b) 所示。

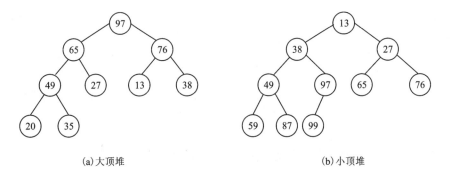

(a) 大顶堆　　　　　　　　　　　　　　(b) 小顶堆

图 2.4.1　堆的示例

图 2.4.1(a) 和图 2.4.1(b) 所示的树形结构称为完全二叉树,其元素从根结点起,自上而下,自左向右,按一个父节点最多联系两个子节点的分支关系组织起来的顺序存储结构。不难看出,堆的特点:完全二叉树中所有父结点的值不小于(或不大于) 其左、右子结点的值,堆顶元素必为序列中 n 个元素的最大值(或最小值)。

根据图2.4.1（a）和图2.4.1（b），若输出堆顶的最大值（最小值）之后，将剩余$n-1$个元素的序列重新以完全二叉树的结构建成一个堆，则得到n个元素中的次大值（次最小值），如此往复，便得到一个有序序列，这个过程称为堆排序。

（1）堆排序算法

堆排序可描述为以下三步：

① 将待排序的数据序列$d_1, d_2, \cdots, d_n$以完全二叉树的结构形式构建一个堆；

② 交换堆顶与堆尾元素；

③ 调整剩余$n-1$个元素$d_1, d_2, \cdots, d_{n-1}$的前后位置使之成为新的堆，重复步骤②，如此往复，直到$n=1$为止，排序结束。

如果数据序列按升序排序，则建大顶堆；如果数据序列按降序排序，则建小顶堆。由此可以看出，实现堆排序需要解决两个问题：① 如何将一个无序序列建成一个堆？② 如何在输出堆顶元素之后，调整剩余元素成为一个新的堆？

下面以序列｛49，27，65，97，76，13，38｝为例，先介绍建大顶堆的过程。如图2.4.2所示，建堆是先从初始完全二叉树［图2.4.2（a）］的最后一个子结构开始，从右至左，自下而上，调整各子结构使之满足堆条件［图2.4.2（b）～图2.4.2（d）］。当调整上部子结构满足堆条件，而导致下部子结构又不满足堆条件时，则自上而下再次调整该子树［图2.4.2（e）］，使该子树上的各子结构重新满足堆条件［图2.4.2（f）］。

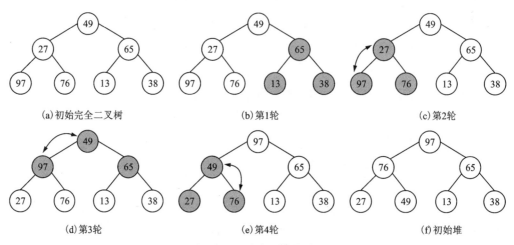

图 2.4.2　建大顶堆的过程

从图2.4.2（f）的初始堆开始，反复执行堆排序算法②和③步，具体如图2.4.3（a）～图2.4.3（l）所示。从图中可以看出重新建堆的规律，上下联通的数据元素是要相对排序的，而左右相邻的元素没有必然的大小关系，这就是其排序效率得到极大提高的原因。堆排序不要求附加存储单元，属于真正的"同址"排序，最坏时间复杂度为$\Theta(n\log_2 n)$，是被广泛使用的一种排序方法。

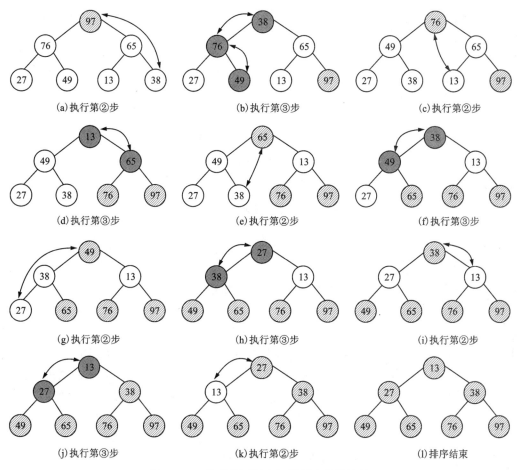

(a)执行第②步　　　　　　(b)执行第③步　　　　　　(c)执行第②步

(d)执行第③步　　　　　　(e)执行第②步　　　　　　(f)执行第③步

(g)执行第②步　　　　　　(h)执行第③步　　　　　　(i)执行第②步

(j)执行第③步　　　　　　(k)执行第②步　　　　　　(l)排序结束

图 2.4.3　输出堆顶元素与重新建堆的过程

（2）堆排序的程序设计

根据堆排序算法设计程序，具体如程序代码 2.4.1 所示。

程序代码 2.4.1　堆排序的程序代码

```
//堆排序
template<class T>
void HeapAdjust(T * d, int left, int right)
{
    T a = d[left]; //根结点
    for (int j = 2 * left + 1; j <= right; j = 2 * j + 1)    //2 * left + 1左叶
    {
        if (j <right && d[j] <d[j + 1]) j++;                 //j + 1右叶
        if (a >= d[j]) break;       //满足堆条件终止循环
        d[left] = d[j];             //叶结点置于根结点
        left = j;                   //改变根索引为叶索引
```

```
    }
    d[left] = a; //根结点置于叶结点
}
template<class T>
void HeapSort(T * d, const int n)
{
    for (int i = n / 2 - 1; i >= 0; i--)HeapAdjust(d, i, n - 1); //建初始堆
    for (int i = n - 1; i > 0; i--)
    {
        swap(d[0], d[i]);              //交换堆顶与堆尾元素
        HeapAdjust(d, 0, i - 1);       //剩余元素重新建堆
    }
}
```

2.5 归并排序

归并排序是由"计算机之父"约翰.冯.诺伊曼于 1945 年提出的。

归并排序(merging sort)是将两个或两个以上的有序序列合并成一个新的有序序列。该算法是分治法(divide and conquer)的一个典型应用，即对大型问题采用分而治之的策略，最终达到解决大型问题的目的。针对排序问题，先将一个长序列分解成多个短序列，对短序列排序后，再将短序列逐渐合并成一个长的有序序列。

(1)归并排序算法

归并排序算法的原理如图 2.5.1 所示，其非递归排序过程可描述为：

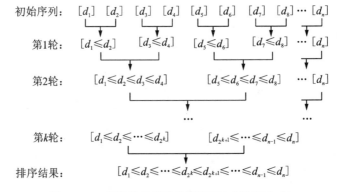

图 2.5.1　归并排序算法的原理图(非递归方式)

① 首先将待排序的数据序列 d_1, d_2, $\cdots$, d_n 看成 n 个长度为 1 的有序子序列；

② 将长度为 1 的子序列两两归并，得到小于等于 $n/2$ 个长度为 2 或 1 的有序子序列；

③ 再将长度为 2 或 1 的子序列两两归并，如此往复，直到第 k 轮($n/2 \leq 2^k < n$)，再两两归并最后一次，便得到一个长度为 n 的有序序列，归并排序终止。

这里给出的归并排序算法是以长度为 1, 2, 4, $\cdots$, 2^k($n/2 \leq 2^k < n$) 的子序列逐轮进行

归并的，适合采用非递归的方式编写程序代码。

（2）归并排序示例

下面采用归并排序算法对数据序列[49，27，65，97，76，13，38]排序，进一步说明归并排序算法的递归排序过程。首先将无序序列从中间一分为二，再对左右子序列分别进行递归分解与合并操作，最终得到一个有序的序列。排序过程如图 2.5.2 所示。

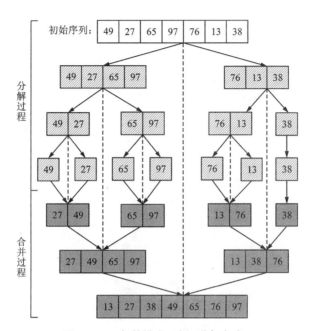

图 2.5.2　归并排序示例(递归方式)

（3）归并排序的程序设计

根据归并排序算法设计程序，具体如程序代码 2.5.1 所示。递归实现代码 MergeSortRec( )在形式上比较简洁，但递归过程会造成空间浪费。相比而言，非递归实现代码 MergeSortNonrec( )在时间和空间方面均较有优势。该算法的最坏时间复杂度为 $\Theta(n\log_2 n)$，空间复杂度为 $\Theta(n)$。

程序代码 2.5.1　归并排序的程序代码

```
//归并排序
//将序列[first,mid]和[mid+1,right]合并成一个有序序列
template<class T>
void Merge(T * d, T * w, int left, int mid, int right)
{
    int i = left;        //左序列起始位置
    int j = mid + 1;     //右序列起始位置
    int k = left;        //辅助数组起始位置
    while (k <= right)   //两个有序序列最小元素先放入辅助数组
```

```
    {
        if (i >mid) w[k++] = d[j++];
        else if (j >right) w[k++] = d[i++];
        else
        {
            if (d[i] >d[j]) w[k++] = d[j++];
            else w[k++] = d[i++];
        }
    }
    //将有序序列替换原有序列
    for (int k = left; k <= right; k++) d[k] = w[k];
}
//递归分解与合并序列
template<class T>
void MSort(T * d, T * w, int left, int right)
{
    if (left<right)
    {
        int mid = (left + right) / 2;      //将序列一分为二
        MSort(d, w, left, mid);            //递归分解左序列
        MSort(d, w, mid + 1, right);       //递归分解右序列
        Merge(d, w, left, mid, right);     //合并两有序序列
    }
}
//归并排序-递归方式(参考图 2.5.2)
template<class T>
void MergeSortRec(T * d, const int n)
{
    T * w = new T[n];
    MSort(d, w, 0, n - 1);
    delete[]w;
}
//////////////////////////////////////////////////////////
//归并排序-非递归方式(参考图 2.5.1)
template<class T>
void MergeSortNonrec(T * d, const int n)
{
    int size = 1, left, mid, right;//size 为子序列长度
    T * w = new T[n];
    while (size <n)
    {
        left = 0;    //子序列左结点
```

```
    while (left + size <n)
    {
        mid = left + size - 1;    //子序列中间结点
        right = mid + size;       //子序列右结点
        if (right >= n)right = n - 1;   //右序列长度小于 size
        Merge(d, w, left, mid, right);  //归并两子序列
        left = right + 1;               //下一次归并时左序列的首索引
    }
    size *= 2; //序列长度增加一倍
    }
    delete[ ]w;
}
```

2.6 快速排序

快速排序是 C. A. R. Hoare 于 1960 年提出的,是冒泡排序的一种改进,也是目前最快的排序算法。它采用分治法的策略,首先在数据序列中任取一个元素作为基准数,其他元素通过与之比较和交换,将整个数据序列分割成两个独立的子序列(其中一个子序列的元素均小于另一个子序列的元素),然后再按此方法将这两个子序列分割成四个子序列,如此往复地递推下去,直至所有子序列不能再分割为止,整个数据序列成为有序序列。

(1)快速排序算法

快速排序算法的原理如图 2.6.1 所示,其排序过程可描述为:

① 在待排序序列 d_1,d_2,…,d_n 中,选择一个元素作为基准数(不失一般性,这里选择序列最左边的元素 d_1 为基准数 key),然后定义两个整型变量 i 和 j,分别记录序列中两个元素的索引,排序前令 $i = 1$,$j = n$;

② 首先 j 由右向左执行 $j--$,直到满足 $d_j < key$ 和 $i < j$ 条件为止。然后 i 由左向右执行 $i++$,直到满足 $d_i > key$ 且 $i < j$ 条件为止,交换 d_i 和 d_j;

③ 重复②步,直到满足 i 等于 j 为止,交换 d_i 和基准点 key,此时 i 位置左侧的元素均小于 d_i,i 位置右侧的元素均大于 d_i,即基准数 key 已置于整个序列的准确位置,这个过程称为一轮快速排序;

④ 以 d_i 作为分界线,将其左侧和右侧的序列划分成两个独立的子序列(左侧子序列的元素均小于右侧子序列),再对两子序列分别执行 ① ~ ③步,如此往复,直至每个子序列不能再分割为止,排序结束。

(2)快速排序示例

下面采用快速排序算法对数据序列[49,27,65,97,76,13,38]排序,参考图 2.6.2,排序过程如下:

① 基准数 $key = 49$,$i = 1$,$j = 7$。此时 j 满足 $d_7 = 38 < key$,i 向右移动至 $d_3 = 65 > key$,交换 d_3 和 d_7。j 向左移动至 $d_6 = 13 < key$,i 向右移动至 $d_4 = 97 > key$,交换 d_4 和 d_6。j 向左移动至 $d_4 = 13 < key$,i 和 j 相遇($i = j = 4$),交换 d_4 和 key,$d_4 = 49$ 置于整个序列的准确位置;

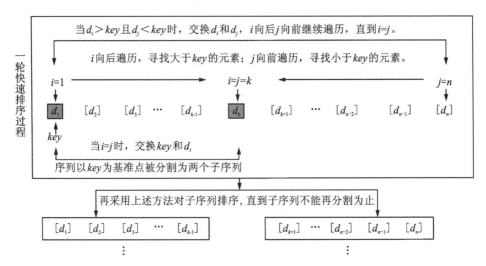

图 2.6.1　快速排序算法的原理图

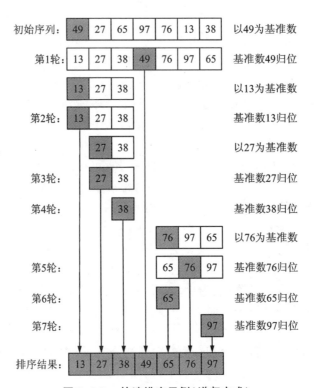

图 2.6.2　快速排序示例（递归方式）

② 对子序列排序[13，27，38]排序，基准数 $key = 13$，$i = 1$，$j = 3$。j 向左移动至 d_1，i 和 j 相遇（$i = j = 1$），$d_1 = 13$ 置于整个序列的准确位置；

③ 对子序列[27，38]排序，基准数 $key = 27$，$i = 2$，$j = 3$。j 向左移动至 d_2，i 和 j 相遇（$i = j = 2$），$d_2 = 27$ 置于整个序列的准确位置；

④ 对子序列[38]排序，基准数 $key = 38$，$i = 3$，$j = 3$。i 和 j 相遇（$i = j = 3$），$d_3 = 38$ 置于

整个序列的准确位置；

⑤ 对子序列 $[76, 97, 65]$ 排序，基准数 $key = 76$，$i = 5$，$j = 7$。此时 j 满足 $d_7 = 65 < key$，i 向右移动至 $d_6 = 97 > key$，交换 d_6 和 d_7。j 向左移动至 d_6，i 和 j 相遇（$i = j = 6$），交换 d_6 和 key，$d_6 = 76$ 置于整个序列的准确位置；

⑥ 对子序列 $[65]$ 排序，基准数 $key = 65$，$i = 5$，$j = 5$。i 和 j 相遇（$i = j = 5$），$d_5 = 65$ 置于整个序列的准确位置；

⑦ 对子序列 $[97]$ 排序，基准数 $key = 97$，$i = 7$，$j = 7$。i 和 j 相遇（$i = j = 7$），$d_7 = 97$ 置于整个序列的准确位置。

（3）快速排序的程序设计

根据递归方式的快速排序算法设计程序，具体如程序代码 2.6.1 所示。函数 QuickSortRec( ) 比较简洁，但需要额外的栈空间实现递归，若每一轮排序都将数据序列均匀地分割成长度相近的两个子序列，则栈的最大深度为 $\log_2 n + 1$，平均时间复杂度为 $\Theta(n\log_2 n)$，空间复杂度为 $\Theta(n\log_2 n)$。若原始数据序列本身就为升序或降序排列，则每轮排序之后，基准数偏向于子序列的一端，这是最坏的情况，栈的最大深度为 n，最坏时间复杂度为 $\Theta(n^2)$，空间复杂度为 $\Theta(n\log_2 n)$。

程序代码 2.6.1　递归方式的快速排序的程序代码

```
//快速排序-递归方式
template<class T>
void QSort(T * d, int left, int right)
{
    if (left>= right) return;
    int i = left;  //i 为左指针,d[left]为基准数
    int j = right; //j 为右指针
    while (i < j)
    {
        //先从右边开始寻找小于基准数 a 的 d[j]
        while (d[j] >= d[left] && i < j) j--;
        //再从左边开始寻找大于基准数 a 的 d[i]
        while (d[i] <= d[left] && i < j) i++;
        //交换 d[j]和 d[i]
        if (i < j)swap(d[i], d[j]);
    }
    swap(d[i], d[left]);//基准数归位
    //对次级子序列重复上述过程
    QSort(d, left, i - 1);   //递归左边
    QSort(d, i + 1, right);  //递归右边
}
template<class T>
void CSort<T>::QuickSortRec(T * d, const int n)
```

```
{
    if (n<= 1)return;
    QSort(d, 0, n - 1);
}
```

考虑到递归方式的快速排序占用内存多,特别是当序列本身就是升序或降序排列时,排序的效率将会明显降低。因此,对函数 QuickSortRec( )作如下改进:①采用非递归方式实现快速排序算法;②采用快速排序与插入排序相结合的方式,当数据序列长度 M 较小时(默认小于7,适当改变该值对排序效率影响不大),插入排序的效率高于快速排序[8]。因此,当序列长度小于 M 时,采用插入排序,否则采用快速排序;③选取数据序列的首元素、中间元素和尾元素,以三元素的中值作为基准数,可避免序列本身就为升序或降序排列时排序效率明显降低的情况。改进后的程序代码如程序代码 2.6.2 所示。

程序代码 2.6.2　非递归方式的快速排序的程序代码

```
template<class T>
void QuickSortNonrec(T * d, const int n)
{
    if (n<= 1)return;
    const int M = 7, NSTACK = 64;//子序列长度小于7,采用插入排序
    int i, j, k, jstack = -1, left = 0, mid, right = n - 1;
    int istack[NSTACK];
    while (true)
    {
        if (right - left < M)    //插入排序
        {
            for (j = left + 1; j <= right; j++)
            {
                T a = d[j];
                for (i = j - 1; i >= left && a <d[i]; i--)d[i + 1] = d[i]; //移位
                d[i + 1] = a; //插入到准确位置
            }
            if (jstack < 0) break;        //排序终止
            right = istack[jstack--];    //子序列右结点
            left = istack[jstack--];     //子序列左结点
        }
        else//快速排序
        {
            i = left + 1;        //左指针
            j = right;           //右指针
            k = i;               //基准数的索引
            //三元素中值点作为基准数,避免序列为正常序列
```

```
    //d[left] < d[k] < d[right]
    mid = (left + right) / 2;
    swap(d[mid], d[k]);
    if (d[left] >d[right]) swap(d[left], d[right]);
    if (d[k] >d[right])    swap(d[k], d[right]);
    if (d[left] >d[k])     swap(d[left], d[k]);
    while (true)
    {
        //先从右边开始寻找小于基准数的d[j]
        do j--; while (d[j] >d[k]);
        //再从左边开始寻找大于基准数的d[i]
        do i++; while (d[i] <d[k]);
        if (j < i)break;
        //交换d[j]和d[i]
        swap(d[i], d[j]);
    }
    swap(d[j], d[k]);//基准数归位
    jstack += 2;
    if (right - i + 1 >= j - left)    //右序列长度大于左序列长度
    {
        istack[jstack - 1] = i;        //右序列左结点
        istack[jstack] = right;        //右序列右结点
        right = j - 1;                 //左序列右节点
    }
    else                               //左序列长度大于右序列长度
    {
        istack[jstack - 1] = left;     //左序列左结点
        istack[jstack] = j - 1;        //左序列右结点
        left = i;                      //右序列左节点
    }
        }
    }
}
```

2.7 索引表

排序算法在实际应用过程中，常常遇到一条数据记录包含多个子项的情况。例如，在天气观察中，观测站点会记录时间、温度、风速、风向等，若以某一子项作为关键字进行排序，其他子项将随之移动。如果以一条数据记录包含三个子项为例，对2.2节插入排序程序更改如下：

程序代码 2.7.1　一条记录包含多个子项的插入排序的程序代码

```cpp
template<class T>
void InsertSort(T * a, T * b, T * c, const int n)
{
    for (int i = 1; i < n; i++)
    {
        int k = i - 1;      //有序序列最后一个数据的索引
        T at = a[i];        //无序序列第一个数据
        T bt = b[i];
        T ct = c[i];
        while (k >= 0 && at < a[k]) //数据逐一向后移位
        {
            a[k + 1] = a[k];
            b[k + 1] = b[k];
            c[k + 1] = c[k];
            k--;
        }
        //将无序序列第一个数据置于有序序列中
        a[k + 1] = at;
        b[k + 1] = bt;
        c[k + 1] = ct;
    }
}
```

　　显然，采用以上方式子项移动的工作量将随着子项数量的增加而增大。因此，可以考虑构造索引表[8]：

$$\text{index}[i], \quad i = 0, 1, \cdots, n-1$$

用于存储待排序关键字从小到大的索引。在排序过程中，不是移动关键字的前后次序，而是移动和更改关键字的索引。排序结束后，使 index[0] 存储最小关键字的索引值，index[1] 存储次小关键字的索引值，……，index[n-1] 存储最大关键字的索引值。采用索引表的方法编写上述插入排序程序，如程序代码 2.7.2 所示。

程序代码 2.7.2　采用索引表的插入排序的程序代码

```cpp
template<class T>
void InsertSortIndx(T * a, T * b, T * c, const int n)
{
    int * index = new int[n];
    for (int i = 0; i < n; i++) index[i] = i;
    for (int i = 1; i < n; i++)
    {
        int k = i - 1;          //有序序列最后一个数据的索引
```

```
        T at = a[i];                        //无序序列第一个数据
        while (k >= 0 && at <a[index[k]])   //数据逐一向后移位
        {
            index[k + 1] = index[k];
            k--;
        }
        //将无序序列第一个数据置于有序序列中
        index[k + 1] = i;
    }
    ////////////////////////////////////////////////////////
    //按索引重新排放
    T * w = new T[n];
    for (int i = 0; i <n; i++)w[i] = a[i];
    for (int i = 0; i <n; i++)a[i] = w[index[i]];
    for (int i = 0; i <n; i++)w[i] = b[i];
    for (int i = 0; i <n; i++)b[i] = w[index[i]];
    for (int i = 0; i <n; i++)w[i] = c[i];
    for (int i = 0; i <n; i++)c[i] = w[index[i]];
    //释放内存
    delete[] index; delete[] w;
}
```

2.8 排序算法的性能对比

本节将对上述各排序算法的基本特性进行对比讨论，如表 2.8.1 所示。

表 2.8.1 上述各排序算法的基本特性

排序算法	最好时间复杂度	最坏时间复杂度	平均时间复杂度	空间复杂度	稳定性
选择排序	$\Theta(n^2)$	$\Theta(n^2)$	$\Theta(n^2)$	$\Theta(1)$	不稳定
堆排序	$\Theta(n\log_2 n)$	$\Theta(n\log_2 n)$	$\Theta(n\log_2 n)$	$\Theta(1)$	不稳定
插入排序	$\Theta(n)$	$\Theta(n^2)$	$\Theta(n^2)$	$\Theta(1)$	稳定
希尔排序	$\Theta(n)$	$\Theta(n^2)$	$\Theta(n^{1.3})$	$\Theta(1)$	不稳定
归并排序	$\Theta(n\log_2 n)$	$\Theta(n\log_2 n)$	$\Theta(n\log_2 n)$	$\Theta(n)$	稳定
快速排序	$\Theta(n\log_2 n)$	$\Theta(n^2)$	$\Theta(n\log_2 n)$	$\Theta(n\log_2 n)$	不稳定

为进一步测试上述各排序函数的效率，在主频为 4 GHz、内存为 16 GB 的 64 位 PC 机上，对 1 亿个随机数按升序排序，主调函数如程序代码 2.8.1 所示。

程序代码 2.8.1　主调函数的程序代码

```cpp
#include<fstream>
#include<iomanip>
#include<iostream>
#include<windows.h>
#include<random>
using namespace std;
//其他排序函数体置于此处
//主调函数
int main()
{
    const long n = 100000000; //序列长度
    double * a = new double[n];
    /////////////////////////////////////////////////////////////////
    cout<<"----------------------------------------------------"<< endl;
    cout<<"--------------------生成随机数个数:"<< n << endl;
    default_random_engine s;
    //s.seed(time(0));
    s.seed(0);//设置随机数种子
    for (int i = 0; i < n; i++)a[i] = s();//产生 n 个随机数
    cout<<"--------------------生成随机数结束--------------------"<< endl;
    cout<<"----------------------------------------------------"<< endl << endl;
    /////////////////////////////////////////////////////////////////
    //开始排序
    cout<<"----------------------------------------------------"<< endl;
    cout<<"----------------------正在排序----------------------"<< endl;
    long t1 = GetTickCount();    //排序前的系统时间(MS)
    SelectSort(a, n);            //在此处更换排序函数
    long t2 = GetTickCount();    //排序后的系统时间(MS)
    cout<<"--------------排序结束,耗费时间:"<< t2 - t1 <<" MS"<< endl;
    cout<<"----------------------------------------------------"<< endl << endl;
    /////////////////////////////////////////////////////////////////
    //将排序结果输出到文件
    cout<<"----------------------------------------------------"<< endl;
    cout<<"------------------正在保存结果文件------------------"<< endl;
    ofstream output;
    output.open("Outfile.dat", ios::out);
    output<< setprecision(0) << fixed;
    for (int i = 0; i < n; i++) output << i + 1 << setw(25) << a[i] << endl;
    output.close();
    cout<<"--------------结果保存在 Outfile.dat 文件中--------------"<< endl;
    cout<<"----------------------------------------------------"<< endl;
```

```
    delete[ ]a;
    system("pause");
    return 0;
}
```

利用主调函数对上述各排序函数进行调用测试,排序耗费时间如表 2.8.2 所示。

表 2.8.2　各排序算法的耗费时间对比表

排序算法	选择排序	堆排序	插入排序	希尔排序		归并程序		快速程序	
				Knuth	Sedgewick	递归	非递归	递归	非递归
耗费时间/s	—	45.2	—	36.2	28.5	22.2	21.4	13.3	12.5

综合表 2.8.1 和表 2.8.2,可以得到以下结论:

(1)当序列个数 n 较大时(比如 1 亿),排序效率从高到低依次为快速排序、归并排序、希尔排序和堆排序,耗费时间均控制在 50 s 以内,而选择排序和插入排序在数小时内(> 20 h)未得到结果。采用选择排序和插入排序分别对 10 万个随机数排序,耗费时间分别为 5.4 s 和 3.5 s,相比之下插入排序要快一些。

(2)当数据序列"基本有序"或序列个数 n 较小时,插入排序是最佳的排序算法,因此可将它与快速排序、归并排序等结合在一起使用,如 2.6 节的非递归快速排序函数 QuickSortNonrec( )。

(3)在几种排序算法中,归并排序占用的辅助存储量最大,快速排序次之。另外,非递归方式与递归方式编写的程序代码相比,计算效率略有提高,递归程序代码耗费的内存空间为递归深度乘以每次递归所需的辅助空间,总体而言,非递归方式的程序代码实用性更强。

(4)就算法的稳定性而言,插入排序和归并排序是稳定的排序算法,快速排序、堆排序和希尔排序是不稳定的排序算法。需要指出的是,稳定性是由算法本身决定的,不管稳定的排序算法还是不稳定的排序算法,总能举出一个说明其稳定或不稳定的实例来。由于大多数情况下,排序是按记录的主关键字进行的,故所用的排序算法是否稳定无关紧要。若排序按记录的次关键字进行,则应根据问题所需慎重选择排序算法。

综上所述,上述各排序算法中,没有哪一种是绝对最优的。那么在实际排序问题中如何考虑它们的主次呢?一般来说,首先考虑算法的稳定性,如果排序要求稳定,则只能选择稳定的算法,否则可以选择任何排序算法,其次要考虑待排序的记录数的大小,如果 n 较大,则在相对快速的排序算法中选择,否则在简单的排序算法中选择,然后再考虑其他因素。

习　题

1. 基本概念

(1)排序　(2)内部排序　(3)外部排序　(4)稳定排序　(5)不稳定排序

(6)时间复杂度　(7)空间复杂度

2. 给定数据序列{83, 40, 63, 13, 84, 35, 96, 57, 39, 79, 61, 15, 25, 37}，分别采用选择排序、插入排序、希尔排序、堆排序、归并排序和快速排序算法，写出该序列的各轮排序结果。

3. 尝试采用索引表的方法，将堆排序程序和希尔排序程序改写为包含多个子项的排序程序。

4. 思考一下，如何以更简洁的方式，将书中按升序排序的程序代码改写为既可按升序排序又可按降序排序的程序代码。

5. 采用面向对象的程序设计方法，组合各排序程序编写一个排序类库，可以对不同类型的数据序列进行升序或降序排序。

第3章 插值方法

3.1 插值的概念

在数学分析中，我们用 $y = f(x)$ 来描述一条平面曲线，但在实际问题中，函数 $y = f(x)$ 往往是通过实验观测得到的一组数据来给出的，即在某个区间 $[a, b]$ 上给出一系列的函数值

$$y_i = f(x_i), i = 0, 1, \cdots, n \tag{3.1.1}$$

或给出一张函数表

x	x_0	x_1	x_2	$\cdots\cdots$	x_n
y	y_0	y_1	y_2	$\cdots\cdots$	y_n

根据函数表通常是没办法求出 $f(x)$ 的解析表达式的，那么，能否通过这些对应关系找出 $f(x)$ 的近似表达式呢？插值法就是解决这类问题的一种常用的经典方法，插值的目的就是根据给定的函数表，寻找一个解析形式的函数 $\varphi(x)$ 近似地代替函数 $f(x)$。

定义 3.1 设函数 $y = f(x)$ 在区间 $[a, b]$ 上连续，且在 $n + 1$ 个不同的点 $a \leqslant x_0 < x_1 < \cdots < x_n \leqslant b$ 的函数值分别为 $y_0, y_1, \cdots, y_n$，在一个性质优良、便于计算的函数类 Φ 中求一简单函数 $\varphi(x)$，使

$$\varphi(x_i) = y_i, (i = 0, 1, \cdots, n) \tag{3.1.2}$$

而在其他点 $x \neq x_i$ 上作为 $f(x)$ 的近似。称区间 $[a, b]$ 为插值区间，点 $x_0, x_1, \cdots, x_n$ 为插值结点，称式(3.1.2)为 $f(x)$ 的插值条件，称函数类 Φ 为插值函数类，称 $\varphi(x)$ 为函数在结点 $x_0, x_1, \cdots, x_n$ 处的插值函数，求插值函数 $\varphi(x)$ 的方法称为插值法[2]。

插值函数类 Φ 的取法不同，所求得的插值函数 $\varphi(x)$ 逼近 $f(x)$ 的效果就不同，它的选择取决于使用上的需要。常用的有代数多项式、三角多项式和有理函数等。

本章将介绍几种实用的一维和二维插值方法。

3.2 拉格朗日插值法

3.2.1 拉格朗日插值多项式

如果选择代数多项式作为插值函数，需要求一个代数多项式

$$P_n(x) = a_0 + a_1 x + \cdots + a_n x^n \tag{3.2.1}$$

使

$$P_n(x_i) = f(x_i), i = 0, 1, \cdots, n \tag{3.2.2}$$

其中 $a_0, a_1, \cdots, a_n$ 为实数。满足插值条件式(3.2.2)的多项式(3.2.1)，称为函数 $f(x)$ 的 n

次插值多项式。

根据插值条件式(3.2.2), $P_n(x)$ 的系数 $a_0, a_1, \cdots, a_n$ 满足线性方程组:

$$a_0 + a_1 x_0 + \cdots + a_n x_0^n = f(x_0)$$
$$a_0 + a_1 x_1 + \cdots + a_n x_1^n = f(x_1)$$
$$\cdots\cdots\cdots\cdots\cdots\cdots\cdots\cdots$$
$$a_0 + a_1 x_n + \cdots + a_n x_n^n = f(x_n)$$

$$(3.2.3)$$

由线性代数可知,线性方程组的系数行列式是 $n+1$ 阶范德蒙(Vandermonde)行列式,且

$$V = \begin{vmatrix} 1 & x_0 & x_0^2 & \cdots & x_0^n \\ 1 & x_1 & x_1^2 & \cdots & x_1^n \\ \vdots & \vdots & \vdots & & \vdots \\ 1 & x_n & x_n^2 & \cdots & x_n^n \end{vmatrix} = \prod_{i=1}^{n} \prod_{j=0}^{i-1} (x_i - x_j)$$

由于 $x_0, x_1, \cdots, x_n$ 是区间 $[a, b]$ 上的互异结点,上式右端乘积中的每一个因子 $(x_i - x_j) \neq 0$,因此行列式不等于零,即方程组(3.2.3)的解 $a_0, a_1, \cdots, a_n$ 存在且唯一。从而得出插值多项式的存在唯一性定理[2]:

定理 3.1 若插值结点 $x_0, x_1, \cdots, x_n$ 为互异结点,则满足插值条件式(3.2.2)的 n 次插值多项式(3.2.1)存在且唯一。

若通过解线性方程组(3.2.3)来确定其系数 $a_0, a_1, \cdots, a_n$,当未知数较多时,这种做法的计算量较大,实用性不好。为此,拉格朗日给出了一种求插值函数的简便算法,将 $P_n(x)$ 表示成 $n+1$ 个 n 次多项式的线性组合,即

$$P_n(x) = C_0 \omega_0(x) + C_1 \omega_1(x) + \cdots + C_n \omega_n(x) = \sum_{i=0}^{n} C_i \omega_i(x) \qquad (3.2.4)$$

其中

$$\omega_i(x) = \prod_{n} (x - x_j) \qquad (3.2.5)$$

为 n 次多项式。将式(3.2.5)代入式(3.2.4),得:

$$P_n(x) = \sum_{i=0}^{n} C_i \prod_{n} (x - x_j) \qquad (3.2.6)$$

将条件 $P_n(x_i) = f(x_i)$, $i = 0, 1, \cdots, n$ 代入式(3.2.6)中,得:

$$C_i \prod_{n} (x_i - x_j) = f(x_i) \qquad (3.2.7)$$

进而可以得到:

$$C_i = f(x_i) \frac{1}{\prod_{n} (x_i - x_j)} \qquad (3.2.8)$$

最后将式(3.2.8)代入式(3.2.6),有

$$P_n(x) = \sum_{i=0}^{n} f(x_i) \prod_{n} \frac{(x - x_j)}{(x_i - x_j)} \qquad (3.2.9)$$

若令

$$l_i(x) = \prod_{n} \frac{(x - x_j)}{(x_i - x_j)}, \quad i = 0, 1, 2, \cdots, n$$

式中$l_i(x)$称为插值基函数。$P_n(x)$通常用$L_n(x)$表示,则式(3.2.9)可改写为

$$L_n(x) = \sum_{i=0}^{n} f(x_i) \cdot l_i(x) = \sum_{i=0}^{n} f(x_i) \cdot \prod_n \frac{(x-x_j)}{(x_i-x_j)} \qquad (3.2.10)$$

式(3.2.10)称为拉格朗日(Lagrange)插值多项式或拉格朗日插值公式,该公式的形式对称、结构紧凑,并且通过给定结点的插值多项式是唯一的。

3.2.2 拉格朗日插值次数的选择

利用拉格朗日插值公式对$f(x)$进行插值,为了很好地逼近$f(x)$,就需要增加$f(x)$的已知数据,也就是增加插值结点。随着结点数的增加,插值多项式的次数n将逐渐增大,是否n越大,$L_n(x)$对$f(x)$的逼近程度就越好呢?20世纪初,龙格(Runge)就给出了这样一个例子。

【例 3.1】 对于函数

$$f(x) = \frac{1}{1+x^2}, \quad -5 \le x \le 5$$

将区间$-5 \le x \le 5$分成10等份,对应的函数表为

x	$f(x)$	x	$f(x)$	x	$f(x)$
-5	0.0384615	-1	0.5000000	3	0.1000000
-4	0.0588235	0	1.0000000	4	0.0588235
-3	0.1000000	1	0.5000000	5	0.0384615
-2	0.2000000	2	0.2000000		

利用函数表分别构建不同次数的拉格朗日插值多项式$L_1(x)$、$L_2(x)$、$L_3(x)$、$L_5(x)$和$L_{10}(x)$,再利用各多项式对区间$-5 \le x \le 5$上均匀的21个结点进行插值,观察不同插值多项式对$f(x)$的逼近情况,结果如图3.2.1所示。

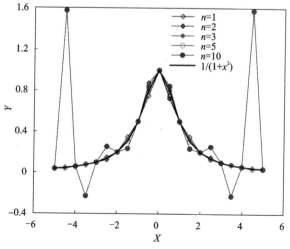

图 3.2.1 高次插值的龙格现象

从图中可以看出，各插值多项式在已知结点上与 $f(x)$ 具有相同的值，并且低次插值多项式与 $f(x)$ 的整体趋势大致一致，但是当插值多项式的次数 $n=10$ 时，待插结点处的结果却偏离了 $f(x)$，特别是在端点 $x=\pm5$ 附近，出现了激烈的震荡现象，该现象称为龙格现象。

龙格现象说明，采用高次插值的逼近效果往往是不理想的。因此，在实际中通常仅用一次和二次拉格朗日插值多项式 $L_1(x)$、$L_2(x)$，即线性插值和抛物线插值[5]。

（1）线性插值

设函数 $y=f(x)$ 在 x_0，x_1 处的函数值分别为 y_0，y_1，根据式（3.2.10），可得线性插值公式为

$$L_1(x)=y_0\frac{x-x_1}{x_0-x_1}+y_1\frac{x-x_0}{x_1-x_0}$$

利用线性插值公式就可以计算在 x_0 与 x_1 之间任意一点 x 处 $f(x)$ 的近似值。

（2）抛物线插值

设函数 $y=f(x)$ 在 x_0，x_1，x_2 处的函数值分别为 y_0，y_1，y_2，根据式（3.2.10），可得抛物线插值公式为

$$L_2(x)=y_0\frac{(x-x_1)}{(x_0-x_1)}\frac{(x-x_2)}{(x_0-x_2)}+y_1\frac{(x-x_0)}{(x_1-x_0)}\frac{(x-x_2)}{(x_1-x_2)}+y_2\frac{(x-x_0)}{(x_2-x_0)}\frac{(x-x_1)}{(x_2-x_1)}$$

利用抛物线插值公式就可以计算在 x_0 与 x_2 之间任意一点 x 处 $f(x)$ 的近似值。

3.2.3 程序设计与数值实验

（1）程序设计

下面对拉格朗日一维插值方法进行程序设计。为了程序操作的方便性和实用性，有以下几个方面需要考虑：

①已知数据点和待插数据点的个数可能较多，将其存储在同一个文件中，插值时从文件导入，文件格式如表3.2.1所示。

表 3.2.1　一维插值的输入数据文件格式（ ∗.dat）

N		已知数据点的个数
X1	Y1	第一列为已知结点坐标 X
X2	Y2	第二列为与 X 对应的函数值 Y
……	……	
XN	YN	
M		待插数据点的个数
XI1		待插数据点的 X 坐标
XI2		
……		
XIM		

②已知数据结点 X 在文件中可能不是按顺序排列或者存在相同的结点，需要作排序处理，并删除相同的点；

③可以任意选择拉格朗日插值多项式的次数 n（实际应用时，尽量选择 1 或 2）。在构建拉格朗日多项式时，要选择距离待插点最近的 $n+1$ 个点进行构建。

④考虑到对插值结果绘图的方便性，将插值结果保存成两列数据（XI, YI）的文件（*.dat），可直接用 Grapher 软件绘图。

下面给出拉格朗日一维插值算法的程序设计流程图：

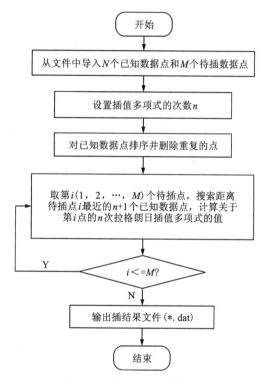

图 3.2.2　拉格朗日一维插值方法的程序设计流程图

根据拉格朗日一维插值算法编制 C++程序，具体如程序代码 3.2.1 所示。

程序代码 3.2.1　拉格朗日一维插值程序

```
#include<iostream>
#include<iomanip>
#include<fstream>
using namespace std;
struct points {
    double x;
    double y;
};
```

```
//===========================================================//
//函数名称: Lagrange()
//函数目的: 采用拉格朗日插值函数进行一维插值
//参数说明: xy : 插值结点
//          xx : 待插值点
//           n : 插值结点数
//===========================================================//
double Lagrange(points * xy, double xx, int n)
{
    double L = 0;
    for (int i = 0; i <n; i++)          //计算拉格朗日插值函数的值
    {
        double l = 1;
        for (int j = 0; j <n; j++)    //计算插值多项式
        {
            if (j ! = i)l * = (xx - xy[j].x) / (xy[i].x - xy[j].x);
        }
        L += xy[i].y * l;
    }
    return L;
}
//===========================================================//
//函数名称: SortAndDelRepeatedPoints()
//函数目的: 排序并删除重复的数据点。
//参数说明: xy : 已知数据点
//           n : 数据点的个数
//===========================================================//
void SortAndDelRepeatedPoints(points * & xy, int&n)
{
    /////////////////////////////////////////////////////
    //用选择排序算法对 X 排序
    for (int i = 0; i <n - 1; i++)
    {
        int k = i;
        for (int j = i + 1; j <n; j++) if (xy[j].x <xy[k].x) k = j;
        if (k ! = i)swap(xy[i], xy[k]);
    }
    /////////////////////////////////////////////////////
    //删除相同的数据点
    for (int i = 0; i <n - 1; i++)
    {
        if (fabs(xy[i].x - xy[i + 1].x) < 1e-5)
```

```
            {
                for (int j = i + 1; j < n - 1; j++) xy[j] = xy[j + 1];
                n--; i--;
            }
        }
}
//=====================================================//
//函数名称:GetFileName()
//函数目的:读取文件名
//=====================================================//
string GetFileName()
{
    cout << endl << endl;
    cout << "            !! ===============================!!" << endl;
    cout << "            !!                                 !!" << endl;
    cout << "            !!        请输入插值数据文件名       !!" << endl;
    cout << "            !!                                 !!" << endl;
    cout << "            !! ===============================!!" << endl;
    string FileName;
    cin >> FileName;
    return FileName;
}
//=====================================================//
//函数名称:SetPolynomialDegree()
//函数目的:设置多项式次数
//=====================================================//
int SetPolynomialDegree()
{
    int n;
    cout << endl << endl;
    cout << "        !! ===================================!!" << endl;
    cout << "        !!    --设置多项式次数n(建议选1或2):< n = 1 — 10 >-   !!" << endl;
    cout << "        !! -----------------------------------!!" << endl;
    cout << "        !!            输入 n 后,按 enter 键        !!" << endl;
    cout << "        !! -----------------------------------!!" << endl;
    cout << "        !! ===================================!!" << endl;
    cin >> n;
    if (n < 1 || n > 10) n = 1;
    return n;
}
//=====================================================//
//函数名称: LoadData()
```

```
//函数目的: 读取数据文件
//参数说明: xy : 已知数据点
//        DNum : 已知数据点个数
//         xyi : 待插数据点
//        INum : 待插数据点个数
//==================================================//
void LoadData(points * & xy, int& DNum, points * & xyi, int& INum)
{
    //打开数据文件读取数据
    string FileName = GetFileName();
    ifstream infile;
    infile.open(FileName, ios::in);
    if (infile.fail())
    {
        cout << endl << endl;
        cout <<"            !! ========================= !!"<< endl;
        cout <<"            !!                           !!"<< endl;
        cout <<"            !!      此文件格式不对或不存在      !!"<< endl;
        cout <<"            !!                           !!"<< endl;
        cout <<"            !! ========================= !!"<< endl;
        //重新输入插值次数
        LoadData(xy, DNum, xyi, INum);
    }
    infile>>DNum;
    if (DNum< 2)
    {
        cout <<"已知数据点个数必须>=2!"<< endl;
        LoadData(xy, DNum, xyi, INum);
    }
    xy = new points[DNum];   //已知点(x, y)
    for (int i = 0; i <DNum; i++) infile >>xy[i].x >>xy[i].y;
    ///////////////////////////////////////////////////////////
    //读取待插点的个数和 x 坐标
    infile>>INum;
    if (INum< 2)
    {
        cout <<"待插数据点个数必须>=1!"<< endl;
        LoadData(xy, DNum, xyi, INum);
    }
    xyi = new points[INum];   //待插点(xi, yi)
    for (int i = 0; i <INum; i++) infile >>xyi[i].x;
    infile.close();
```

```
}
//===========================================================//
//函数名称:OutputFile()
//函数目的:将插值结果输出到文件
//===========================================================//
void OutputFile(points * & xyi, const int n)
{
    ///////////////////////////////////////////////////////////
    //将插值结果输出到文件
    ofstream output;
    output.open("InterResultFile.dat", ios::out);
    output<< setw(10) <<"XI"<< setw(25) <<"YI"<< endl;
    output<<setiosflags(ios::fixed)<< setprecision(5);
    for (int i = 0; i <n; i++)
    {
        output << setw(10) <<xyi[i].x << setw(20) <<xyi[i].y << endl;
    }
    output.close();
    ///////////////////////////////////////////////////////////
    cout<< endl << endl;
    cout<<"        !! ============================================!!"<< endl;
    cout<<"        !!                    插值结束!                 !!"<< endl;
    cout<<"        !! ============================================!!"<< endl;
    cout<<"        !! -------------------------------------------- !!"<< endl;
    cout<<"        !!        插值结果保存到文件:InterResultFile.dat    !!"<< endl;
    cout<<"        !! -------------------------------------------- !!"<< endl;
    cout<<"        !! ============================================!!"<< endl;
}
//===========================================================//
//函数名称:LagrangeInter()
//函数目的:多个待插数据点的拉格朗日一维插值
//===========================================================//
void LagrangeInter()
{
    int DNum, INum;
    points * xy, * xyi;
    //从文件导入数据
    LoadData(xy, DNum, xyi, INum);
    //设置插值次数
    int order;
    SetPolynomialDegree(order);
    ///////////////////////////////////////////////////////////
```

```
//对已知点进行排序,并删除掉重复的点
SortAndDelRepeatedPoints(xy, DNum);
if (DNum < 2)
{
    cout <<"已知数据点个数必须>=2!"<< endl;
    //释放内存
    delete[]xy; delete[]xyi;
    //重新调用插值函数
    LagrangeInter();
}
//////////////////////////////////////////////////////////////////////////////
//开始插值
if (order >= DNum - 1)order = DNum - 1; //控制多项式的次数
int n = order + 1;                      //待插值附近的 n 个已知点
points * xyt = new points[n];
for (int i = 0; i < INum; i++)
{
    if (xyi[i].x <= xy[0].x) xyi[i].y = xy[0].y;
    else if (xyi[i].x >= xy[DNum - 1].x) xyi[i].y = xy[DNum - 1].y;
    else
    {
        int j = 0;
        for (; j < DNum - 1; j++)if (xyi[i].x >= xy[j].x && xyi[i].x < xy[j + 1].x)break;
        //选择临近的 n 个点
        int ii = j;
        int jj = j + 1;
        int k = 0;
        xyt[k++] = xy[ii--];
        xyt[k++] = xy[jj++];
        while (k < n)
        {
            if (ii < 0)xyt[k++] = xy[jj++];
            else if (jj > DNum - 1)xyt[k++] = xy[ii--];
            else
            {
                if (fabs(xyi[i].x - xy[ii].x) < fabs(xyi[i].x - xy[jj].x))
                {
                    xyt[k++] = xy[ii--];
                }
                else
                {
                    xyt[k++] = xy[jj++];
```

```
                    }
                }
            }
            //拉格朗日插值
            xyi[i].y = Lagrange(xyt, xyi[i].x, n);
        }
        cout <<".";
    }
    cout<< endl;
    ///////////////////////////////////////////////////////////////////
    //将插值结果输出到文件
    OutputFile(xyi, INum);
    ///////////////////////////////////////////////////////////////////
    //释放内存
    delete[]xy; delete[]xyi; delete[]xyt;
    ///////////////////////////////////////////////////////////////////
    //改变文件重新进行拉格朗日插值
    LagrangeInter();
}
//========================================================//
//函数名称:main()
//========================================================//
int main()
{
    cout<< endl << endl;
    cout<<"        !! ===============================!!"<< endl;
    cout<<"        !!                一维插值                  !!"<< endl;
    cout<<"        !! ===============================!!"<< endl;
    cout<<"        !!         基于拉格朗日插值多项式            !!"<< endl;
    cout<<"        !! ------------------------------- !!"<< endl;
    cout<<"        !! ------------------------------- !!"<< endl;
    cout<<"        !! ===============================!!"<< endl;
    //调用插值函数
    LagrangeInter();
    system("pause");
    return 0;
}
```

（2）数值实验

【例 3.2】　下面对广西某隧道勘查的地表高程进行一维插值。已知地表高程点有 14 个，横向分布范围为[0, 1154.3]，并且呈不等间距分布。以 10 m 为间隔从 0 到 1200 均匀采样作为待插结点，插值结果如图 3.2.3 所示。可以看出，$L_1(x)$、$L_2(x)$ 和 $L_3(x)$ 的插值结果能够与实际地形起伏情况相吻合，但 $L_5(x)$ 的插值结果出现了不同程度的震荡，并且部分待插结点有锯齿状跳跃，这是由于构建插值多项式时两点使用了距离自身最近的 6 个插值结点，即两点的插值函数 $L_5(x)$ 不同。因此，在使用拉格朗日插值多项式插值时，尽量使用分段低次插值。

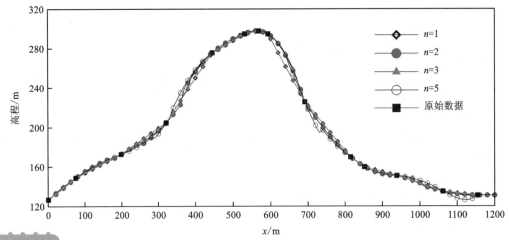

图 3.2.3　不同阶次拉格朗日插值多项式的插值结果

3.3　三次样条插值法

利用插值多项式近似函数时，人们容易产生一种错觉，认为插值多项式的次数越高插值精度就越高，但实际并非如此，龙格现象就证明了这一点。因而在实际中，一般利用分段低次插值，即利用分段多项式来代替单个多项式进行插值，例如线性插值或抛物线插值。显然，分段低次插值具有公式简单、节省计算量、稳定性好、收敛有保证等优点，只要每个小区间的长度取得足够小，分段低次插值总能满足所要求的精度。但是分段低次插值的一个明显缺点是不能保证整条插值曲线在连接点处的光滑性，即导数在结点处不一定连续，而在船体、飞机等外型曲线的设计中，不仅要求曲线连续，而且要求曲线的曲率连续，这就要求分段插值函数在整个区间具有连续的二阶导数。下面将详细介绍三次样条插值算法。

3.3.1　三次样条函数的概念

设函数 $y = f(x)$ 在区间 $[a, b]$ 上有 $n + 1$ 个互异结点：

$$a = x_0 < x_1 < \cdots < x_n = b$$

和一组与之对应的函数值：

$$y_0, y_1, \cdots, y_n$$

若函数 $S(x)$ 满足下列条件：

（1）在每一个结点上满足：$S(x_j) = y_j (j = 0, 1, \cdots, n)$；

（2）在每一个子区间 $[x_{j-1}, x_j] (j = 1, 2, \cdots, n)$ 上是一个三次多项式；

(3) $S(x)$ 在每一个内结点 $x_j (j = 1, 2, \cdots, n - 1)$ 上具有直到二阶的连续导数。

则称 $S(x)$ 为三次样条函数[2]。

3.3.2 三次样条函数的构造

设对区间 $[a, b]$ 的划分 $a = x_0 < x_1 < \cdots < x_n = b$ 是任意的。

记

$$S''(x_j) = M_j (j = 0, 1, \cdots, n), \quad h_j = x_j - x_{j-1}$$

由于 $S(x)$ 在每个子区间 $[x_{j-1}, x_j] (j = 1, 2, \cdots, n)$ 是一个三次多项式 $S_j(x)$，故 $S''_j(x)$ 在区间 $[x_{j-1}, x_j]$ 上是线性函数，且有 $S''_j(x_{j-1}) = M_{j-1}$，$S''_j(x_j) = M_j$，根据线性插值公式，可知其表达式为

$$S''_j(x) = \frac{x_j - x}{h_j} M_{j-1} + \frac{x - x_{j-1}}{h_j} M_j \tag{3.3.1}$$

对式 (3.3.1) 作两次积分，得：

$$S_j(x) = \frac{(x_j - x)^3}{6h_j} M_{j-1} + \frac{(x - x_{j-1})^3}{6h_j} M_j + C_1 x + C_2 \tag{3.3.2}$$

然后，将插值条件 $S_j(x_{j-1}) = y_{j-1}$ 和 $S_j(x_j) = y_j$ 代入式 (3.3.2) 中，即可确定积分系数 C_1 和 C_2：

$$C_1 = \frac{y_j - y_{j-1}}{h_j} - \frac{(M_j - M_{j-1}) h_j}{6}$$

$$C_2 = y_j - \frac{M_j h_j^2}{6} - \left[\frac{y_j - y_{j-1}}{h_j} - \frac{(M_j - M_{j-1}) h_j}{6} \right] x_j$$

再将 C_1 和 C_2 代入式 (3.3.2)，便得到 $S(x)$ 在区间 $[x_{j-1}, x_j]$ 上的表达式

$$S_j(x) = \frac{(x_j - x)^3}{6h_j} M_{j-1} + \frac{(x - x_{j-1})^3}{6h_j} M_j + \left(y_{j-1} - \frac{M_{j-1} h_j^2}{6} \right) \frac{x_j - x}{h_j} +$$

$$\left(y_j - \frac{M_j h_j^2}{6} \right) \frac{x - x_{j-1}}{h_j}, \quad (j = 1, 2, \cdots, n) \tag{3.3.3}$$

由此可知，只要确定 $M_0, M_1, \cdots, M_n$ 这 $n + 1$ 个待定参数，在各子区间的三次样条函数 $S(x)$ 就可由式 (3.3.3) 确定，也就得到了在整个区间 $[a, b]$ 上的 $S(x)$。以上构造过程既保证了 $S(x)$ 的连续性，又保证了 $S''(x)$ 在内结点的连续性。

为了确定 $M_0, M_1, \cdots, M_n$，利用函数 $S(x)$ 在插值区间 $[a, b]$ 上各内节点 $x_j (j = 1, 2, \cdots, n - 1)$ 处有一阶导数连续条件：

$$S'_j(x_j - 0) = S'_{j+1}(x_j + 0)$$

对 $S(x)$ 求导，则式 (3.3.3) 在区间 $[x_{j-1}, x_j]$ 上，有

$$S'_j(x) = -\frac{(x_j - x)^2}{2h_j} M_{j-1} + \frac{(x - x_{j-1})^2}{2h_j} M_j + \frac{y_j - y_{j-1}}{h_j} - \frac{M_j - M_{j-1}}{6} h_j \tag{3.3.4}$$

在 x_j 节点上，有

$$S'_j(x_j - 0) = \frac{h_j}{2} M_j - \frac{M_j - M_{j-1}}{6} h_j + \frac{y_j - y_{j-1}}{h_j} = \frac{h_j}{6} M_{j-1} + \frac{h_j}{3} M_j + \frac{y_j - y_{j-1}}{h_j} \tag{3.3.5}$$

在 x_{j-1} 节点上，有

$$S'_j(x_{j-1} + 0) = -\frac{h_j}{2}M_{j-1} - \frac{M_j - M_{j-1}}{6}h_j + \frac{y_j - y_{j-1}}{h_j} = -\frac{h_j}{3}M_{j-1} - \frac{h_j}{6}M_j + \frac{y_j - y_{j-1}}{h_j}$$

$$(3.3.6)$$

将式(3.3.6)中的 j 改为 $j + 1$，即得

$$S'_{j+1}(x_j + 0) = -\frac{h_{j+1}}{3}M_j - \frac{h_{j+1}}{6}M_{j+1} + \frac{y_{j+1} - y_j}{h_{j+1}} \qquad (3.3.7)$$

在区间 $[x_{j-1}, x_j]$ 和 $[x_j, x_{j+1}]$ 上，利用结点 x_j 处一阶导数的连续条件，有

$$S'_j(x_j - 0) = \frac{h_j}{6}M_{j-1} + \frac{h_j}{3}M_j + \frac{y_j - y_{j-1}}{h_j} = S'_{j+1}(x_j + 0) = -\frac{h_{j+1}}{3}M_j - \frac{h_{j+1}}{6}M_{j+1} + \frac{y_{j+1} - y_j}{h_{j+1}}$$

经整理，得到结点 $x_j (j = 1, 2, \cdots, n - 1)$ 处关于 $n + 1$ 个参数 $M_j (j = 0, 1, 2, \cdots, n)$ 的 $n - 1$ 个方程式

$$a_j M_{j-1} + 2M_j + c_j M_{j+1} = d_j, \quad (j = 1, 2, \cdots, n - 1) \qquad (3.3.8)$$

其中

$$a_j = \frac{h_j}{h_j + h_{j+1}}, \quad c_j = 1 - a_j = \frac{h_{j+1}}{h_j + h_{j+1}},$$

$$d_j = \frac{6}{h_j + h_{j+1}}\left(\frac{y_{j+1} - y_j}{h_{j+1}} - \frac{y_j - y_{j-1}}{h_j}\right)$$

要求出 $n + 1$ 个参数 $M_0, M_1, \cdots, M_n$，但只有 $n - 1$ 个方程，不能确定唯一解，需要根据边界条件补充两个方程。若给定插值区间 $[a, b]$ 两端的一阶导数 $S'(x_0) = y'_0$，$S'(x_n) = y'_n$。根据式 (3.3.5) 和式 (3.3.7) 可得以下两个方程

$$2M_0 + M_1 = \frac{6}{h_1}\left(\frac{y_1 - y_0}{h_1} - y'_0\right) = d_0 \qquad (3.3.9)$$

$$M_{n-1} + 2M_n = \frac{6}{h_n}\left(y'_n - \frac{y_n - y_{n-1}}{h_n}\right) = d_n \qquad (3.3.10)$$

将式(3.3.8)、式(3.3.9)和式(3.3.10)联立，构成包含 $n + 1$ 个未知数 $M_0, M_1, \cdots, M_n$ 的 $n + 1$ 阶线性方程组：

$$\begin{bmatrix} 2 & 1 & & & & \\ a_1 & 2 & c_1 & & & \\ & a_2 & 2 & c_2 & & \\ & & \ddots & \ddots & \ddots & \\ & & & a_{n-1} & 2 & c_{n-1} \\ & & & & 1 & 2 \end{bmatrix}\begin{bmatrix} M_0 \\ M_1 \\ M_2 \\ \vdots \\ M_{n-1} \\ M_n \end{bmatrix} = \begin{bmatrix} d_0 \\ d_1 \\ d_2 \\ \vdots \\ d_{n-1} \\ d_n \end{bmatrix} \qquad (3.3.11)$$

该方程称为三弯矩方程。通过求解线性方程(3.3.11)，即可得到各结点的二阶导数 $M_0, M_1, \cdots, M_n$，然后将 $M_0, M_1, \cdots, M_n$ 代入式(3.3.3)，便可得到三次样条插值函数 $S(x)$ 在各子区间的的分段表达式 $S_1(x), S_2(x), \cdots, S_n(x)$。

3.3.3 三次样条插值的计算步骤

综上所述，可将三次样条插值的计算步骤归纳如下：

（1）给定数据$(x_i, y_i)(i = 0, 1, \cdots, n)$，并以端点$x_0$和$x_n$的一阶导数作为边界条件。为减少人为给定端点一阶导数的不确定性，分别以x_0和x_n处的差分近似其导数，即

$$y'_0 \approx \frac{y_1 - y_0}{h_1}, \ y'_n \approx \frac{y_n - y_{n-1}}{h_n}$$

将其分别代入式（3.3.9）和式（3.3.10），得$d_0 \approx 0$，$d_n \approx 0$，这样式（3.3.11）即为确定的线性方程组；

（2）采用7.3节追赶法解线性方程组（3.3.11），求出$M_0, M_1, \cdots, M_n$。下面给出三对角矩阵生成和求解的递推过程：

BEGIN

  $M_0 = 0$

  $U_0 = 0.5$

  $h_0 = x_1 - x_0$

  DO $i = 1$ TO $n - 1$

    $h_1 = x_{i+1} - x_i$

    $a = h_0 / (h_0 + h_1)$

    $d = \dfrac{6}{h_0 + h_1} \left(\dfrac{y_{i+1} - y_i}{h_1} - \dfrac{y_i - y_{i-1}}{h_0} \right)$

    $L = 2 - a \cdot U_{i-1}$ //分解L

    $U_i = (1 - a)/L$ //分解U

    $M_i = (d - a \cdot M_{i-1})/L$ //"追"的过程

    $h_0 = h_1$

  ENDDO

  $M_n = - a \cdot M_{n-1}/(2 - U_{n-1})$

  DO $i = n - 1$ TO 0

    $M_i = M_i - U_i \cdot M_{i+1}$ //"赶"的过程

  ENDDO

END

（3）任意给定插值区间$[a, b]$上一点x_p，搜索其所在的区间$[x_{j-1}, x_j]$及结点对应的二阶导数M_{j-1}和M_j，并将其代入式（3.3.3）：

$$S_j(x_p) = \frac{(x_j - x_p)^3}{6h_j} M_{j-1} + \frac{(x_p - x_{j-1})^3}{6h_j} M_j + \left(y_{j-1} - \frac{M_{j-1} h_j^2}{6} \right) \frac{x_j - x_p}{h_j} +$$

$$\left(y_j - \frac{M_j h_j^2}{6} \right) \frac{x_p - x_{j-1}}{h_j} \tag{3.3.12}$$

即可计算出插值结果y_p。如果有多个待插点，则重复第三步。

3.3.4　程序设计与数值实验

（1）程序设计

根据三次样条插值算法，设计实用的一维插值程序，具体如程序代码3.3.1所示。

程序代码 3.3.1　三次样条一维插值程序

```cpp
//spline.cpp
#include<iostream>
#include<iomanip>
#include<fstream>
using namespace std;
struct points {
    double x;
    double y;
};
//==================================================//
//函数名称: SortAndDelRepeatedPoints()
//函数目的: 排序并删除重复的数据点。
//参数说明: xy: 已知数据点
//          n: 数据点的个数
//==================================================//
void SortAndDelRepeatedPoints(points * & xy, int& n)
{
    ////////////////////////////////////////////
    //用选择排序算法对 X 排序
    for (int i = 0; i < n - 1; i++)
    {
        int k = i;
        for (int j = i + 1; j < n; j++) if (xy[j].x < xy[k].x) k = j;
        if (k ! = i) swap(xy[i], xy[k]);
    }
    ////////////////////////////////////////////
    //删除重复的数据点
    for (int i = 0; i < n - 1; i++)
    {
        if (fabs(xy[i].x - xy[i + 1].x) < 1e-6)
        {
            for (int j = i + 1; j < n - 1; j++) xy[j] = xy[j + 1];
            n--; i--;
        }
    }
}
//==================================================//
//函数名称:GetFileName()
//函数目的:读取文件名
//==================================================//
string GetFileName()
```

```
{
    cout<< endl << endl;
    cout<<"                !! ============================!!"<< endl;
    cout<<"                !!                            !!"<< endl;
    cout<<"                !!       请输入插值数据文件名       !!"<< endl;
    cout<<"                !!                            !!"<< endl;
    cout<<"                !! ============================!!"<< endl;
    string FileName;
    cin>> FileName;
    return FileName;
}
//===============================================================//
//函数名称: LoadData()
//函数目的: 读取数据文件
//参数说明: xy : 已知数据点
//         DNum : 已知数据点个数
//          xyi : 待插数据点
//         INum : 待插数据点个数
//===============================================================//
void LoadData(points * & xy, int& DNum, points * & xyi, int& INum)
{
    //打开数据文件读取数据
    string FileName = GetFileName();
    ifstream infile;
    infile.open(FileName, ios::in);
    if (infile.fail())
    {
        cout << endl << endl;
        cout <<"                !! ========================!!"<< endl;
        cout <<"                !!                        !!"<< endl;
        cout <<"                !!     此文件格式不对或不存在     !!"<< endl;
        cout <<"                !!                        !!"<< endl;
        cout <<"                !! ========================!!"<< endl;
        //重新输入插值次数
        LoadData(xy, DNum, xyi, INum);
    }
    infile>>DNum;
    if (DNum< 2)
    {
        cout <<"已知数据点个数必须>=2!"<< endl;
        LoadData(xy, DNum, xyi, INum);
    }
```

```
    xy = new points[DNum];    //已知点(x,y)
    for (int i = 0; i <DNum; i++) infile >>xy[i].x >>xy[i].y;
    //////////////////////////////////////////////////////////////////////
    //读取待插点的个数和 x 坐标
    infile>>INum;
    if (INum< 2)
    {
        cout <<"待插数据点个数必须>=1!"<< endl;
        LoadData(xy, DNum, xyi, INum);
    }
    xyi = new points[INum];    //待插点(xi,yi)
    for (int i = 0; i <INum; i++) infile >>xyi[i].x;
    infile.close();
}
//=====================================================================//
//函数名称:OutputFile()
//函数目的:将插值结果输出到文件
//=====================================================================//
void OutputFile(points *& xyi, const int n)
{
    /////////////////////////////////////////////////////////////
    //将插值结果输出到文件
    ofstream output;
    output.open("InterResultFile.dat", ios::out);
    output<< setw(10) <<"XI"<< setw(25) <<"YI"<< endl;
    output<< setiosflags(ios::fixed) << setprecision(5);
    for (int i = 0; i <n; i++)
    {
        output << setw(10) <<xyi[i].x << setw(20) <<xyi[i].y << endl;
    }
    output.close();
    /////////////////////////////////////////////////////////////
    cout<< endl << endl;
    cout<<"         !! ==================================!!"<< endl;
    cout<<"         !!              插值结束!             !!"<< endl;
    cout<<"         !! ==================================!!"<< endl;
    cout<<"         !! -------------------------------- !!"<< endl;
    cout<<"         !!    插值结果保存到文件:InterResultFile.dat    !!"<< endl;
    cout<<"         !! -------------------------------- !!"<< endl;
    cout<<"         !! ==================================!!"<< endl;
}
//=====================================================================//
```

```
//函数名称: spline()
//函数目的: 三次样条插值函数
//参数说明: xy : 已知点的 x 坐标
//          m : 已知点的数据个数
//          xyi : 未知点的 x 坐标
//          n : 未知点的数据个数
//===============================================================//
void spline(points * xy, int m, points * xyi, int n)
{
    double * ddy = new double[m];
    double * U = new double[m];
    double h0, h1, a, d, L;
    ddy[0] = 0;// d[0] / 2
    U[0] = 0.5;// c[0] / 2;
    h0 = xy[1].x - xy[0].x;
    for (int i = 1; i <m - 1; i++)
    {
        h1 = xy[i + 1].x - xy[i].x;
        //左次对角线元素 a
        a = h0 / (h1 + h0);
        //方程右端项
        d = 6 * ((xy[i + 1].y - xy[i].y) / h1 - (xy[i].y - xy[i - 1].y) / h0) / (h1 + h0);
        //AX=LUX=D
        //分解 L, 主对角线元素
        L = 2 - a * U[i - 1];
        //分解 U, 上次对角线
        U[i] = (1 - a) / L;
        //LY=D, 追的过程
        ddy[i] = (d - a * ddy[i - 1]) / L;
        h0 = h1;
    }
    ddy[m - 1] = -ddy[m - 2] / (2 - U[m - 2]);
    //UX=Y, 赶的过程, 得到中间结点的二阶导数
    for (int i = m - 2; i >= 0; i--) ddy[i] -= U[i] * ddy[i + 1];
    /////////////////////////////////////////////////
    //插值
    for (int j = 0; j <n; j++)
    {
        //外延
        if (xyi[j].x <= xy[0].x)              xyi[j].y = xy[0].y;
        else if (xyi[j].x >= xy[m - 1].x) xyi[j].y = xy[m - 1].y;
        else
```

```
        {    //内插
            int i = 0;
            while (xyi[ j].x >xy[ i + 1].x) i = i + 1;
            double h = xy[ i + 1].x - xy[ i].x;
            double a = xy[ i + 1].x - xyi[ j].x;
            double b = xyi[ j].x - xy[ i].x;
            //三次样条函数
            xyi[ j].y = a * a * a * ddy[i] / (6 * h);
            xyi[ j].y += b * b * b * ddy[i + 1] / (6 * h);
            xyi[ j].y += (xy[i].y / h - ddy[i] * h / 6) * a;
            xyi[ j].y += (xy[i + 1].y / h - ddy[i + 1] * h / 6) * b;
        }
    }
    delete[ ]U; delete[ ]ddy;
}
//======================================================//
//函数名称:Spline1DInter()
//函数目的:三次样条插值
//======================================================//
void Spline1DInter()
{
    int DNum, INum;
    points * xy, * xyi;
    //从文件导入数据
    LoadData(xy, DNum, xyi, INum);
    ///////////////////////////////////////////////////////////
    //对已知点进行排序,并删除掉重复的点
    SortAndDelRepeatedPoints(xy, DNum);
    if (DNum < 2)
    {
        cout <<"已知数据点个数必须>=2!"<< endl;
        //释放内存
        delete[ ]xy; delete[ ]xyi;
        //重新调用插值函数
        Spline1DInter();
    }
    ///////////////////////////////////////////////////////////
    //调用三次样条插值函数
    spline(xy, DNum, xyi, INum);
    ///////////////////////////////////////////////////////////
    //将插值结果输出到文件
    OutputFile(xyi, INum);
```

```
////////////////////////////////////////////////////////////////////
    //释放内存
    delete[ ]xy; delete[ ]xyi;
    ////////////////////////////////////////////////////////////////////
    //改变文件重新进行拉格朗日插值
    Spline1DInter();
}
//==================================================//
//函数名称:main()
//==================================================//
int main()
{
    cout<< endl << endl;
    cout<<"        !! =========================================!!"<< endl;
    cout<<"        !!                    一维插值                !!"<< endl;
    cout<<"        !! =========================================!!"<< endl;
    cout<<"        !!              基于三次样条插值函数            !!"<< endl;
    cout<<"        !! ----------------------------------------- !!"<< endl;
    cout<<"        !! ----------------------------------------- !!"<< endl;
    cout<<"        !! =========================================!!"<< endl;
    //调用插值函数
    Spline1DInter();
    system("pause");
    return 0;
}
```

(2)数值实验

【例3.3】　针对3.2.3节【例3.2】的实验数据,采用三次样条插值方法以10 m间距进行一维插值,插值结果如图3.3.1所示。可以看出插值曲线比较光滑,能较好地逼近地形形态,与拉格朗日插值结果(图3.2.3)相比,插值效果要好得多。

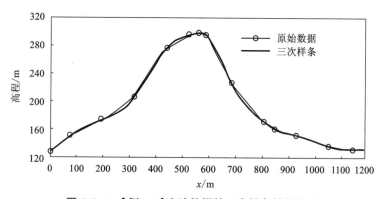

图 3.3.1　【例 3.2】实验数据的三次样条插值结果

【例3.4】 下面再以山东某金矿地球物理勘查剖面的地表高程数据为例,对三次样条插值方法作进一步实验。该剖面已知的地表高程点有64个,横向分布范围为[0, 4460],并且横向点距疏密变化较大。以10 m为间隔从0到4460均匀采样作为待插结点,插值结果如图3.3.2所示。从图中可以看出,由于三次样条插值函数总过插值结点,当函数值变化较大且插值结点较稀疏时,容易在插值结点附近引起插值曲线的震荡(如3160~3260),这是在实际应用中应引起注意的。

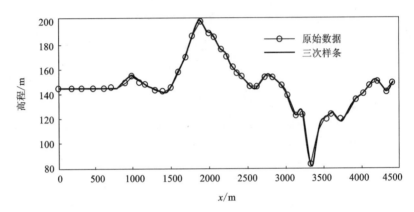

图3.3.2 【例3.4】实验数据的三次样条插值结果

3.4 MQ 函数插值法

3.4.1 MQ 函数插值法

1968年,R. L. Hardy 给出了 Multi-quadric 函数,简记为 MQ 函数。对于 MQ 函数的插值问题[9]:

给定点集 $\{(x_i, f(x_i)\}_{i=0}^n$,构建插值函数

$$P_n(x) = \sum_{i=0}^n c_i \varphi(x - x_i) \tag{3.4.1}$$

使其满足插值条件

$$P_n(x_j) = \sum_{i=0}^n c_i \varphi(x_j - x_i) = f(x_j), \ j = 0, 1, \cdots, n \tag{3.4.2}$$

其中 $\varphi(x - x_i)$ 为 MQ 函数,对于一维插值问题,其形式为:

$$\varphi_i(x) = \varphi(x - x_i) = \sqrt{(x - x_i)^2 + s^2}$$

其中 s 为形状参数,其值越大插值曲线越光滑。

将式(3.4.2)写成矩阵形式

$$A \cdot C = Z \tag{3.4.3}$$

其中:

$$A = \begin{bmatrix} s & \sqrt{(x_0 - x_1)^2 + s^2} & \cdots & \sqrt{(x_0 - x_n)^2 + s^2} \\ \vdots & \vdots & \vdots & \vdots \\ \sqrt{(x_n - x_0)^2 + s^2} & \sqrt{(x_n - x_1)^2 + s^2} & \cdots & s \end{bmatrix},$$

$$C = \begin{bmatrix} c_0 \\ c_1 \\ \vdots \\ c_n \end{bmatrix}, \; Z = \begin{bmatrix} f(x_0) \\ f(x_1) \\ \vdots \\ f(x_n) \end{bmatrix}$$

利用 7.1.3 节全选主元高斯消去法求解线性方程组(3.4.3)，即可得到解向量 C。

将解向量 C 及待插点 x_p 代入式(3.4.2)，有

$$\sum_{i=0}^{N} c_i \cdot \sqrt{(x_i - x_p)^2 + s^2} = f(x_p) \tag{3.4.4}$$

便可计算出待插点 x_p 的值 $f(x_p)$。如果待插点的数量很大，则重复式(3.4.4)的计算过程。

3.4.2　拟 MQ 函数插值法

若插值结点

$$a = x_0 < x_1 < \cdots < x_n = b, \; h = \max_{1 \leqslant i \leqslant n} \{x_i - x_{i-1}\}$$

对于给定函数 $f(x) \in C^1[a, b]$ 和数据 $\{(x_i, f(x_i))\}_{i=0}^{n}$，则 $Qf(x) = \sum f(x_i) \cdot \psi_i(x)$ 为拟插值算子，其中 $\psi_i(x)$ 是 $\varphi(x - x_i)$ 的线性组合。

Wu 和 Schaback 构造了如下拟插值算子[9]：

$$Qf(x) = f(x_0)a_0(x) + f(x_1)a_1(x) + \sum_{i=2}^{n} f(x_i) \cdot \psi_i(x) + f(x_{n-1})a_{n-1}(x) + f(x_n)a_n(x) \tag{3.4.5}$$

其中

$$a_0(x) = \frac{1}{2} + \frac{\varphi_1(x) - (x - x_0)}{2(x_1 - x_0)}$$

$$a_1(x) = \frac{\varphi_2(x) - \varphi_1(x)}{2(x_2 - x_1)} - \frac{\varphi_1(x) - (x - x_0)}{2(x_1 - x_0)}$$

$$a_{n-1}(x) = \frac{(x_n - x) - \varphi_{n-1}(x)}{2(x_n - x_{n-1})} - \frac{\varphi_{n-1}(x) - \varphi_{n-2}(x)}{2(x_{n-1} - x_{n-2})}$$

$$a_n(x) = \frac{1}{2} + \frac{\varphi_{n-1}(x) - (x_n - x)}{2(x_n - x_{n-1})}$$

$$\psi_i(x) = \frac{\varphi_{i+1}(x) - \varphi_i(x)}{2(x_{i+1} - x_i)} - \frac{\varphi_i(x) - \varphi_{i-1}(x)}{2(x_i - x_{i-1})}$$

此外，式(3.4.5)也可写成

$$Qf(x) = \frac{1}{2} \left[f_0 + f_n + \frac{f_1 - f_0}{x_1 - x_0}(x - x_0) + \frac{f_{n-1} - f_n}{x_{n-1} - x_n}(x - x_n) + \sum_{i=1}^{n-1} \left(\frac{f_{i+1} - f_i}{x_{i+1} - x_i} - \frac{f_i - f_{i-1}}{x_i - x_{i-1}} \right) \varphi_i(x) \right] \tag{3.4.6}$$

采用式(3.4.6)即可编写拟 MQ 插值程序。不难看出，拟 MQ 插值公式较为简洁，可以避免 MQ 插值法需要解线性方程组的问题。

3.4.3 程序设计与数值实验

(1)程序设计

根据 3.4.1 节与 3.4.2 节的多重二次函数插值算法，设计了实用的一维插值程序，具体如程序代码 3.4.1 所示。

程序代码 3.4.1 多重二次函数的一维插值程序

```cpp
//MQ.cpp
#include<iostream>
#include<iomanip>
#include<fstream>
using namespace std;
struct points {
    double x;
    double y;
};
//===============================================================//
//函数名称：SortAndDelRepeatedPoints()
//函数目的：排序并删除重复的数据点。
//参数说明：xy：已知数据点
//          n：数据点的个数
//===============================================================//
void SortAndDelRepeatedPoints(points * & xy, int& n)
{
    /////////////////////////////////////////////////
    //用选择排序算法对 X 排序
    for (int i = 0; i <n - 1; i++)
    {
        int k = i;
        for (int j = i + 1; j <n; j++) if (xy[j].x <xy[k].x) k = j;
        if (k ! = i) swap(xy[i], xy[k]);
    }
    /////////////////////////////////////////////////
    //删除重复的数据点
    for (int i = 0; i <n - 1; i++)
    {
        if (fabs(xy[i].x - xy[i + 1].x) < 1e-6)
        {
```

```
            for (int j = i + 1; j < n - 1; j++)xy[j] = xy[j + 1];
            n--; i--;
        }
    }
}
//===============================================================//
//函数名称:GetFileName()
//函数目的:读取文件名
//===============================================================//
string GetFileName()
{
    cout << endl << endl;
    cout << "              !! ============================!!" << endl;
    cout << "              !!                              !!" << endl;
    cout << "              !!        请输入插值数据文件名        !!" << endl;
    cout << "              !!                              !!" << endl;
    cout << "              !! ============================!!" << endl;
    string FileName;
    cin >> FileName;
    return FileName;
}
//===============================================================//
//函数名称: LoadData()
//函数目的: 读取数据文件
//参数说明: xy: 已知数据点
//         DNum: 已知数据点个数
//          xyi: 待插数据点
//          INum: 待插数据点个数
//===============================================================//
void LoadData(points * & xy, int& DNum, points * & xyi, int& INum)
{
    //打开数据文件读取数据
    string FileName = GetFileName();
    ifstream infile;
    infile.open(FileName, ios::in);
    if (infile.fail())
    {
        cout << endl << endl;
        cout << "              !! ============================!!" << endl;
        cout << "              !!                              !!" << endl;
        cout << "              !!        此文件格式不对或不存在        !!" << endl;
```

```
            cout <<"                !!                                      !!"<< endl;
            cout <<"                !! ===========================!!"<< endl;
            //重新输入插值次数
            LoadData(xy, DNum, xyi, INum);
        }
        infile>>DNum;
        if (DNum< 2)
        {
            cout <<"已知数据点个数必须>=2!"<< endl;
            LoadData(xy, DNum, xyi, INum);
        }
        xy = new points[DNum];    //已知点(x,y)
        for (int i = 0; i <DNum; i++) infile >>xy[i].x >>xy[i].y;
        //////////////////////////////////////////////////////////////////////////
        //读取待插点的个数和 x 坐标
        infile>>INum;
        if (INum< 2)
        {
            cout <<"待插数据点个数必须>=1!"<< endl;
            LoadData(xy, DNum, xyi, INum);
        }
        xyi = new points[INum];   //待插点(xi,yi)
        for (int i = 0; i <INum; i++) infile >>xyi[i].x;
        infile.close();
}
//===================================================================//
//函数名称:OutputFile()
//函数目的:将插值结果输出到文件
//===================================================================//
void OutputFile(points *& xyi, const int n)
{
    ///////////////////////////////////////////////////////////
    //将插值结果输出到文件
    ofstream output;
    output.open("InterResultFile.dat", ios::out);
    output<< setw(10) <<"XI"<< setw(25) <<"YI"<< endl;
    output<< setiosflags(ios::fixed) << setprecision(5);
    for (int i = 0; i <n; i++)
    {
        output << setw(10) <<xyi[i].x << setw(20) <<xyi[i].y << endl;
    }
```

```
        output.close();
        ///////////////////////////////////////////////////////////////
        cout<< endl << endl;
        cout<<"          !! ============================= !!"<< endl;
        cout<<"          !!                插值结束!                  !!"<< endl;
        cout<<"          !! ============================= !!"<< endl;
        cout<<"          !! ----------------------------- !!"<< endl;
        cout<<"          !!      插值结果保存到文件:InterResultFile.dat  !!"<< endl;
        cout<<"          !! ----------------------------- !!"<< endl;
        cout<<"          !! ============================= !!"<< endl;
}
//=========================================================//
//函数名称：MainGauss()
//函数目的：全选主元高斯消去法解线性方程组
//参数说明：a: 方程组的系数矩阵
//          b: 方程组的右端项及解向量
//          n: 方程组的阶数
//=========================================================//
bool MainGauss(double * a, double * b, int n)
{
    int * js = new int[n];
    for (int k = 0; k <n - 1; k++)
    {
        double maxa = a[k * n + k];   //选主元
        int is = k;
        js[k] = k;
        for (int i = k + 1; i <n; i++)
        {
            for (int j = k + 1; j <n; j++)
            {
                double t = a[i * n + j];
                if (fabs(t) > fabs(maxa))
                {
                    maxa = t;
                    js[k] = j;
                    is = i;
                }
            }
        }
        if (maxa + 1.0 == 1.0) return false;
        else
```

```
        {
            if (js[k] ! = k)   //列交换
            {
                for (int i = 0; i <= n - 1; i++) swap(a[i * n + k], a[i * n + js[k]]);
            }
            if (is ! = k)       //行交换
            {
                for (int j = k; j <= n - 1; j++) swap(a[k * n + j], a[is * n + j]);
                swap(b[k], b[is]);
            }
        }
        // 消元过程
        for (int i = k + 1; i <n; i++) //行
        {
            int p = k * n;
            int q = i * n;
            double tik = a[q + k] / a[p + k];
            b[i] -= tik * b[k];
            for (int j = k + 1; j <n; j++) a[q + j] -= tik * a[p + j];   //列
        }
        if ((k + 1) % 50 = = 0) cout <<".";
    }
    int nn = (n - 1) * n + n - 1;
    if (a[nn] + 1.0 = = 1.0) return false;
    //回代过程
    b[n - 1] /= a[nn];
    for (int i = n - 2; i >= 0; i--)
    {
        int p = i * n;
        for (int j = i + 1; j <n; j++)   b[i] -= a[p + j] * b[j];
        b[i] /= a[p + i];
        if ((i + 1) % 100 = = 0) cout <<".";
    }
    //恢复解的次序
    js[n - 1] = n - 1;
    for (int k = n - 1; k >= 0; k--) if (js[k] ! = k) swap(b[k], b[js[k]]);
    delete[] js;
    return true;
}
//========================================================================//
//函数名称: MultiQuadricinter()
```

```
//函数目的: 多重二次曲线插值
//参数说明: xy : 已知点的 x 坐标
//              m : 已知点的数据个数
//              s : 平滑系数
//            xyi : 未知点的 x 坐标
//              n : 未知点的数据个数
//=====================================================//
bool MultiQuadricinter(points * xy, int m, double s, points * xyi, int n)
{
    double * a = new double[m * m];
    double * b = new double[m];
    //生成方程组的系数矩阵
    for (int i = 0; i <m; i++)
    {
        for (int j = 0; j <m; j++)
        {
            double xx = xy[j].x - xy[i].x;
            a[i * m + j] = sqrt(xx * xx + s);
        }
        b[i] = xy[i].y;
    }
    //解线性方程组,无法求解时返回
    if (MainGauss(a, b, m) = = false)return false;
    //开始插值
    for (int i = 0; i <n; i++)
    {
        double xx;
        if (xyi[i].x <xy[0].x)           xx = xy[0].x;
        else if (xyi[i].x >xy[m - 1].x) xx = xy[m - 1].x;
        else                             xx = xyi[i].x;
        xyi[i].y = 0;
        for (int j = 0; j <m; j++)
        {
            double xt = xy[j].x - xx;
            xyi[i].y += b[j] * sqrt(xt * xt + s * s);
        }
    }
    delete[]a; delete[]b;
    return true;
}
//=====================================================//
```

```
//函数名称: PseudoMultiQuadricinter()
//函数目的: 拟多重二次曲线插值
//参数说明: xy : 已知点的 x 坐标
//           m : 已知点的数据个数
//           s : 平滑系数
//           xyi : 未知点的 x 坐标
//           n : 未知点的数据个数
//==================================================================//
void PseudoMultiQuadricInter(points * xy, int m, double s, points * xyi, int n)
{
    //逐点插值
    for (int i = 0; i <n; i++)
    {
        double xx;
        if (xyi[i].x <xy[0].x)         xx = xy[0].x;
        else if (xyi[i].x >xy[m - 1].x)  xx = xy[m - 1].x;
        else                           xx = xyi[i].x;
        double fx = xy[0].y + xy[m - 1].y;
        fx += (xy[1].y - xy[0].y) * (xx - xy[0].x) / (xy[1].x - xy[0].x);
        fx += (xy[m - 2].y - xy[m - 1].y) * (xx - xy[m - 1].x) / (xy[m - 2].x - xy[m - 1].x);
        for (int j = 1; j <m - 1; j++)
        {
            double fj = sqrt((xx - xy[j].x) * (xx - xy[j].x) + s * s);
            double dif = (xy[j + 1].y - xy[j].y) / (xy[j + 1].x - xy[j].x);
            dif -= (xy[j].y - xy[j - 1].y) / (xy[j].x - xy[j - 1].x);
            fx += dif * fj;
        }
        xyi[i].y = fx / 2;
    }
}
//==================================================================//
//函数名称:MQ1DInter()
//函数目的:多重二次曲线插值
//==================================================================//
void MQ1DInter()
{
    int DNum, INum;
    points * xy, * xyi;
    //从文件导入数据
    LoadData(xy, DNum, xyi, INum);
    ////////////////////////////////////////////////////////////////
```

```
    //对已知点进行排序,并删除掉重复的点
    SortAndDelRepeatedPoints(xy, DNum);
    if (DNum < 2)
    {
        cout <<"已知数据点个数必须>=2!"<< endl;
        //释放内存
        delete[ ]xy; delete[ ]xyi;
        //重新调用插值函数
        MQ1DInter();
    }
    ////////////////////////////////////////////////////////////////////////
    //调用多重二次曲线插值
    double h = 0;
    for (int i = 0; i < DNum - 1; i++)
    {
        if (xy[i + 1].x - xy[i].x > h)h = xy[i + 1].x - xy[i].x;
    }
    double s = h/2;
    PseudoMultiQuadricInter(xy, DNum, s, xyi, INum);
    //MultiQuadricInter(xy, DNum, s, xyi, INum);
    ////////////////////////////////////////////////////////////////////////
    //将插值结果输出到文件
    OutputFile(xyi, INum);
    ////////////////////////////////////////////////////////////////////////
    //释放内存
    delete[ ]xy; delete[ ]xyi;
    ////////////////////////////////////////////////////////////////////////
    //改变文件重新进行拉格朗日插值
    MQ1DInter();
}
//=================================================//
//函数名称:main()
//=================================================//
int main()
{
    cout<< endl << endl;
    cout<<"        !! ================================!!"<< endl;
    cout<<"        !!                一维插值              !!"<< endl;
    cout<<"        !! ================================!!"<< endl;
    cout<<"        !!            基于 Multi-Quadric 函数      !!"<< endl;
    cout<<"        !! ------------------------------------ !!"<< endl;
```

```
    cout<<"        !! ---------------------------------- !!"<< endl;
    cout<<"        !! ================================== !!"<< endl;
    //调用插值函数
    MQ1DInter();
    system("pause");
    return 0;
}
```

(2)数值实验

【例3.5】 下面以3.3.4节【例3.4】数据为例,对拟 MQ 插值方法进行数值实验分析。该剖面已知的地表高程点有 64 个,横向分布范围为[0,4460],并且呈不等间距分布。以 10 m 为间隔从 0 到 4460 均匀采样作为待插结点,插值结果如图 3.4.1 所示。当形状参数 $s = 0$ 时,插值曲线与原始高程曲线完全重合,此时拟 MQ 插值或 MQ 插值即为线性插值。当 s 相对 h(相邻插值结点的最大间隔)逐渐增大时,插值曲线在阶跃点处的光滑程度也随之增大,但总体形态与原曲线保持一致,因此,说明拟 MQ 插值具有良好的保形性和保单调性。对于形状参数 s 的选择问题,目前没有一个量化的选择依据,只能根据实际问题需求作数值实验分析。MQ 函数除了用于插值以外,还可以用于数据拟合、平滑以及求解偏微分方程的数值解等。

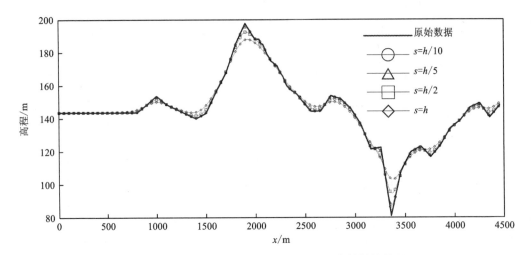

图 3.4.1 【例 3.4】实验数据的拟 MQ 函数的插值结果

3.5 基于趋势面拟合的多重二次曲面插值法

在地球物理勘探中,常常需要将地表观测的离散物理场数据作规则化处理,这种规则化通常表现为将分布不均匀的数据通过二、三维插值使其均匀化,以便于在此基础上绘制图件和进行数据分析。本节将介绍一种基于趋势面拟合的多重二次曲面插值方法。

趋势面拟合法与多重二次曲面法都是通过构建空间离散点(x, y, z)的数学曲面而达到数据分析的目的,两种方法在地学数据分析中均有应用。趋势面拟合法可以较好地反映空间离散点的全局变化趋势，在地球物理学中能够辅助分析地球物理场的区域异常特征，而多重二次曲面法可以较好地反映空间离散点的局部变化特征，但在数据缺失区容易造成数学曲面形态的畸变，因此，可将两者有机地结合起来实现空间离散点的二维插值。

下面分别介绍趋势面拟合法、多重二次曲面法以及基于趋势面拟合的多重二次曲面插值方法。

3.5.1　趋势面拟合法

假设三维空间中存在一组离散的数据点 $p_i = (x_i, y_i, z_i)$，$(i = 1, 2, \cdots, M)$，根据 p_i 可构造出反映离散点空间变化趋势的数学曲面 G，G 被称为趋势面，故该方法被称为趋势面拟合法。趋势面拟合公式为：

$$z = f(x, y) = \sum_{i=0}^{n} \sum_{j=0}^{i} c_{ij} x^{i-j} y^j \tag{3.5.1}$$

其中，n 为趋势面的次数；c_{ij} 为趋势面的系数，其个数 N 与 n 有关，即 $N = (n+1)(n+2)/2$。选择趋势面的次数 n 不同，趋势面的起伏变化不同，利用趋势面拟合法作数据分析时，n 不宜取得太大。

实际应用中，常用的趋势面模型有以下几种：

① 当 n 取 1 时，趋势面为空间平面，适合于较平坦的曲面，即

$$z = c_{00} + c_{10}x + c_{11}y \tag{3.5.2}$$

② 当 n 取 2 时，趋势面为空间二次曲面，适合于起伏不大的曲面，即

$$z = c_{00} + c_{10}x + c_{11}y + c_{20}x^2 + c_{21}xy + c_{22}y^2 \tag{3.5.3}$$

③ 当 n 取 3 时，趋势面为空间三次曲面，适合于起伏较大的曲面，即

$$z = c_{00} + c_{10}x + c_{11}y + c_{20}x^2 + c_{21}xy + c_{22}y^2 +$$
$$c_{30}x^3 + c_{31}x^2y + c_{32}xy^2 + c_{33}y^3 \tag{3.5.4}$$

选取趋势面的次数 n 后，关键是如何求取趋势面的系数 c_{ij}。不失一般性，以构建二次趋势面为例，说明趋势面系数的求解方法。若已知数据点 $z_i = f(x_i, y_i)$（$i = 1, 2, \cdots, M$），可将 M 个数据点代入式(3.5.3)中，即可得到线性方程组

$$A_{M \times N} \cdot C_{N \times 1} = Z_{M \times 1} \tag{3.5.5}$$

其中，M 为方程个数，N 为趋势面系数的个数，由于趋势面的次数 $n = 2$，故 $N = 6$。

$$A_{M \times N} = \begin{bmatrix} 1 & x_1 & y_1 & x_1^2 & x_1 y_1 & y_1^2 \\ \vdots & \vdots & \vdots & \vdots & \vdots & \vdots \\ 1 & x_i & y_i & x_i^2 & x_i y_i & y_i^2 \\ \vdots & \vdots & \vdots & \vdots & \vdots & \vdots \\ 1 & x_M & y_M & x_M^2 & x_M y_M & y_M^2 \end{bmatrix}_{M \times N}, \quad C_{N \times 1} = \begin{bmatrix} c_{00} \\ c_{10} \\ c_{11} \\ c_{20} \\ c_{21} \\ c_{22} \end{bmatrix}_{N \times 1}, \quad Z_{M \times 1} = \begin{bmatrix} z_1 \\ \vdots \\ z_i \\ \vdots \\ z_M \end{bmatrix}_{M \times 1}$$

由于方程组(3.5.5)的方程个数 M 大于未知数个数 N，这类方程组通常称为超定方程组，一般来说，超定方程组没有通常意义下的解。

若令

$$R = A_{M \times N} \cdot C_{N \times 1} - Z_{M \times 1}$$

求 $C_{N \times 1}$，使 $\| R \|^2 = \| A_{M \times N} \cdot C_{N \times 1} - Z_{M \times 1} \|^2$ 取极小，则有

$$A_{N \times M}^T \cdot A_{M \times N} \cdot C_{N \times 1} = A_{N \times M}^T \cdot Z_{M \times 1} \tag{3.5.6}$$

称方程组(3.5.6)的解 $\boldsymbol{C}_{N\times1}$ 为超定方程组(3.5.5)的最小二乘解。这样就可以将解超定方程组的问题转化为解线性代数方程组的问题,然后采用 7.1.3 节介绍的全选主元高斯消去法解方程组(3.5.6),即可得到趋势面的系数 $\boldsymbol{C}_{N\times1}$,将其代入式(3.5.3)便可生成二次趋势面。

同理,只要给定趋势面的次数 n,就可根据上述方法求出趋势面的系数 $\boldsymbol{C}_{N\times1}$,将其代入趋势面拟合公式(3.5.1),便可得到相应的趋势面函数。任给平面上一点 (x_p, y_p),即可根据

$$z_p = f(x_p, y_p) = \sum_{i=0}^{n} \sum_{j=0}^{i} c_{ij} x_p^{i-j} y_p^{j} \tag{3.5.7}$$

求出对应的 z_p。

3.5.2 多重二次曲面法

1971 年 Hardy 提出了一种多重二次曲面函数(multi-quadric function),主要用于构建空间离散点的多重二次曲面。该函数的一般形式为

$$\sum_{i=1}^{M} c_i \cdot \left[q(x_i, y_i, x, y) \right] = z \tag{3.5.8}$$

其中 (x_i, y_i),$i=1, 2, \cdots, M$ 为已知点的坐标;z 是关于插值结点 (x, y) 的函数,它是一系列二次曲面函数 $q(x_i, y_i, x, y)$ 与系数 c_i 乘积的和,二次曲面函数为

$$q(x_i, y_i, x, y) = \sqrt{(x_i - x)^2 + (y_i - y)^2 + s^2} \tag{3.5.9}$$

其中 s 为形状参数,主要用于调节空间曲面的平滑度,其值越大曲面越平滑,为保证插值曲面尽量逼近真实曲面,s 通常取较小的值,也可取为零。

将式(3.5.9)代入式(3.5.8),有

$$\sum_{i=1}^{M} c_i \cdot \sqrt{(x_i - x)^2 + (y_i - y)^2 + s^2} = z \tag{3.5.10}$$

在式(3.5.10)中,如何确定系数 c_i 呢?将已知平面离散点的坐标及对应的属性值代入式(3.5.10),可以得到多重二次曲面函数的线性方程组

$$\sum_{i=1}^{M} c_i \cdot \sqrt{(x_i - x_j)^2 + (y_i - y_j)^2 + s^2} = z_j, \quad j=1, 2, \cdots, M \tag{3.5.11}$$

若令:

$$\boldsymbol{A}_{M\times M} = \begin{bmatrix} s & \sqrt{(x_1-x_2)^2+(y_1-y_2)^2+s^2} & \cdots & \sqrt{(x_1-x_M)^2+(y_1-y_M)^2+s^2} \\ \vdots & \vdots & & \vdots \\ \sqrt{(x_M-x_1)^2+(y_M-y_1)^2+s^2} & \sqrt{(x_M-x_2)^2+(y_M-y_2)^2+s^2} & \cdots & s \end{bmatrix},$$

$$\boldsymbol{C}_{M\times1} = \begin{bmatrix} c_1 \\ c_2 \\ \vdots \\ c_M \end{bmatrix}, \quad \boldsymbol{Z}_{M\times1} = \begin{bmatrix} z_1 \\ z_2 \\ \vdots \\ z_M \end{bmatrix}$$

则可将式(3.5.11)改写为矩阵形式:

$$\boldsymbol{A}_{M\times M} \boldsymbol{C}_{M\times1} = \boldsymbol{Z}_{M\times1} \tag{3.5.12}$$

利用全选主元高斯消去法求解线性方程组(3.5.12),即可得到解向量 $\boldsymbol{C}_{M\times1}$。

将解向量 $\boldsymbol{C}_{M\times1}$ 及待插点 (x_p, y_p) 代入式(3.5.10),有

$$\sum_{i=1}^{M} c_i \cdot \sqrt{(x_i - x_p)^2 + (y_i - y_p)^2 + s^2} = z_p \tag{3.5.13}$$

便可计算出待插点 (x_p, y_p) 的属性值 z_p。如果待插点的数量很大，则重复式(3.5.13)的计算过程。

3.5.3　基于趋势面拟合的多重二次曲面插值法

下面介绍趋势面拟合法与多重二次曲面法相结合的插值算法，计算过程如下：

① 采用趋势面拟合法，根据事先给定的趋势面次数 n(选择 1、2 或 3)，利用已知的空间离散点 $(x_k, y_k, z_k)(k = 1, 2, \cdots, M)$ 求出趋势面系数 c_{ij}，进而可以构造出趋势面函数

$$z = \sum_{i=0}^{n} \sum_{j=0}^{i} c_{ij} x^{i-j} y^j \tag{3.5.14}$$

② 利用式(3.5.14)，求出趋势面上与已知空间离散点的平面坐标 $(x_k, y_k)(k = 1, 2, \cdots, M)$ 对应的属性值 z_{Tk}，即

$$z_{Tk} = \sum_{i=0}^{n} \sum_{j=0}^{i} c_{ij} x_k^{i-j} y_k^j, \ k = 1, 2, \cdots, M \tag{3.5.15}$$

③ 求出已知空间离散点的平面坐标 $(x_k, y_k)(k = 1, 2, \cdots, M)$ 对应的 z_k 与 z_{Tk} 的差值 Δz_k，即：

$$\Delta z_k = z_k - z_{Tk}, \ k = 1, 2, \cdots, M \tag{3.5.16}$$

④ 采用多重二次曲面法，根据换算得到的空间离散点 $(x_k, y_k, \Delta z_k)(k = 1, 2, \cdots, M)$，求出多重二次曲面系数 c_k，进而可以构造出 Δz 的多重二次曲面函数：

$$\sum_{k=1}^{M} c_k \cdot \sqrt{(x_k - x)^2 + (y_k - y)^2 + s^2} = \Delta z_k \tag{3.5.17}$$

⑤ 对于给定的待插结点坐标 $(x_l, y_l)(l = 1, 2, \cdots, L)$，求 z_{Tl}。将 (x_l, y_l) 逐点代入式(3.5.14)，得：

$$z_{Tl} = \sum_{i=0}^{n} \sum_{j=0}^{i} c_{ij} x_l^{i-j} y_l^j, \ l = 1, 2, \cdots, L \tag{3.5.18}$$

⑥ 对于给定的待插结点坐标 $(x_l, y_l)(l = 1, 2, \cdots, L)$，求 Δz_l。将 (x_l, y_l) 逐点代入式(3.5.17)，得：

$$\Delta z_l = \sum_{k=1}^{M} c_k \cdot \sqrt{(x_k - x_l)^2 + (y_k - y_l)^2 + s^2}, \ l = 1, 2, \cdots, L \tag{3.5.19}$$

⑦ 将式(3.5.18)与式(3.5.19)得到的 z_{Tl} 和 Δz_l 求和，最终可得待插结点坐标 (x_l, y_l) 对应的插值结果 z_l：

$$z_l = z_{Tl} + \Delta z_l, \ l = 1, 2, \cdots, L \tag{3.5.20}$$

3.5.4　程序设计与数值实验

(1) 程序设计

下面对基于趋势面拟合法的多重二次曲面插值算法进行程序设计。为了程序操作的方便性和实用性，有几个方面需要考虑：

① 已知空间离散点的数据量可能很大，需要将其从文件导入，设置文件格式为三列数据 (x, y, z)；

② 空间离散点 $p_i = (x_i, y_i, z_i)(i = 1, 2, \cdots, M)$ 的平面分布区域可能不规则，需要确定离散点平面坐标 (x, y) 分布的边界区域(可采用如下所示的 Graham 算法)，以便于绘图时用

于白化凸包外的无数据区。将凸包数据输出成 *.bln 文件格式(表 3.5.1),可直接用 Surfer 软件读取并白化图形。

Graham 算法

1972 年,Graham 提出了一种计算凸包的算法,命名为 Graham 算法,该算法的时间复杂度为 Θ ($n\log_2 n$),目前已成为计算几何中的一个基本算法,而且在该算法的基础上许多学者又提出了各种不同的凸包算法,如包裹法、分治法、快包法和增点法等。下面介绍 Graham 算法的计算过程:

A. 在点集 $\{P_i, i = 1, 2, \cdots, n\}$ 中找到纵坐标最小的点作为凸包基点 P_b。当这样的点不唯一时,则以横坐标最大的点作为凸包基点 P_b。

B. 计算其余点与凸包基点构成的向量集 $\{P_b P_i, i = 1, 2, \cdots, n-1\}$。

C. 计算向量 $P_b P_i$ 与单位向量 $(1, 0)$ 的夹角,并将向量 $P_b P_i$ 按夹角大小进行升序排序。

D. 对于夹角相同的点,再按其与基点 P_b 的距离进行升序排序,并将近距离的点删除,只保留与基点 P_b 距离最大的点。

E. 将点集按夹角由小到大的顺序(即逆时针方向)首尾依次相连构成向量集 $\{P_i P_{i+1}, i = 1, 2, \cdots, N-1\}$。

F. 依次删除不在凸包上的向量。若从 $i = 2, 3, \cdots, N-1$ 向量 $P_i P_{i+1}$ 开始回溯过程,即与排在它前面的向量 $P_{i-1} P_i \cdots P_1 P_2$ 依次做叉积,$V = P_i P_{i+1} \times P_{i-1} P_i$,若 $V > 0$,则 P_i 点在凸包上;若 $V < 0$,则 P_i 点不在凸包上;若 $V = 0$,则 $P_i P_{i+1}$ 与 $P_{i-1} P_i$ 共线,若两向量同向,则 P_i 点在凸包上,否则,P_i 点不在凸包上。如果判别 P_i 点在凸包上,则终止本次回溯,执行 $i++$。如果判别 P_i 点不在凸包上,则删除 P_i 点,由 P_{i+1} 和 P_{i-1} 构成新的向量 $P_{i-1} P_{i+1}$,继续向后回溯,直到遇到凸点,则终止本次回溯,执行 $i++$。直到 $i = N-1$,执行完最后一轮回溯过程后,则剩余的点即为凸包点。

表 3.5.1 用于白化无数据区的文件格式(*.bln)

$N+1$	F	N 为点的个数,F 为白化标识:0 表示白化区域外侧,1 表示白化区域内侧
$XC1$	$YC1$	第一个点的 X、Y 坐标
$XC2$	$YC2$	第二个点的 X、Y 坐标
……	……	……
XCN	YCN	第 N 个点的 X、Y 坐标
$XC1$	$YC1$	第一个点的 X、Y 坐标,形成封闭区域

③根据离散点平面坐标 (x, y) 的分布范围,需要设置 x 和 y 方向剖分的网格结点数 x_n 和 y_n,以及趋势面次数 n。

④考虑到对网格化数据绘图的方便性,将网格化数据保存为 Surfer 软件可以直接读取的文件格式(*.grd,如表 3.5.2 所示),直接用 Surfer 软件绘图。

表 3.5.2　网格化数据文件格式(∗.grd)

DSAA		DSAA 表示 ASCII 类型的网格化文件的字符串标识
XN	*YN*	分别表示 X 和 Y 方向的网格线的数量
*X*Min	*X*Max	分别表示离散点在 X 方向分布的最小和最大界限
*Y*Min	*Y*Max	分别表示离散点在 Y 方向分布的最小和最大界限
*Z*Min	*Z*Max	分别表示离散点在 Z 方向分布的最小和最大界限
GridRow1 GridRow2 …… GridRowYN		按先行后列的顺序输出结点上的 Z 值。在 $[Z\text{Min}, Z\text{Max}]$ 范围内的 Z 值被用于绘图，超出这个范围的 Z 值将被白化。

下面给出基于趋势面拟合法的多重二次曲面插值算法的程序设计流程图:

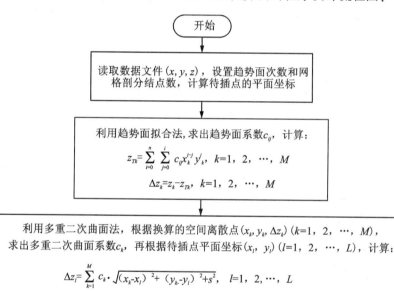

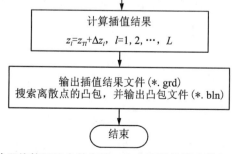

图 3.5.1　基于趋势面拟合的多重二次曲面插值算法的程序设计流程图

基于趋势面拟合的多重二次曲面插值算法编写 C++程序，具体如程序代码 3.5.1~程序代码 3.5.3 所示。

程序代码 3.5.1　头文件 MultiQuadricInterWithTrend. h

```cpp
#include <algorithm>
#include <vector>
#include <cmath>
#include <string>
#include <iostream>
#include <iomanip>
#include <fstream>
using namespace std;
/////////////////////////////////////////////////////////////////////////
//确定离散点边界函数
struct PointStruct {
    double x, y;
};
typedef vector < PointStruct > PTARRAY;
//判断两个向量是否相等
bool operator = = (const PointStruct& pt1, const PointStruct& pt2);
//比较向量 pt1、pt2 与 x 轴向量(1,0)的夹角
bool CompareVector(const PointStruct& pt1, const PointStruct& pt2);
//搜索平面离散点的凸包
bool Graham(PTARRAY& vecSrc);
//列选主元高斯消去法解线性方程组
bool MainGauss(double * a, double * b, int n);
//趋势面拟合
bool TrendSurfaceFitting( vector<double>& x, vector<double>& y, vector<double>& z, int n,
                    double minx, double miny, double * c, int order);
//计算趋势面的拟合值
double CalZT(int order, double x, double y, double * c);
//多重二次曲面法插值
bool MultiQuadricInter( vector<double>& x, vector<double>& y, vector<double>& z, int m,
                    double s, double * xi, double * yi, double * zi, int n);
//读取文件名
string GetFileName();
//设置趋势面次数
void SetTrendOrder(int& n);
//设置 x、y 方向剖分节点数
void SetNodesNum( double xmin, double xmax, double ymin, double ymax, double zmin, double zmax,
```

```
                     int& xNodesNum, int& yNodesNum, double& xEle, double& yEle);
//分割字符串
void split(string& instr, vector<string>& outstr, const string& pattern);
//基于趋势面拟合的多重二次曲面插值
bool MultiQuadricInterWithTrend(int xNodesNum, int yNodesNum, int order);
```

程序代码 3.5.2　源文件 MultiQuadricInterWithTrend. cpp

```cpp
#include "MultiQuadricInterWithTrend.h"
////////////////////////////////////////////////////////////////////
//==================================================================//
//函数名称: operator==()
//函数目的: 判断两个向量是否重合
//参数说明: pt1: 向量 1
//          pt2: 量 2
//==================================================================//
bool operator==(const PointStruct& pt1, const PointStruct& pt2)
{
    return (pt1.x == pt2.x && pt1.y == pt2.y);
}
//==================================================================//
//函数名称: CompareVector()
//函数目的: 比较向量 pt1、pt2 与 x 轴向量(1,0)的夹角
//参数说明: pt1: 向量 1
//          pt2: 向量 2
//==================================================================//
bool CompareVector(const PointStruct& pt1, const PointStruct& pt2)
{
    //求向量的模
    double m1 = sqrt(pt1.x * pt1.x + pt1.y * pt1.y);
    double m2 = sqrt(pt2.x * pt2.x + pt2.y * pt2.y);
    //两个向量分别与(1, 0)求内积
    double v1 = pt1.x / m1, v2 = pt2.x / m2;
    return (v1 > v2 || (v1 == v2 && m1 < m2));
}
//==================================================================//
//函数名称:Graham()
//函数目的:搜索平面离散点的凸包
//参数说明:vecSrc:输入平面离散点,返回凸包点
//==================================================================//
bool Graham(PTARRAY& vecSrc)
```

```
{
    //至少有3个点才能构成多边形
    if (vecSrc.size() < 3) return false;
    //查找基点
    PointStruct ptBase = vecSrc.front();
    for (PTARRAY::iterator i = vecSrc.begin() + 1; i ! = vecSrc.end(); ++i)
    {
        //如果当前点的y值小于最小点或y值相等且x值较小
        if (i->y < ptBase.y || (i->y == ptBase.y && i->x > ptBase.x))ptBase = *i;
    }
    //计算出各点与基点构成的向量
    for (PTARRAY::iterator i = vecSrc.begin(); i ! = vecSrc.end(); )
    {
        //排除与基点相同的点
        if (*i == ptBase) i = vecSrc.erase(i);
        else
        {
            //方向由基点到目标点
            i->x -= ptBase.x;
            i->y -= ptBase.y;
            i++;
        }
    }
    //按各向量与横坐标之间的夹角排序
    sort(vecSrc.begin(), vecSrc.end(), &CompareVector);
    //删除相同的向量
    vecSrc.erase(unique(vecSrc.begin(), vecSrc.end()), vecSrc.end());
    //计算得到首尾依次相联的向量
    for (PTARRAY::reverse_iterator ri = vecSrc.rbegin(); ri ! = vecSrc.rend() - 1; ++ri)
    {
        PTARRAY::reverse_iterator riNext = ri + 1;
        ri->x -= riNext->x;
        ri->y -= riNext->y;
    }
    //删除不在凸包上的向量
    for (PTARRAY::iterator i = vecSrc.begin() + 1; i ! = vecSrc.end(); ++i)
    {
        //删除旋转方向相反的向量
        for (PTARRAY::iterator iLast = i - 1; iLast ! = vecSrc.begin(); )
        {
            double v1 = (i->x * iLast->y);
```

```
            double   v2 = (i->y * iLast->x);
            //如果叉积小于0,则无需逆向旋转,如果叉积等于0,需判断方向是否相逆
            if (v1 < v2 || (v1 == v2 && i->x * iLast->x > 0 && i->y * iLast->y > 0))break;
            //删除前一个向量,更新当前向量,使其与前面的向量首尾相连
            i->x += iLast->x;
            i->y += iLast->y;
            iLast= (i = vecSrc.erase(iLast)) - 1;
        }
    }
    //将首尾相连的向量换算成坐标
    vecSrc.front().x += ptBase.x;
    vecSrc.front().y += ptBase.y;
    for (PTARRAY::iterator i = vecSrc.begin() + 1; i ! = vecSrc.end(); ++i)
    {
        i->x += (i - 1)->x;
        i->y += (i - 1)->y;
    }
    //添加基点,凸包计算完成
    vecSrc.push_back(ptBase);
    return true;
}
//=====================================================//
//函数名称: MainGauss()
//函数目的: 全选主元高斯消去法解线性方程组
//参数说明: a: 方程组的系数矩阵
//          b: 方程组的右端项及解向量
//          n: 方程组的阶数
//=====================================================//
bool MainGauss(double * a, double * b, int n)
{
    int * js = new int[n];
    for (int k = 0; k < n - 1; k++)
    {
        double maxa = a[k * n + k];   //选主元
        int is = k;
        js[k] = k;
        for (int i = k + 1; i < n; i++)
        {
            for (int j = k + 1; j < n; j++)
            {
                double t = a[i * n + j];
```

```
            if (fabs(t) > fabs(maxa))
            {
                maxa = t;
                js[k] = j;
                is = i;
            }
        }
    }
    if (maxa + 1.0 == 1.0) return false;
    else
    {
        if (js[k] != k)    //列交换
        {
            for (int i = 0; i <= n - 1; i++) swap(a[i * n + k], a[i * n + js[k]]);
        }
        if (is != k)        //行交换
        {
            for (int j = k; j <= n - 1; j++) swap(a[k * n + j], a[is * n + j]);
            swap(b[k], b[is]);
        }
    }
    // 消元过程
    for (int i = k + 1; i < n; i++) //行
    {
        int p = k * n;
        int q = i * n;
        double tik = a[q + k] / a[p + k];
        b[i] -= tik * b[k];
        for (int j = k + 1; j < n; j++) a[q + j] -= tik * a[p + j];    //列
    }
    if ((k + 1) % 50 == 0) cout << ".";
}
int nn = (n - 1) * n + n - 1;
if (a[nn] + 1.0 == 1.0) return false;
//回代过程
b[n - 1] /= a[nn];
for (int i = n - 2; i >= 0; i--)
{
    int p = i * n;
    for (int j = i + 1; j < n; j++) b[i] -= a[p + j] * b[j];
    b[i] /= a[p + i];
```

```
            if ((i + 1) % 100 == 0)cout << ".";
        }
        //恢复解的次序
        js[n - 1] = n - 1;
        for (int k = n - 1; k >= 0; k--)if (js[k] ! = k)swap(b[k], b[js[k]]);
        delete[]js;
        return true;
}
//=====================================================//
//函数名称: TrendSurfaceFitting()
//函数目的: 趋势面拟合
//参数说明: x : 已知点的 x 坐标
//          y : 已知点的 y 坐标
//          z : 已知点的属性值
//          n : 已知点的数据个数
//       minx : 最小 x 坐标
//       miny : 最小 y 坐标
//          c : 趋势面系数
//      order : 趋势面的次数
//=====================================================//
bool TrendSurfaceFitting( vector<double>& x, vector<double>& y, vector<double>& z, int n,
                    double minx, double miny, double * c, int order)
{
    int an = (order + 1) * (order + 2) / 2;
    int m = an * an;
    double * a = new double[m];
    double * b = new double[an];
    for (int i = 0; i < m; i++)a[i] = 0;
    for (int i = 0; i < an; i++)c[i] = 0;
    for (int i = 0; i < n; i++)
    {
        //b
        int jk = 0;
        double xx = x[i] - minx;
        double yy = y[i] - miny;
        for (int j = 0; j <= order; j++)
        {
            for (int k = 0; k <= j; k++)
            {
                b[jk] = pow(xx, j - k) * pow(yy, k);
                jk += 1;
```

```
                    }
                }
            //a, c
            for (int j = 0; j < an; j++)
            {
                for (int k = 0; k < an; k++)a[j * an + k] += b[j] * b[k];
                c[j] += b[j] * z[i];
            }
        }
    //求解趋势面系数
    if (MainGauss(a, c, an) == false)return false;
    delete[]a; delete[]b;
    return true;
}
//=================================================================//
//函数名称: CalZT()
//函数目的: 计算趋势面的趋势值
//参数说明: order : 趋势面的阶数
//          x : x 坐标
//          y : y 坐标
//          c : 趋势面系数
//=================================================================//
double CalZT(int order, double x, double y, double * c)
{
    double zt = 0;
    int jk = 0;
    for (int j = 0; j <= order; j++)
    {
        for (int k = 0; k <= j; k++)
        {
            zt += c[jk] * pow(x, j - k) * pow(y, k);
            jk += 1;
        }
    }
    return zt;
}
//=================================================================//
//函数名称: MultiQuadricInter()
//函数目的: 多重二次曲面法插值
//参数说明: x : 已知点的 x 坐标
//          y : 已知点的 y 坐标
```

```
//           z：已知点的属性值
//           m：已知点的数据个数
//           s：平滑系数
//          xi：待插点的 x 坐标
//          yi：待插点的 y 坐标
//          zi：待插点的属性值
//           n：待插点的数据个数
//=========================================================//
bool MultiQuadricInter( vector<double>& x, vector<double>& y, vector<double>& z, int m,
                        double s, double * xi, double * yi, double * zi, int n)
{
    double * a = new double[m * m];
    double * b = new double[m];
    //生成方程组的系数矩阵
    for (int i = 0; i < m; i++)
    {
        for (int j = i; j < m; j++)
        {
            if (i == j)a[i * m + j] = sqrt(s);
            else
            {
                double xx = x[j] - x[i];
                double yy = y[j] - y[i];
                double temp = sqrt(xx * xx + yy * yy + s);
                a[i * m + j] = temp;
                a[j * m + i] = temp;
            }
        }
        b[i] = z[i];
    }
    //解线性方程组,无法求解时返回
    if (MainGauss(a, b, m) == false)return false;
    else
    {
        //开始插值
        for (int i = 0; i < n; i++)
        {
            double sum = 0;
            for (int j = 0; j < m; j++)
            {
                double xx = x[j] - xi[i];
```

```
                double yy = y[j] - yi[i];
                sum += b[j] * sqrt(xx * xx + yy * yy + s);
            }
            zi[i] = sum;
        }
    }
    delete[]a; delete[]b;
    return true;
}
//=================================================================//
//函数名称:GetFileName()
//函数目的:读取文件名
//=================================================================//
string GetFileName()
{
    cout<< endl << endl;
    cout << "          !! ===================================== !!" << endl;
    cout << "          !!                二维插值                !!" << endl;
    cout << "          !! ===================================== !!" << endl;
    cout << "          !!       基于趋势面拟合的多重二次曲面插值方法       !!" << endl;
    cout << "          !! ----------------------------------------- !!" << endl;
    cout << "          !! ----------------------------------------- !!" << endl;
    cout << "          !! ===================================== !!" << endl;
    cout<< endl << endl;
    cout << "                  !! ===================================== !!" << endl;
    cout << "                  !!                                         !!" << endl;
    cout << "                  !!           请输入插值数据文件名            !!" << endl;
    cout << "                  !!                                         !!" << endl;
    cout << "                  !! ===================================== !!" << endl;
    string FileName;
    cin>> FileName;
    return FileName;
}
//=================================================================//
//函数名称:SetTrendOrder()
//函数目的:设置趋势面次数
//参数说明:n:趋势面次数
//=================================================================//
void SetTrendOrder(int& n)
{
    cout<< endl << endl;
```

```
    cout << "          !! ========================================== !!" << endl;
    cout << "          !! ------设置趋势面次数 n(默认为 1):< n = 1、2 或 3 >----- !!" << endl;
    cout << "          !! -------------------------------------------- !!" << endl;
    cout << "          !!              输入 n 后,按 enter 键              !!" << endl;
    cout << "          !! -------------------------------------------- !!" << endl;
    cout << "          !! ========================================== !!" << endl;
    cin >> n;
    if (n < 1 || n > 3) n = 1;
}
//==============================================================//
//函数名称: SetNodesNum()
//函数目的: 设置 x、y 方向剖分结点数
//参数说明: xmin : x 方向最小坐标
//          xmax : x 方向最大坐标
//          ymin : y 方向最小坐标
//          ymax : y 方向最大坐标
//          zmin : 最小属性值
//          zmax : 最大属性值
//      xNodesNum : x 方向剖分结点数
//      yNodesNum : y 方向剖分结点数
//          xEle : x 方向剖分单元大小
//          yEle : y 方向剖分单元大小
//==============================================================//
void SetNodesNum(  double xmin, double xmax, double ymin, double ymax,
                   double zmin, double zmax, int &xNodesNum, int &yNodesNum,
                   double& xEle, double& yEle)
{
    const int minn = 10,   maxn = 10000;
    //网格化尺度
    xEle = (xmax - xmin) / (xNodesNum - 1);
    yEle = (ymax - ymin) / (yNodesNum - 1);
    if (xEle > yEle)
    {
        yNodesNum = (int)((ymax - ymin) / xEle + 1);
        yEle = (ymax - ymin) / (yNodesNum - 1);
    }
    else
    {
        xNodesNum = (int)((xmax - xmin) / yEle + 1);
        xEle = (xmax - xmin) / (xNodesNum - 1);
    }
```

```cpp
    int inFlag;
    cout << endl << endl;
    cout << "          !! ============================= !!" << endl;
    cout << "          !! ===========设置网格剖分节点数============ !!" << endl;
    cout << "          !! x 方向范围:" << xmin << setw(15) << xmax << endl;
    cout << "          !! y 方向范围:" << ymin << setw(15) << ymax << endl;
    cout << "          !! z 方向范围:" << zmin << setw(15) << zmax << endl;
    cout << "          !! ----------------------------------------- !!" << endl;
    cout << "          !! x 方向剖分节点数 xn:" << xNodesNum << endl;
    cout << "          !! y 方向剖分节点数 yn:" << yNodesNum << endl;
    cout << "          !! ----------------------------------------- !!" << endl;
    cout << "          !! x 方向单元尺度:" << xEle << endl;
    cout << "          !! y 方向单元尺度:" << yEle << endl;
    cout << "          !! ----------------------------------------- !!" << endl;
    cout << "          !! ============================= !!" << endl;
    cout << "          !! --------是否重新输入 X 和 Y 方向剖分结点数? --------- !!" << endl;
    cout << "          !! ----------------------------------------- !!" << endl;
    cout << "          !!            〈 是:输入 1;  否:输入 0. 〉            !!" << endl;
    cout << "          !! ============================= !!" << endl;
    cin >> inFlag;
    if (inFlag == 1)
    {
        cout << "          !! ========================= !!" << endl;
        cout << "          !! -------输入 X、Y 方向结点数(范围:10 — 10000)----- !!" << endl;
        cout << "          !! ------------------------- !!" << endl;
        cout << "          !!              xn     yn    按 enter 键            !!" << endl;
        cout << "          !! ========================= !!" << endl;
        cin >> xNodesNum >> yNodesNum;
        if (xNodesNum < minn)xNodesNum = minn;
        if (yNodesNum < minn)yNodesNum = minn;
        if (xNodesNum > maxn)xNodesNum = maxn;
        if (yNodesNum > maxn)yNodesNum = maxn;
        SetNodesNum(xmin, xmax, ymin, ymax, zmin, zmax, xNodesNum, yNodesNum, xEle, yEle);
    }
}
//=============================================================//
//函数名称: split()
//函数目的: 字符串分割函数
//参数说明: instr : 读取的字符串
//          outstr : 分割后的字符串
//          pattern : 字符串间的字符
```

```
//==============================================================//
void split(string& instr, vector<string>& outstr, const string& pattern)
{
    int strSize = instr.size();
    int patternSize = pattern.size();

    string strtmp = "";
    for (int i = 0; i < strSize; i++)
    {
        bool flag = true;
        for (int j = 0; j < patternSize; j++)
        {
            if (instr[i] == pattern[j])
            {
                flag = false;
                break;
            }
        }
        if (flag == true)strtmp += instr[i];
        else
        {
            if (strtmp.size()) outstr.push_back(strtmp);
            strtmp = "";
        }
    }
    if (strtmp.size()) outstr.push_back(strtmp);
}
//==============================================================//
//函数名称: MultiQuadricInterWithTrend()
//函数目的: 基于趋势面拟合的多重二次曲面插值
//参数说明: xNodesNum : x 方向剖分单元数
//         yNodesNum : y 方向剖分单元数
//             order : 趋势面的次数
//==============================================================//
bool MultiQuadricInterWithTrend(int xNodesNum, int yNodesNum, int order)
{
    //打开数据文件读取数据
    string FileName = GetFileName();
    ifstream infile;
    infile.open(FileName, ios::in);
    if (infile.fail())
```

```
    {
        cout << endl << endl;
        cout << "                    !! ========================= !!" << endl;
        cout << "                    !!         此文件格式不对或不存在        !!" << endl;
        cout << "                    !! ========================= !!" << endl;
        //重新输入文件网格化
        MultiQuadricInterWithTrend(xNodesNum, yNodesNum, order);
    }
    const string pattern = " \t \r,";
    vector<double> x, y, z;
    vector <string> outstr;
    while (infile.peek() ! = EOF)
    {
        string instr = "";
        std::getline(infile, instr);
        //分割字符串
        split(instr, outstr, pattern);
        if (outstr.size() ! = 3)
        {
            outstr.clear();
            continue;
        }
        //将读取的数据 x/y/z 压栈
        x.push_back(atof(outstr[0].c_str()));
        y.push_back(atof(outstr[1].c_str()));
        z.push_back(atof(outstr[2].c_str()));
        outstr.clear();
    }
    outstr.shrink_to_fit();
    infile.close();
    //检查数据点个数
    int DataNum = x.size();
    if (DataNum < (order + 1) * (order + 2) / 2)
    {
        cout << "         插值失败: 文件数据点个数太少!" << endl;
        //重新输入文件网格化
        MultiQuadricInterWithTrend(xNodesNum, yNodesNum, order);
    }
    //设置趋势面次数
    SetTrendOrder(order);
    ////////////////////////////////////////////////////////////////////
```

```
//确定属性值范围
double xmin = x[0], xmax = x[0];
double ymin = y[0], ymax = y[0];
double zmin = z[0], zmax = z[0];
for (int i = 1; i < DataNum; i++)
{
    if (xmin > x[i]) xmin = x[i];
    if (xmax < x[i]) xmax = x[i];
    if (ymin > y[i]) ymin = y[i];
    if (ymax < y[i]) ymax = y[i];
    if (zmin > z[i]) zmin = z[i];
    if (zmax < z[i]) zmax = z[i];
}
//设置网格剖分结点数
double xd, yd;
SetNodesNum(xmin, xmax, ymin, ymax, zmin, zmax, xNodesNum, yNodesNum, xd, yd);
//待插点的网格化结点
int GridNodesNum = xNodesNum * yNodesNum;
double * xi = new double[GridNodesNum];
double * yi = new double[GridNodesNum];
double * zi = new double[GridNodesNum];
for (int i = 0; i < yNodesNum; i++)
{
    for (int j = 0; j < xNodesNum; j++)
    {
        int ij = i * xNodesNum + j;
        xi[ij] = xmin + j * xd;
        yi[ij] = ymin + i * yd;
    }
}
/////////////////////////////////////////////////////////////////////////
cout<<"          ===============开始插值===============" << endl;
/////////////////////////////////////////////////////////////////////////
//趋势面拟合
double * c = new double[(order + 1) * (order + 2) / 2];   //趋势面系数
TrendSurfaceFitting(x, y, z, DataNum, xmin, ymin, c, order);
for (int i = 0; i < DataNum; i++)
{
    double xm = x[i] - xmin;
    double ym = y[i] - ymin;
    //计算实测值与拟合值的残差
```

```
        z[i] -= CalZT(order, xm, ym, c);
}
////////////////////////////////////////////////////////////////////////////
//多重二次曲面插值
double s = sqrt(xd * yd) / 2;    //平滑系数, 根据需要可进行调整
if (MultiQuadricInter(x, y, z, DataNum, s, xi, yi, zi, GridNodesNum) == false)
{
    cout << "             插值失败: 方程组奇异!" << endl;
    system("pause");
    //重新输入文件网格化
    MultiQuadricInterWithTrend(xNodesNum, yNodesNum, order);
}
//计算插值结果, 并限制插值上下限
double zimin = zmin, zimax = zmax;
zmin /= 5; zmax *= 2;
for (int i = 0; i < GridNodesNum; i++)
{
    double xm = xi[i] - xmin;
    double ym = yi[i] - ymin;
    //计算插值结果
    zi[i] += CalZT(order, xm, ym, c);
    if (zi[i] < zmin) zi[i] = zmin;
    if (zi[i] > zmax) zi[i] = zmax;
    if (zi[i] < zimin) zimin = zi[i];
    if (zi[i] > zimax) zimax = zi[i];
}
////////////////////////////////////////////////////////////////////////////
//获取文件名后缀以前的字符
string strFileName = "";
int i = 0;
while (FileName[i] != ('.'))
{
    strFileName += FileName[i];
    i++;
}
////////////////////////////////////////////////////////////////////////////
//将插值结果输出到文件
ofstream outgrid;
outgrid.open(strFileName+ ".grd", ios::out);
outgrid<< "DSAA" << endl;
outgrid<< xNodesNum << setw(15) << yNodesNum << endl;
```

```cpp
outgrid << xmin << setw(15) << xmax << endl;
outgrid<< ymin << setw(15) << ymax << endl;
outgrid<< zimin << setw(15) << zimax << endl;
for (int i = 0; i < GridNodesNum; i++)
{
    outgrid << zi[i] << setw(20);
    if ((i + 1) % 10 == 0) outgrid << endl;
}
outgrid.close();
/////////////////////////////////////////////////////////////////////////////
//离散点的最小凸包
PTARRAY BoundaryPoint;
for (int i = 0; i < DataNum; i++)
{
    PointStruct xy = { x[i], y[i] };
    BoundaryPoint.push_back(xy);
}
if (Graham(BoundaryPoint) == true)//数据点大于3,即可输出离散点的凸包
{
    //输出离散点的最大封闭区域(.bln 文件),用于 surfer 绘图
    ofstream outbln;
    outbln.open(strFileName + ".bln", ios::out);
    outbln << BoundaryPoint.size() + 1 << setw(10) << 0 << endl;
    for (unsigned int i = 0; i < BoundaryPoint.size(); i++)
    {
        outbln << BoundaryPoint[i].x << setw(15) << BoundaryPoint[i].y << endl;
    }
    outbln << BoundaryPoint[0].x << setw(15) << BoundaryPoint[0].y << endl;
}
/////////////////////////////////////////////////////////////////////////////
cout<< endl << endl;
cout << "        !! ============================== !!" << endl;
cout << "        !!              插值结束!              !!" << endl;
cout << "        !! ============================== !!" << endl;
cout << "        !! ------------------------------ !!" << endl;
cout << "        !!       插值结果保存到文件:*.grd        !!" << endl;
cout << "        !!       白化数据保存到文件:*.bln        !!" << endl;
cout << "        !! ------------------------------ !!" << endl;
cout << "        !! ============================== !!" << endl;
x.clear(); x.shrink_to_fit();
y.clear(); y.shrink_to_fit();
z.clear(); z.shrink_to_fit();
```

```
BoundaryPoint.clear(); BoundaryPoint.shrink_to_fit();
delete[]c; delete[]xi; delete[]yi; delete[]zi;
/////////////////////////////////////////////////////////////////////
//对下一个插值文件网格化
MultiQuadricInterWithTrend(xNodesNum, yNodesNum, order);
return true;
}
```

程序代码 3.5.3　程序主函数：**MQI. cpp**

```
#include"MultiQuadricInterWithTrend.h"
/////////////////////////////////////////////////////////////////////
//主函数:main()
int main()
{
    int xNodesNum = 201;   //x 向网格结点数
    int yNodesNum = 201;   //y 向网格结点数
    int order = 1;           //趋势面次数<1,2,3>
    MultiQuadricInterWithTrend(xNodesNum, yNodesNum, order);
    return 0;
}
```

（2）数值实验

下面通过两个算例来检验基于趋势面拟合的多重二次曲面插值算法的插值效果。

【例 3.6】　该例为西藏某地的地表高程数据，数据点的分布情况为：X 方向长度为 320 m，点距为 10 m，Y 方向长度为 300 m，点距为 20 m，部分区域有数据缺失，如图 3.5.2(a) 所示。分别利用 Surfer 软件提供的自然邻点方法和克里金方法及本节插值方法对该数据体进行二维插值，三种插值方法在 X 方向和 Y 方向的插值结点数均分别设置为 201 个和 188 个（网格化尺度为 1.6 m），再利用 Surfer 软件对各插值结果(∗.grd)绘制等值线图，具体如图 3.5.2(b)、图 3.5.2(c)、图 3.5.2(d) 所示。从图中可以看出，本节插值方法与 Surfer 软件提供的插值方法的插值效果几乎完全一致，仅在部分区域存在较小的差异，即使在数据缺失区，等值线也能较平滑地过渡，说明该插值方法是可靠的。

【例 3.7】　该例为湖南某地采集的高密度电阻率数据，数据点的分布特征为：X 方向长度为 580 m，点距为 5 m，Y 方向长度为 285 m，点距为 7.5 m，数据分布呈倒梯形，如图 3.5.3(a) 所示。分别利用 Surfer 软件提供的基于三角剖分的线性插值方法和克里金方法及本节插值方法对该数据体进行二维插值，三种插值方法在 X 方向和 Y 方向的插值结点数均分别设置为 233 个和 115 个（网格化尺度为 2.5 m），再利用 Surfer 软件对各插值结果(∗.grd)绘制等值线图，具体如图 3.5.3(b)、图 3.5.3(c)、图 3.5.3(d) 所示，其中图 3.5.3(c) 和图 3.5.3(d) 是经过白化文件(∗.bln)对无数据区白化后的结果。从图中可以看出，本节插值方法与 Surfer 软件提供的插值方法在插值效果上没有明显差别，进一步说明了本节插值方法在数据分布不规则的情况下也同样具有较好的插值质量。

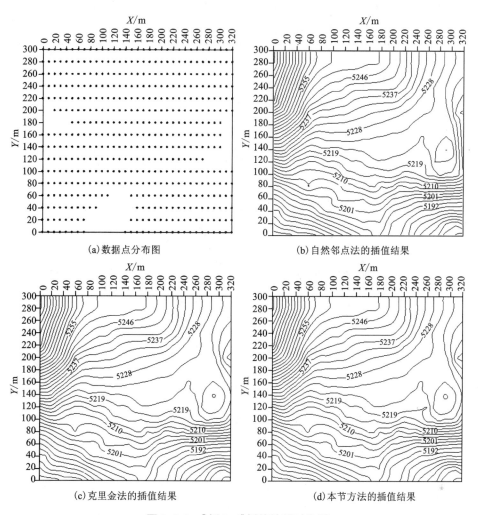

(a)数据点分布图

(b)自然邻点法的插值结果

(c)克里金法的插值结果

(d)本节方法的插值结果

图3.5.2 【例3.6】插值结果对比图

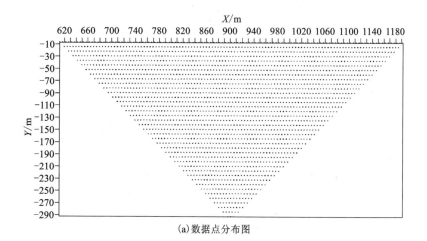

(a)数据点分布图

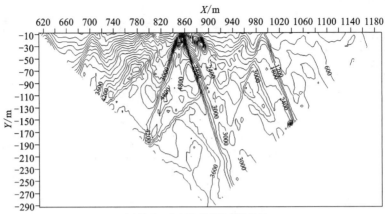

(b)基于三角剖分的线性插值结果

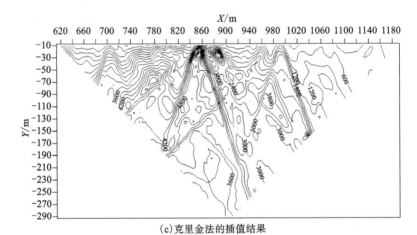

(c)克里金法的插值结果

(d)本节插值方法的插值结果

图 3.5.3　【例 3.7】的插值结果对比图

3.6 基于非结构化三角剖分的二维线性插值法

3.6.1 平面离散点的非结构化三角剖分

基于非结构化三角剖分的二维线性插值方法需要先将已知的平面离散点进行三角网格化，再将规则化的待插点作三角形线性插值。目前，平面离散点三角网格化的开源程序库较多，易于移植且使用方便，如 GMesh、Easymesh、Triangle、Geompack 等。本节平面离散点的非结构化三角剖分是基于 Triangle 库完成的，Triangle 库是由加州大学伯克利分校 Jonathan Richard Shewchuk 教授用 C 语言编写的平面三角剖分库，程序文件包括 triangle.h 和 triangle.c，可以在 Windows 和 Linux 操作系统下编译和运行，程序功能强大，网格剖分速度快且质量好。下面介绍 Triangle 库的基本使用方法。

（1）Triangle 库参数列表

在 Triangle 库的头文件 triangle.h 中，定义了结构体 triangulateio，用于 triangle.c 库的输入、输出，结构体定义形式如程序代码 3.6.1 所示。在使用 Triangle 库生成三角网之前，需要对其相应的结构体成员进行初始化。

程序代码 3.6.1 头文件 triangle.h

```
#define REAL double
#define ANSI_DECLARATORS
struct triangulateio
{
    REAL *pointlist;                   //存储点坐标(x, y)                    /* In / out */
    REAL *pointattributelist;          //存储点坐标的属性                     /* In / out */
    int *pointmarkerlist;              //标识点坐标是否在边界上                /* In / out */
    int numberofpoints;                //点坐标的个数                        /* In / out */
    int numberofpointattributes;       //每个点坐标的属性个数                 /* In / out */

    int *trianglelist;                 //存储每个三角形的三个角点的编号         /* In / out */
    REAL *triangleattributelist;       //存储三角形的属性                     /* In / out */
    REAL *trianglearealist;            //三角形的面积约束                     /* In only */
    int *neighborlist;                 //存储与任一三角形相邻的三个三角形的编号   /* Out only */
    int numberoftriangles;             //三角形的个数                        /* In / out */
    int numberofcorners;               //多边形角点数                        /* In / out */
    int numberoftriangleattributes;    //三角形的属性个数                     /* In / out */

    int *segmentlist;                  //存储线段的端点编号                   /* In / out */
    int *segmentmarkerlist;            //标识线段是否在边界上                  /* In / out */
    int numberofsegments;              //线段数                             /* In / out */
}
```

```
        REAL * holelist;      //存储空洞的内部坐标点      /* In / pointer to array copied out */
        int numberofholes;    //空洞个数                /* In / copied out */

        REAL * regionlist;    //区域属性和区域约束的数组/* In / pointer to array copied out */
        int numberofregions;  //区域的个数              /* In / copied out */

        int * edgelist;       //存储边端点的编号         /* Out only */
        int * edgemarkerlist; //边的标识                /* Not used with Voronoi diagram; out only */
        REAL * normlist;      //存储 Voronoi 图的法向量  /* Used only with Voronoi diagram; out only */
        int numberofedges;    //Voronoi 图的法向量个数  /* Out only */
};
#if def ANSI_DECLARATORS
void triangulate(char *, struct triangulateio *, struct triangulateio *,
                struct triangulateio *);
//void trifree(VOID * memptr);
#else /* not ANSI_DECLARATORS */
void triangulate();
void trifree();
#endif /* not ANSI_DECLARATORS */
```

（2）Triangle 库命令列表

命令参数有：prq_a_uAcDjevngBPNEIOXzo_YS_iFlsCQVh，各命令含义如表 3.6.1 所示。

表 3.6.1　Triangle 库命令列表

命令名称	参数说明
−p	三角化平面直线(. poly file)
−r	加密之前生成的网格
−q	控制网格质量，命令 q 后面设置三角形最小角，避免狭长三角形
−a	使用最大面积约束，命令 a 后面设置最大面积
−u	使用用户定义的三角形大小约束
−A	为每个三角形指定区域属性
−c	采用线段包裹凸包
−D	使所有三角形符合 Delaunay 特征
−j	从输出的. node 文件中舍弃未使用的顶点
−e	输出三角形的边列表到. edge 文件
−v	输出与三角形关联的 Voronoi 图
−n	生成每个三角形的相邻三角形的列表(到. neigh 文件)
−g	为 Geoview 生成. off 文件

续表3.6.1

命令名称	参数说明
-B	禁止输出.node、.poly 和.edge 文件
-P	禁止输出.poly 文件
-N	禁止输出.node 文件
-E	禁止输出.ele 文件
-I	禁止网格迭代编号
-O	在.poly 文件中忽略洞
-X	禁止精确算术的使用
-z	所有项从 0 开始编号(而不是 1)
-o2	生成二阶子参数单元
-Y	禁止边界线段分割
-S	指定增加的最大 Steiner 点数
-i	使用增长算法三角化,而不是 divide-and-conquer 算法
-F	使用 fortune´s sweepline 算法三角化,而不是 divide-and-conquer 算法
-l	仅应用垂直切割,而不是交替切割
-s	通过分裂迫使线段进入网格(代替采用 CDT)
-C	检查最终网格的一致性
-Q	禁止程序输出执行过程,除非发生错误
-V	输出详细的程序执行过程
-h	帮助:关于 Triangle 的详细指令

（3）Triangle 库调用函数

```
triangulateio tio_in;        //输入结构体变量
triangulateio tio_out;       //输出结构体变量
.....................         //初始化结构体变量
                             //生成三角网的函数
char str[10];
strcpy_s(str, "pznch");
//str 为命令行, tio_in 为输入数据, tio_out 为输出数据
triangulate(str, &tio_in, &tio_out, (struct triangulateio * ) NULL);
```

3.6.2　三角形二维线性插值函数

对于空间中不共线的任意三点, $A(x_0, y_0, z_0)$, $B(x_1, y_1, z_1)$, $C(x_2, y_2, z_2)$ 三点满足以下方程:

$$ax_0 + by_0 + c = z_0 \qquad (3.6.1)$$

$$ax_1 + by_1 + c = z_1 \tag{3.6.2}$$

$$ax_2 + by_2 + c = z_2 \tag{3.6.3}$$

解该方程组，即可确定系数 a，b，c。

解： 将式(3.6.1) 减式(3.6.3)，得

$$a(x_0 - x_2) + b(y_0 - y_2) = z_0 - z_2 \tag{3.6.4}$$

将式(3.6.2) 减式(3.6.3)，得

$$a(x_1 - x_2) + b(y_1 - y_2) = z_1 - z_2 \tag{3.6.5}$$

(1) 若 $y_0 - y_2 \neq 0$，则将式(3.6.4) 两边同除以 $y_0 - y_2$。经整理，得

$$b = \frac{z_0 - z_2}{y_0 - y_2} - a\frac{x_0 - x_2}{y_0 - y_2} \tag{3.6.6}$$

将式(3.6.6) 代入式(3.6.5)，得

$$a(x_1 - x_2) + (y_1 - y_2)\left(\frac{z_0 - z_2}{y_0 - y_2} - a\frac{x_0 - x_2}{y_0 - y_2}\right) = z_1 - z_2$$

经整理，得

$$a = \frac{(z_1 - z_2)(y_0 - y_2) - (z_0 - z_2)(y_1 - y_2)}{(x_1 - x_2)(y_0 - y_2) - (x_0 - x_2)(y_1 - y_2)} \tag{3.6.7}$$

然后，将式(3.6.7) 代入式(3.6.6)，得

$$b = \frac{z_0 - z_2}{y_0 - y_2} - \frac{(x_0 - x_2)}{(y_0 - y_2)}\left[\frac{(z_1 - z_2)(y_0 - y_2) - (z_0 - z_2)(y_1 - y_2)}{(x_1 - x_2)(y_0 - y_2) - (x_0 - x_2)(y_1 - y_2)}\right] \tag{3.6.8}$$

(2) 若 $y_0 - y_2 = 0$，则将式(3.6.4) 两边同除以 $x_0 - x_2$，得

$$a = \frac{z_0 - z_2}{x_0 - x_2} - b\frac{y_0 - y_2}{x_0 - x_2} \tag{3.6.9}$$

将式(3.6.9) 代入式(3.6.5)，得

$$(x_1 - x_2)\left(\frac{z_0 - z_2}{x_0 - x_2} - b\frac{y_0 - y_2}{x_0 - x_2}\right) + b(y_1 - y_2) = z_1 - z_2$$

经整理，得

$$b = \frac{(z_0 - z_2)(x_1 - x_2) - (z_1 - z_2)(x_0 - x_2)}{(y_0 - y_2)(x_1 - x_2) - (y_1 - y_2)(x_0 - x_2)} \tag{3.6.10}$$

然后，将式(3.6.10) 代入式(3.6.9)，得

$$a = \frac{z_0 - z_2}{x_0 - x_2} - \frac{(y_0 - y_2)}{(x_0 - x_2)}\left[\frac{(z_0 - z_2)(x_1 - x_2) - (z_1 - z_2)(x_0 - x_2)}{(y_0 - y_2)(x_1 - x_2) - (y_1 - y_2)(x_0 - x_2)}\right] \tag{3.6.11}$$

再将式(3.6.7) 和式(3.6.8) 或式(3.6.10) 和式(3.6.11) 代入式(3.6.3)，可以得到

$$c = z_2 - ax_2 - by_2 \tag{3.6.12}$$

至此，便得到了平面方程的系数 a，b，c。因此，空间中不共线的三点所确定的平面方程为

$$ax + by + c = z \tag{3.6.13}$$

根据方程(3.6.13)，即可计算出平面任意一点 (x_p, y_p) 对应的 z_p。

3.6.3　点与三角形位置关系的判别算法

对于三角形 ABC 及一点 P，如图 3.6.1 所示。采用叉乘法判别 P 是否位于三边 AB、BC、

CA 的同侧，若有

$$\overrightarrow{PA} \otimes \overrightarrow{PB} \geq 0, \ \overrightarrow{PB} \otimes \overrightarrow{PC} \geq 0, \ \overrightarrow{PC} \otimes \overrightarrow{PA} \geq 0$$

同时成立，则表示 *P* 点均在三边的左侧，即在三角形内部或边上。

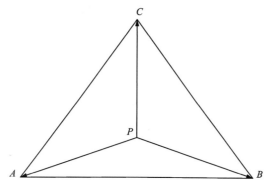

图 3.6.1　判别点是否在三角形内部的示意图

3.6.4　程序设计与数值实验

（1）程序设计

根据 3.6.1 ~ 3.6.3 节的相关算法，将基于非结构化三角剖分的二维线性插值算法的计算步骤归纳如下：

① 读取平面离散点的数据文件，文件格式为三列数据 x，y，z；

② 确定离散点的平面分布范围，设置 x 和 y 方向剖分的网格结点数 x_n 和 y_n；

③ 初始化 Triangle 库的结构体变量，调用 Triangle 库函数将平面离散点生成三角网；

④ 计算平面三角网中各三角形的平面方程的系数 a，b，c；

⑤ 逐点取出待插点 $i = 1, 2, \cdots, x_n y_n$，确定其所在的三角形，将其坐标 (x, y) 代入平面方程，即可得到该点的值 z；

⑥ 以 *.grd 格式和 *.dat 格式输出插值结果，以及以 *.bln 格式输出离散点生成的三角网，可以直接在 surfer 软件中绘图。

基于非结构化三角剖分的二维线性插值算法编写 C++程序代码，具体如程序代码 3.6.2 ~ 程序代码 3.6.4 所示。

程序代码 3.6.2　头文件 LinearInterWithTriangulation. h

```
#include<vector>
#include<string>
#include<iostream>
#include<fstream>
#include<iomanip>
#include"float.h"
using namespace std;
```

```
struct point
{
    double x;
    double y;
    double z;
};
struct triangle_nodes
{
    int vids[3];
};
struct triangle_neighbours
{
    int tids[3];
};
struct triangle_weights
{
    double wts[3];
};
//初始化 triang.c 的结构体成员
void tio_init(struct triangulateio * tio);
//释放 triang.c 的结构体成员
void tio_destroy(struct triangulateio * tio);
//判别点 p 是否在向量 p12 的右侧
int onrightside(point * p, point * p1, point * p2);
//读取文件名
string GetFileName();
//设置 x、y 方向剖分结点数
void SetNodesNum( double xmin, double xmax, double ymin, double ymax, double zmin, double zmax,
                int& xNodesNum, int& yNodesNum, double& xEle, double& yEle);
//字符串分割函数
void split(string& instr, vector<string>& outstr, const string& pattern);
//基于非结构化三角剖分的二维线性插值
void LinearInterWithTriangulation(int xNodesNum, int yNodesNum);
//输出 surfer 的 grd 格式到文件
void OutputGrd(double& xmin, double& xmax, double& ymin, double& ymax,
    double& zmin, double& zmax, int& xNodesNum, int& yNodesNum, point * OutData);
//输出 surfer 的 dat 格式到文件
void OutputDat(int& GridNodesNum, point * OutData);
```

```
//输出离散点构成的三角形
void OutputTriangles(triangulateio& tio_out, vector<point>& xyz);
//输出程序结束状态
void OutputEndStatus();
```

程序代码 3.6.3　源文件 LinearInterWithTriangulation. cpp

```cpp
#include"LinearInterWithTriangulation. h"
#include"triangle. c"
//==========================================================//
//函数名称:tio_init()
//函数目的:初始化 triang. c 的结构体成员
//==========================================================//
void tio_init(struct triangulateio * tio)
{
    tio->pointlist = (REAL *)NULL;
    tio->pointattributelist = (REAL *)NULL;
    tio->pointmarkerlist = (int *)NULL;
    tio->numberofpoints = 0;
    tio->numberofpointattributes = 0;
    tio->trianglelist = (int *)NULL;
    tio->triangleattributelist = (REAL *)NULL;
    tio->trianglearealist = (REAL *)NULL;
    tio->neighborlist = (int *)NULL;
    tio->numberoftriangles = 0;
    tio->numberofcorners = 3;
    tio->numberoftriangleattributes = 0;
    tio->segmentlist = (int *)NULL;
    tio->segmentmarkerlist = (int *)NULL;
    tio->numberofsegments = 0;
    tio->holelist = (REAL *)NULL;
    tio->numberofholes = 0;
    tio->regionlist = (REAL *)NULL;
    tio->numberofregions = 0;
    tio->edgelist = (int *)NULL;
    tio->edgemarkerlist = (int *)NULL;
    tio->normlist = (REAL *)NULL;
    tio->numberofedges = 0;
}
//==========================================================//
//函数名称:tio_destroy()
```

```
//函数目的:释放 triang.c 的结构体成员
//===========================================================//
void tio_destroy(struct triangulateio * tio)
{
    if (tio->pointlist ! = NULL)delete[ ]tio->pointlist;
    if (tio->pointattributelist ! = NULL) delete[ ]tio->pointattributelist;
    if (tio->pointmarkerlist ! = NULL)delete[ ]tio->pointmarkerlist;
    if (tio->trianglelist ! = NULL)delete[ ]tio->trianglelist;
    if (tio->triangleattributelist ! = NULL)delete[ ]tio->triangleattributelist;
    if (tio->trianglearealist ! = NULL)delete[ ]tio->trianglearealist;
    if (tio->neighborlist ! = NULL)delete[ ]tio->neighborlist;
    if (tio->segmentlist ! = NULL)delete[ ]tio->segmentlist;
    if (tio->segmentmarkerlist ! = NULL)delete[ ]tio->segmentmarkerlist;
    if (tio->holelist ! = NULL)delete[ ]tio->holelist;
    if (tio->regionlist ! = NULL)delete[ ]tio->regionlist;
    if (tio->edgelist ! = NULL)delete[ ]tio->edgelist;
    if (tio->edgemarkerlist ! = NULL)delete[ ]tio->edgemarkerlist;
    if (tio->normlist ! = NULL)delete[ ]tio->normlist;
}
//===========================================================//
//函数名称:onrightside()
//函数目的:判别点 p 是否在向量 p12 的右侧
//===========================================================//
int onrightside(point * p, point * p1, point * p2)
{
    return (p2->x - p->x) * (p1->y - p->y) > (p1->x - p->x) * (p2->y - p->y);
}
//===========================================================//
//函数名称:GetFileName()
//函数目的:读取文件名
//===========================================================//
string GetFileName()
{
    cout<< endl << endl;
    cout<<"        !! ======================================= !!"<< endl;
    cout<<"        !!                二维插值                 !!"<< endl;
    cout<<"        !! ======================================= !!"<< endl;
    cout<<"        !!      基于非结构化三角剖分的线性插值法     !!"<< endl;
    cout<<"        !! --------------------------------------- !!"<< endl;
    cout<<"        !! --------------------------------------- !!"<< endl;
```

```
    cout<<"          !! ============================= !!"<< endl;
    cout<< endl << endl;
    cout<<"               !! =============================!!"<< endl;
    cout<<"               !!                              !!"<< endl;
    cout<<"               !!        请输入插值数据文件名        !!"<< endl;
    cout<<"               !!                              !!"<< endl;
    cout<<"               !! =============================!!"<< endl;
    string FileName;
    std::cin>> FileName;
    return FileName;
}
//===========================================================//
//函数名称: SetNodesNum()
//函数目的: 设置 x、y 方向剖分结点数
//参数说明: xmin : x 方向最小坐标
//          xmax : x 方向最大坐标
//          ymin : y 方向最小坐标
//          ymax : y 方向最大坐标
//          zmin : 最小属性值
//          zmax : 最大属性值
//      xNodesNum : x 方向剖分结点数
//      yNodesNum : y 方向剖分结点数
//          xEle : x 方向剖分单元大小
//          yEle : y 方向剖分单元大小
//===========================================================//
void SetNodesNum( double xmin, double xmax, double ymin, double ymax, double zmin, double zmax,
               int& xNodesNum, int& yNodesNum, double& xEle, double& yEle)
{
    const int minn = 10, maxn = 10000;
    //网格化尺度
    xEle = (xmax - xmin) / (xNodesNum - 1);
    yEle = (ymax - ymin) / (yNodesNum - 1);
    if (xEle>yEle)
    {
        yNodesNum = (int)((ymax - ymin) / xEle + 1);
        yEle = (ymax - ymin) / (yNodesNum - 1);
    }
    else
    {
        xNodesNum = (int)((xmax - xmin) / yEle + 1);
```

```
        xEle = (xmax - xmin) / (xNodesNum - 1);
    }
    int inFlag;
    cout<< endl << endl;
    cout<<"         !! ================================ !!"<< endl;
    cout<<"         !! ===========设置网格剖分节点数=========== !!"<< endl;
    cout<<"         !! x 方向范围:"<<xmin<< setw(15) <<xmax<< endl;
    cout<<"         !! y 方向范围:"<<ymin<< setw(15) <<ymax<< endl;
    cout<<"         !! z 方向范围:"<<zmin<< setw(15) <<zmax<< endl;
    cout<<"         !! -------------------------------- !!"<< endl;
    cout<<"         !! x 方向剖分节点数 xn:"<<xNodesNum<< endl;
    cout<<"         !! y 方向剖分节点数 yn:"<<yNodesNum<< endl;
    cout<<"         !! -------------------------------- !!"<< endl;
    cout<<"         !! x 方向单元尺度:"<<xEle<< endl;
    cout<<"         !! y 方向单元尺度:"<<yEle<< endl;
    cout<<"         !! -------------------------------- !!"<< endl;
    cout<<"         !! ================================ !!"<< endl;
    cout<<"         !! ---------是否重新输入 X 和 Y 方向剖分结点数? --------- !!"<< endl;
    cout<<"         !! -------------------------------- !!"<< endl;
    cout<<"         !!           <是:输入 1;否:输入 0. >         !!"<< endl;
    cout<<"         !! ================================ !!"<< endl;
    std::cin>> inFlag;
    if (inFlag == 1)
    {
        cout<<"         !! ================================ !!"<< endl;
        cout<<"         !! --------输入 X、Y 方向结点数(范围:10 — 10000)------ !!"<< endl;
        cout<<"         !! --------------------------------!!"<< endl;
        cout<<"         !!              xn      yn    按 enter 键        !!"<< endl;
        cout<<"         !! ================================ !!"<< endl;
        std::cin>>xNodesNum>>yNodesNum;
        if (xNodesNum< minn)xNodesNum = minn;
        if (yNodesNum< minn)yNodesNum = minn;
        if (xNodesNum> maxn)xNodesNum = maxn;
        if (yNodesNum> maxn)yNodesNum = maxn;
        SetNodesNum(xmin, xmax, ymin, ymax, zmin, zmax, xNodesNum, yNodesNum, xEle, yEle);
    }
}
//====================================================//
//函数名称: split()
//函数目的: 字符串分割函数
```

```
//参数说明: instr : 读取的字符串
//          outstr : 分割后的字符串
//          pattern : 字符串间的字符
//=================================================================//
void split(string& instr, vector<string>& outstr, const string& pattern)
{
    int strSize = instr.size();
    int patternSize = pattern.size();

    string strtmp = "";
    for (int i = 0; i < strSize; i++)
    {
        bool flag = true;
        for (int j = 0; j < patternSize; j++)
        {
            if (instr[i] == pattern[j])
            {
                flag = false;
                break;
            }
        }
        if (flag == true)strtmp +=instr[i];
        else
        {
            if (strtmp.size()) outstr.push_back(strtmp);
            strtmp ="";
        }
    }
    if (strtmp.size()) outstr.push_back(strtmp);
}
//=================================================================//
//函数名称: OutputGrd()
//函数目的: 输出 surfer 的 grd 格式到文件
//参数说明: xmin : 离散点分布区域 x 向最小值
//          xmax : 离散点分布区域 x 向最大值
//          ymin : 离散点分布区域 y 向最小值
//          ymax : 离散点分布区域 y 向最大值
//          zmin : 离散点分布区域 z 向最小值
//          zmax : 离散点分布区域 z 向最大值
//      xNodesNum : x 方向网格剖分结点数
```

```
//        yNodesNum：y 方向网格剖分结点数
//         OutData：网格化的 x, y, z
//==================================================================//
void OutputGrd(double& xmin, double& xmax, double& ymin, double& ymax, double& zmin,
            double& zmax, int& xNodesNum, int& yNodesNum, point * OutData)
{
    ofstream outgrd;
    outgrd.open("outgrd.grd", ios::out);
    outgrd<<"DSAA"<< endl;
    outgrd<<xNodesNum<< setw(15) <<yNodesNum<< endl;
    outgrd<<xmin<< setw(15) <<xmax<< endl;
    outgrd<<ymin<< setw(15) <<ymax<< endl;
    outgrd<<zmin<< setw(15) <<zmax<< endl;
    for (int i = 0; i <yNodesNum; i++)
    {
        for (int j = 0; j <xNodesNum; j++)
        {
            int ij = i * xNodesNum + j;
            outgrd <<OutData[ij].z << setw(20);
            if ((j + 1) % 10 == 0) outgrd << endl;
        }
        outgrd << endl;
    }
    outgrd.close();
}
//==================================================================//
//函数名称：OutputDat()
//函数目的：输出 surfer 的 dat 格式到文件
//参数说明：GridNodesNum：x 方向网格剖分结点数
//              OutData：网格化的 x, y, z
//==================================================================//
void OutputDat(int& GridNodesNum, point * OutData)
{
    ofstream outdat;
    outdat.open("outdat.dat", ios::out);
    outdat<<"xc"<< setw(15) <<"yc"<< setw(15) <<"zc"<< endl;
    for (int i = 0; i <GridNodesNum; i++)
    {
        outdat<<OutData[i].x << setw(15) <<OutData[i].y << setw(15) <<OutData[i].z << endl;
    }
```

```
        outdat.close();
}
//=================================================================//
//函数名称: OutputTriangles()
//函数目的: 输出离散点构成的三角形
//参数说明: tio_out：triangle 库三角剖分后输出的结构体变量
//              xyz：输入的离散点
//=================================================================//
void OutputTriangles(triangulateio& tio_out, vector<point>& xyz)
{
    ofstream output;
    output.open("Triangle.bln", ios::out);
    for (int i = 0; i < tio_out.numberoftriangles; i++)
    {
        //找到 * p 点所属的三角形 id
        triangle_nodes t;
        t.vids[0] = tio_out.trianglelist[i * 3];
        t.vids[1] = tio_out.trianglelist[i * 3 + 1];
        t.vids[2] = tio_out.trianglelist[i * 3 + 2];
        output << 4 << setw(10) << 0 << endl;
        output << xyz[t.vids[0]].x << setw(10) << xyz[t.vids[0]].y << endl;
        output << xyz[t.vids[1]].x << setw(10) << xyz[t.vids[1]].y << endl;
        output << xyz[t.vids[2]].x << setw(10) << xyz[t.vids[2]].y << endl;
        output << xyz[t.vids[0]].x << setw(10) << xyz[t.vids[0]].y << endl;
    }
    output.close();
}
//=================================================================//
//函数名称:OutputEndStatus()
//函数目的:输出结束状态
//=================================================================//
void OutputEndStatus()
{
    ///////////////////////////////////////////////////////////////////
    cout << endl << endl;
    cout << "       !!============================================ !!" << endl;
    cout << "       !!                  插值结束!                   !!" << endl;
    cout << "       !!============================================ !!" << endl;
    cout << "       !!-------------------------------------------- !!" << endl;
    cout << "       !!      插值结果文件(*.grd)保存到:outgrd.grd    !!" << endl;
```

```
    cout<<"          !!      插值结果文件(*.dat)保存到:outdat.dat          !!"<< endl;
    cout<<"          !!      非结构化剖分文件(*.bln)保存到:Triangle.bln    !!"<< endl;
    cout<<"          !! --------------------------------------------------- !!"<< endl;
    cout<<"          !! =================================================== !!"<< endl;
}
//=======================================================================//
//函数名称: LinearInterWithTriangulation()
//函数目的: 基于非结构化三角剖分的二维线性插值
//参数说明: xNodesNum : x方向网格剖分结点数
//          yNodesNum : y方向网格剖分结点数
//=======================================================================//
void LinearInterWithTriangulation(int xNodesNum, int yNodesNum)
{
    //打开数据文件读取数据
    string FileName = GetFileName();
    ifstream infile;
    infile.open(FileName, ios::in);
    if (infile.fail())
    {
        cout << endl << endl;
        cout <<"                  !! =========================== !!"<< endl;
        cout <<"                  !!                             !!"<< endl;
        cout <<"                  !!      此文件格式不对或不存在    !!"<< endl;
        cout <<"                  !!                             !!"<< endl;
        cout <<"                  !! =========================== !!"<< endl;
        //重新输入文件网格化
        LinearInterWithTriangulation(xNodesNum, yNodesNum);
    }
    const string pattern = " \t\r,";
    vector<point> xyz;
    point t;
    vector<string> outstr;
    while (infile.peek() != EOF)
    {
        string instr = "";
        std::getline(infile, instr);
        //分割字符串
        split(instr, outstr, pattern);
        if (outstr.size() != 3)
        {
```

```cpp
            outstr.clear();
            continue;
        }
        //将读取的数据 x/y/z 压栈
        t.x = atof(outstr[0].c_str());
        t.y = atof(outstr[1].c_str());
        t.z = atof(outstr[2].c_str());
        xyz.push_back(t);
        outstr.clear();
    }
    outstr.shrink_to_fit();
    infile.close();
    ////////////////////////////////////////////////////////////////////////////////////
    //确定离散点的分布范围
    double xmin = xyz[0].x;
    double xmax = xyz[0].x;
    double ymin = xyz[0].y;
    double ymax = xyz[0].y;
    double zmin = xyz[0].z;
    double zmax = xyz[0].z;
    for (unsigned int i = 1; i < xyz.size(); i++)
    {
        if (xmin > xyz[i].x) xmin = xyz[i].x;
        else if (xmax < xyz[i].x) xmax = xyz[i].x;
        if (ymin > xyz[i].y) ymin = xyz[i].y;
        else if (ymax < xyz[i].y) ymax = xyz[i].y;
        if (zmin > xyz[i].z) zmin = xyz[i].z;
        else if (zmax < xyz[i].z) zmax = xyz[i].z;
    }
    //设置网格剖分结点数
    double xd, yd;
    SetNodesNum(xmin, xmax, ymin, ymax, zmin, zmax, xNodesNum, yNodesNum, xd, yd);
    //待插点的网格化结点数据个数
    int GridNodesNum = xNodesNum * yNodesNum;
    point * OutData;
    OutData = new point[GridNodesNum];
    for (int i = 0; i < yNodesNum; i++)
    {
        for (int j = 0; j < xNodesNum; j++)
        {
```

```
            int ij = i * xNodesNum + j;
            OutData[ij].x = xmin + j * xd;
            OutData[ij].y = ymin + i * yd;
        }
}
/////////////////////////////////////////////////////////////////////////
//非结构化三角剖分
triangulateio tio_in;
triangulateio tio_out;
//初始化结构体成员
tio_init(&tio_in);
tio_init(&tio_out);
//初始化离散点的个数和坐标
tio_in.numberofpoints = xyz.size();
if (tio_in.numberofpoints < 3)
{
    cout <<"数据点个数小于3!"<< endl;
    return;
}
tio_in.pointlist = new REAL[tio_in.numberofpoints * 2];
//初始化点数组
for (int i = 0; i < tio_in.numberofpoints; i++)
{
    tio_in.pointlist[i * 2] = xyz[i].x;
    tio_in.pointlist[i * 2 + 1] = xyz[i].y;
}
//将离散点剖分成三角形
char str[10];
strcpy_s(str,"pznc");
triangulate(str,&tio_in, &tio_out, (struct triangulateio *) NULL);
/////////////////////////////////////////////////////////////////////////
//任一三角形的3个相临三角形的编号
triangle_neighbours * neighbour = new triangle_neighbours[tio_out.numberoftriangles];
//三角形的3个插值权
triangle_weights * weight = new triangle_weights[tio_out.numberoftriangles];
/////////////////////////////////////////////////////////////////////////
//将三角形的节点和临三角形编号存到结构体中
for (int i = 0; i < tio_out.numberoftriangles; i++)
{
    int i3 = i * 3;
```

```
        neighbour[i].tids[0] = tio_out.neighborlist[i3];
        neighbour[i].tids[1] = tio_out.neighborlist[i3 + 1];
        neighbour[i].tids[2] = tio_out.neighborlist[i3 + 2];
    }
    ///////////////////////////////////////////////////////////////////////
    //计算插值权
    for (int i = 0; i < tio_out.numberoftriangles; i++)
    {
        int i3 = i * 3;
        triangle_nodes t;
        t.vids[0] = tio_out.trianglelist[i3];
        t.vids[1] = tio_out.trianglelist[i3 + 1];
        t.vids[2] = tio_out.trianglelist[i3 + 2];
        //三角形的三个顶点坐标
        double x0 = xyz[t.vids[0]].x;
        double y0 = xyz[t.vids[0]].y;
        double z0 = xyz[t.vids[0]].z;
        double x1 = xyz[t.vids[1]].x;
        double y1 = xyz[t.vids[1]].y;
        double z1 = xyz[t.vids[1]].z;
        double x2 = xyz[t.vids[2]].x;
        double y2 = xyz[t.vids[2]].y;
        double z2 = xyz[t.vids[2]].z;
        //构建向量
        double x02 = x0 - x2;
        double y02 = y0 - y2;
        double z02 = z0 - z2;
        double x12 = x1 - x2;
        double y12 = y1 - y2;
        double z12 = z1 - z2;
        if (y12 ! = 0.0)
        {
            double yy = y02 / y12;
            weight[i].wts[0] = (z02 - z12 * yy) / (x02 - x12 * yy);
            weight[i].wts[1] = (z12 - weight[i].wts[0] * x12) / y12;
            weight[i].wts[2] = (z2 - weight[i].wts[0] * x2 - weight[i].wts[1] * y2);
        }
        else
        {
            double xx = x02 / x12;
```

```
                weight[i].wts[1] = (z02 - z12 * xx) / (y02 - y12 * xx);
                weight[i].wts[0] = (z12 - weight[i].wts[1] * y12) / x12;
                weight[i].wts[2] = (z2 - weight[i].wts[0] * x2 - weight[i].wts[1] * y2);
        }
}
/////////////////////////////////////////////////////////////////////////////
//开始插值
int i, j, id = 0;      //种子三角形
for (i = 0; i < GridNodesNum; i++)
{
        if (id < 0) id = 0;
        point * p = &OutData[i];
        //找到 * p 点所属的三角形 id
        triangle_nodes t;
        t.vids[0] = tio_out.trianglelist[id * 3];
        t.vids[1] = tio_out.trianglelist[id * 3 + 1];
        t.vids[2] = tio_out.trianglelist[id * 3 + 2];
        do
        {
                for (j = 0; j < 3; j++)
                {
                        int j1 = (j + 1) % 3;
                        if (onrightside(p, & xyz[t.vids[j]], & xyz[t.vids[j1]]))
                        {
                                id = neighbour[id].tids[(j + 2) % 3];
                                if (id < 0)
                                {
                                        j = 3;
                                        break;
                                }
                                t.vids[0] = tio_out.trianglelist[id * 3];
                                t.vids[1] = tio_out.trianglelist[id * 3 + 1];
                                t.vids[2] = tio_out.trianglelist[id * 3 + 2];
                                break;
                        }
                }
        } while (j < 3);
        //计算插值权
        if (id >= 0) p->z = p->x * weight[id].wts[0] + p->y * weight[id].wts[1]
        + weight[id].wts[2];
```

```
        else p->z = DBL_MAX;
    }
    ////////////////////////////////////////////////////////////////////
    //输出 surfer 的 grd 格式到文件
    OutputGrd(xmin, xmax, ymin, ymax, zmin, zmax, xNodesNum, yNodesNum, OutData);
    ////////////////////////////////////////////////////////////////////
    //输出 surfer 的 dat 格式到文件
    OutputDat(GridNodesNum, OutData);
    ////////////////////////////////////////////////////////////////////
    //输出三角形的分布
    OutputTriangles(tio_out, xyz);
    ////////////////////////////////////////////////////////////////////
    //输出结束状态
    OutputEndStatus();
    ////////////////////////////////////////////////////////////////////
    //释放结构体成员
    tio_destroy(&tio_in);
    tio_destroy(&tio_out);
    delete[ ]OutData;
    xyz.clear(); xyz.shrink_to_fit();
    ////////////////////////////////////////////////////////////////////
    //重新输入文件网格化
    LinearInterWithTriangulation(xNodesNum, yNodesNum);
}
```

程序代码 3.6.4　主函数 main. cpp

```cpp
#include"LinearInterWithTriangulation.h"
/////////////////////////////////////////////////////////
//主函数:main()
int main()
{
    int xNodesNum = 201; //x 向网格结点数
    int yNodesNum = 201; //y 向网格结点数
    LinearInterWithTriangulation(xNodesNum, yNodesNum);
    return 0;
}
```

（2）数值实验

【例3.8】 以湖南宁远县地质灾害勘查的高密度电法数据为例，检验本节插值算法的正确性。数据点的分布特征为：X方向长度为500 m，点距为5 m，Y方向长度为255 m，点距为7.5 m，数据点分布呈倒梯形，具体如图3.6.2所示。离散点生成的平面三角网如图3.6.3所示，可以看出 triangle 库生成的三角网质量较高。采用不同方形网格尺度对平面离散点的控制区域进行网格化，再对所有网格结点进行三角形二维线性插值，最后利用 Surfer 软件对不同网格化尺度的插值结果（*.grd）绘制等值线图，具体如图3.6.4所示。从图中可以看出，不同尺度的网格化结果绘制的等值线图大体形态相近，仅在数据值相差较大的区域存在细微差别，说明本节插值算法是可靠的，并且在计算效率上要高于3.5节的插值方法和克里金插值法。

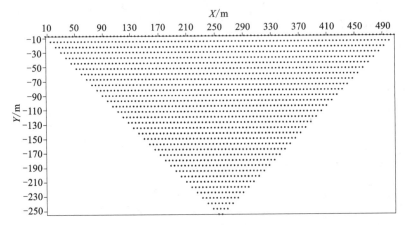

图3.6.2 平面离散点的分布图

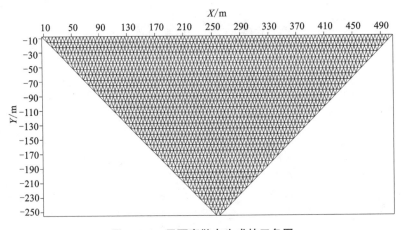

图3.6.3 平面离散点生成的三角网

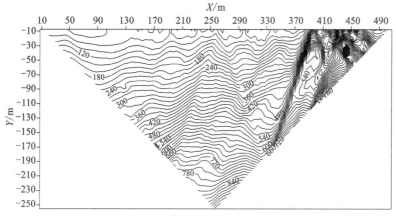

(a) 网格单元为 5 m×5 m

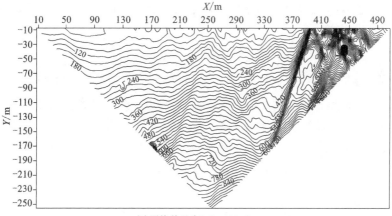

(b) 网格单元为 2.5 m×2.5 m

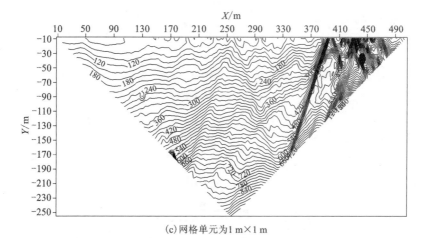

(c) 网格单元为 1 m×1 m

图 3.6.4 采用不同单元尺度网格化时绘制的等值线图

习 题

1. 设 $l_0(x)$，$l_1(x)$，$\cdots$，$l_n(x)$ 都是以 x_0，x_1，$\cdots$，x_n 为节点的 n 次插值基函数。

证明 $\sum_{i=0}^{n} x_i^k \cdot l_i(x) = x^k$，$(k = 0, 1, 2, \cdots, n)$

2. 写出经过四点 $(-3, -1)$，$(0, 2)$，$(3, -2)$，$(6, 10)$ 的三次拉格朗日插值公式。

3. 已知 $f(x) = \cos x$，$x \in [0, 0.6]$ 的插值函数表：

x	0.0	0.1	0.2	0.3	0.4	0.5	0.6
$\cos x$	1.000 00	0.995 00	0.980 07	0.955 34	0.921 06	0.877 58	0.825 34

以步长 $h = 0.05$ 在插值区间 $[0, 0.6]$ 均匀采样作为待插点 $x_i = i \cdot h (i = 0, 1, \cdots, 12)$，试用拉格朗日插值法(选取 1～3 次插值多项式)、三次样条函数插值法及多重二次曲线插值法计算 $f(x_i)(i = 0, 1, \cdots, 12)$，并与解析结果 $\cos(x_i)(i = 0, 1, \cdots, 12)$ 作对比，总结分析三种插值方法的插值效果。

4. 已知球面函数 $f(x, y) = \sqrt{10000 - x^2 - y^2}$，$x, y \in [-50, 50]$。在 x, y 方向均采用步长 $h = 5$ 离散该球面，可以得到插值结点 $(x_i, y_j) = (-50 + i \cdot h, -50 + j \cdot h)$ 及对应点的函数值 $f(x_i, y_i) = \sqrt{10000 - x_i^2 - y_i^2}$，$i, j = 0, 1, 2\cdots, 20$。将离散点 $x_i, y_j, f(x_i, y_j)$，$i, j = 0, 1, 2\cdots, 20$ 作为已知点，采用基于趋势面拟合的多重二次曲面插值方法和基于非结构化三角剖分的二维线性插值法，对区域 $x, y \in [-50, 50]$ 进行二维网格化，x, y 方向的网格化步长取为 1 或 2，并将插值结果绘制等值线图，总结分析两种插值方法的插值效果。

第4章 数据拟合

在科学实验或统计研究中,常常需要根据一组测定的数据去求自变量与因变量之间的一个函数关系。插值法在一定程度上解决了这个问题,但是当实验数据存在误差时,由于插值曲线要求严格通过所给的每一个数据点,这种限制会保留所给数据的误差。如果个别数据的误差较大,那么插值效果显然是不理想的。

现在所要解决的问题具有这样的特点:实验数据本身不一定可靠,个别数据的误差甚至很大,而且实验数据也可能很多。数据拟合所要研究的问题就是:从一大堆看上去杂乱无章的数据中找出规律来,即设法构造一条曲线或曲面来反映数据的整体变化趋势。数据拟合问题与插值问题的不同之处在于它不要求曲线或曲面通过所有的已知点,只要求得到的近似函数能反映数据的基本关系。数据拟合是数学建模中一种实用性较强的方法,在工程技术中有着广泛的应用。

4.1 数据拟合的最小二乘法

在对观测数据 $(x_i, y_i)(i = 1, 2, \cdots, m)$ 作曲线拟合时,怎样才称得上"拟合得最好"呢?一般总是希望使各观测数据 y_i 与拟合曲线 $S(x_i)$ 的偏差的平方和最小,即

$$\Phi = \sum_{i=1}^{m} [S(x_i) - y_i]^2 = \min \tag{4.1.1}$$

其中

$$S(x) = \alpha_0 \varphi_0(x) + \alpha_1 \varphi_1(x) + \cdots + \alpha_n \varphi_n(x), \ (n < m) \tag{4.1.2}$$

$\alpha_0, \alpha_1, \cdots, \alpha_n$ 为待定常数,$\varphi_i(x)$ 为基函数,

选择偏差的平方和最小,即要求每个偏差的绝对值都很小,从而得到最佳拟合曲线 $y = S(x)$,这种"偏差平方和最小"的原则称为最小二乘原理或最小二乘法,这种按最小二乘原理拟合曲线的方法称为最小二乘曲线拟合法[10]。

用最小二乘法求拟合曲线时,首先要确定 $S(x)$ 的形式,这不单纯是数学问题,还与观测数据 (x_i, y_i) 有关,通常要根据数据描述图确定 $S(x)$ 的形式,并通过实际计算选出较好的结果。那么,用什么样的函数去拟合数据呢?一般而言,所求的拟合函数可以是不同的函数类,拟合曲线 $S(x)$ 是形如式(4.1.2)的 n 个线性无关的函数 $\varphi_0(x)$, $\varphi_1(x)$, $\cdots$, $\varphi_n(x)$ 的线性组合,常用的基函数 $\varphi(x)$ 主要有[2]:

(1)多项式函数:$1, x, x^2, \cdots, x^n$

(2)三角函数:$\sin(x), \sin(2x), \cdots, \sin(nx)$

(3)指数函数:$e^{a_1 x}, e^{a_2 x}, \cdots, e^{a_n x}$

选择哪一种函数主要取决于观测数据的分布特征,而在地球物理勘探中,在地表观测到的地球物理场是地下异常源与围岩在地表叠加的结果,使得异常曲线或曲面通常表现为抛物

线或抛物面形态, 而绝无诸如指数曲线、三角函数曲线等特征的物探异常曲线。因此, 除多项式函数外, 不必考虑其他类型的拟合函数[1]。

4.2　基于最小二乘法的多项式曲线拟合

4.2.1　用一般多项式作最小二乘曲线拟合

采用 n 次多项式

$$S(x) = \alpha_0 + \alpha_1 x + \cdots + \alpha_n x^n, \ (n < m) \qquad (4.2.1)$$

拟合 m 个数据点 $(x_i, y_i)(i = 1, \cdots, m)$。

将 m 个数据点 (x_i, y_i) 代入式(4.2.1)中, 就可以得到以 $\alpha_0, \alpha_1, \cdots, \alpha_n$ 为未知量的方程组, 这样可将多项式的拟合问题转化为解方程组的问题

$$\left. \begin{array}{l} \alpha_0 + \alpha_1 x_1 + \cdots + \alpha_n x_1^n = y_1 \\ \alpha_0 + \alpha_1 x_2 + \cdots + \alpha_n x_2^n = y_2 \\ \qquad\qquad \vdots \\ \alpha_0 + \alpha_1 x_m + \cdots + \alpha_n x_m^n = y_m \end{array} \right\} \qquad (4.2.2)$$

可将式(4.2.2)写成矩阵形式

$$Ax = b \qquad (4.2.3)$$

其中

$$A = \begin{bmatrix} 1 & x_1 & \cdots & x_1^n \\ 1 & x_2 & \cdots & x_2^n \\ \vdots & \vdots & & \vdots \\ 1 & x_m & \cdots & x_m^n \end{bmatrix}, \ x = \begin{bmatrix} \alpha_0 \\ \alpha_1 \\ \vdots \\ \alpha_n \end{bmatrix}, \ y = \begin{bmatrix} y_1 \\ y_2 \\ \vdots \\ y_m \end{bmatrix}$$

由于方程组(4.2.3)的方程个数 m 通常大于未知量个数 $n+1$, 这类方程组称为超定方程组或矛盾方程组, 一般来说, 超定方程组没有通常意义下的解, 但可以在最小二乘意义下求其法方程的解, 即解线性方程

$$A^T A x = A^T b \qquad (4.2.4)$$

其中

$$A^T A = \begin{bmatrix} m & \sum_{i=1}^m x_i & \cdots & \sum_{i=1}^m x_i^n \\ \sum_{i=1}^m x_i & \sum_{i=1}^m x_i^2 & \cdots & \sum_{i=1}^m x_i^{n+1} \\ \vdots & \vdots & & \vdots \\ \sum_{i=1}^m x_i^n & \sum_{i=1}^m x_i^{n+1} & \cdots & \sum_{i=1}^m x_i^{2n} \end{bmatrix}, \ A^T b = \begin{bmatrix} \sum_{i=1}^m y_i \\ \sum_{i=1}^m x_i y_i \\ \vdots \\ \sum_{i=1}^m x_i^n y_i \end{bmatrix}$$

通过求解方程组(4.2.4), 即可得到系数 $\alpha_0, \alpha_1, \cdots, \alpha_n$, 然后将其代入式(4.2.1), 便可得到多项式拟合曲线。

对于方程(4.2.4)，若多项式次数选取得较大，或离散点 $x_i(i = 1, 2, \cdots, m)$ 的值较大，都有可能造成方程的病态程度过大，最终使求取的多项式系数出现较大的偏差。在这种情况下，应选择较优的线性方程组求解方法，比如共轭梯度法，或采用奇异值分解法直接解方程(4.2.3)，由于方程(4.2.3)转化为式(4.2.4)后，其病态程度会加倍。实际中，为降低求解方程的病态程度，将式(4.2.1)改写为

$$S(x) = \alpha_0 + \alpha_1(x - \bar{x}) + \cdots + \alpha_n(x - \bar{x})^n, \ (n < m) \tag{4.2.5}$$

其中

$$\bar{x} = \frac{1}{m} \sum_{i=1}^{m} x_i$$

4.2.2　用正交多项式作最小二乘曲线拟合

为了避免求解病态方程，常采用正交函数系作最小二乘曲线拟合[2]。

给定一组观测点 $(x_i, y_i)(i = 1, \cdots, m)$，如果能够在节点 $x_i(i = 1, 2, \cdots, m)$ 上构造出一组次数不超过 n 的正交多项式函数系 $\varphi_j(x)(j = 0, 1, \cdots, n)$，则可以将 $\varphi_j(x)(j = 0, 1, \cdots, n)$ 作为基函数进行最小二乘曲线拟合，即

$$S(x) = q_0\varphi_0(x) + q_1\varphi_1(x) + \cdots + q_n\varphi_n(x), \ (n < m) \tag{4.2.6}$$

对于任意两基函数 $\varphi_j(x)$，$\varphi_k(x)$，若内积满足

$$(\varphi_j, \varphi_k) = \sum_{i=1}^{m} \varphi_j(x_i)\varphi_k(x_i) = \begin{cases} = 0, & j \neq k \\ > 0, & j = k \end{cases} \tag{4.2.7}$$

则称函数系 $\{\varphi_j\}_0^n$ 是关于点集 $\{x_i\}_{i=1}^m$ 的一组正交基函数，也称正交多项式。

若记基函数 $\varphi_j(x)(j = 0, 1, \cdots n)$ 在观测点 $x_i(i = 1, 2, \cdots, m)$ 处的值向量为

$$\varphi_j = [\varphi_j(x_1), \varphi_j(x_2), \cdots, \varphi_j(x_m)]^T, \ (j = 0, 1, \cdots, n) \tag{4.2.8}$$

根据基函数的正交性，则方程(4.2.4)的系数矩阵 $A^T A$ 将退化为对角阵，即：

$$A^T A = \begin{bmatrix} (\varphi_0, \varphi_0) & (\varphi_0, \varphi_1) & \cdots & (\varphi_0, \varphi_n) \\ (\varphi_1, \varphi_0) & (\varphi_1, \varphi_1) & \cdots & (\varphi_1, \varphi_n) \\ \vdots & \vdots & & \vdots \\ (\varphi_n, \varphi_0) & (\varphi_n, \varphi_1) & \cdots & (\varphi_n, \varphi_n) \end{bmatrix} = \begin{bmatrix} (\varphi_0, \varphi_0) & & & \\ & (\varphi_1, \varphi_1) & & \\ & & \ddots & \\ & & & (\varphi_n, \varphi_n) \end{bmatrix}$$

方程(4.2.4)的右端项 $A^T b$ 为：

$$A^T b = [(\varphi_0, y) \quad (\varphi_1, y) \quad \cdots \quad (\varphi_n, y)]^T$$

这时方程(4.2.4)可简化为

$$(\varphi_j, \varphi_j)q_j = (\varphi_j, y), \ (j = 0, 1, 2, \cdots, n) \tag{4.2.8}$$

从而可得到多项式系数：

$$q_j = \frac{(y, \varphi_j)}{(\varphi_j, \varphi_j)} = \frac{\sum_{i=1}^{m} y_i\varphi_j(x_i)}{\sum_{i=1}^{m} \varphi_j^2(x_i)}, \ (j = 0, 1, 2, \cdots, n) \tag{4.2.9}$$

再将式(4.2.9)求出的多项式系数代入式(4.2.6)，可得拟合多项式

$$S(x) = \sum_{j=0}^{n} \frac{(y, \varphi_j)}{(\varphi_j, \varphi_j)}\varphi_j(x) \tag{4.2.10}$$

下面给出正交基函数 $\varphi_j(x)$ $(j = 0, 1, \cdots n)$ 的递推关系

$$\begin{cases} \varphi_0(x) = 1 \\ \varphi_1(x) = x - h_0 \\ \varphi_{j+1}(x) = (x - h_j)\varphi_j(x) - z_j\varphi_{j-1}(x), \quad (j = 1, \cdots, n - 1) \end{cases} \tag{4.2.11}$$

这里 $\varphi_j(x)$ 是首项系数为 1 的 j 次多项式，h_j 和 z_j 为待定系数，可根据 $\{\varphi_j(x)\}$ 的正交性求得

$$\begin{cases} h_j = \dfrac{\sum\limits_{i=1}^{m} x_i \varphi_j^2(x_i)}{\sum\limits_{i=1}^{m} \varphi_j^2(x_i)} = \dfrac{(x\varphi_j, \varphi_j)}{(\varphi_j, \varphi_j)}, \quad (j = 0, 1, \cdots, n - 1) \\[6mm] z_j = \dfrac{\sum\limits_{i=1}^{m} \varphi_j^2(x_i)}{\sum\limits_{i=1}^{m} \varphi_{j-1}^2(x_i)} = \dfrac{(\varphi_j, \varphi_j)}{(\varphi_{j-1}, \varphi_{j-1})}, \quad (j = 1, \cdots, n - 1) \end{cases} \tag{4.2.12}$$

用正交化方法求 $S(x)$ 时，只需要对 $j = 1, 2, \cdots, n - 1$，利用递推式 (4.2.11) 计算 $\varphi_j(x)$，并代入式 (4.2.9) 计算系数 q_j，同时，逐步将每次计算得到的 $q_j\varphi_j(x)$ 项展开后累加到拟合多项式 (4.2.6) 中。

在具体计算过程中，考虑到 $\varphi_j(x)$ 是由三项递推关系进行递推构造的，用三个向量 $\boldsymbol{b}$，$\boldsymbol{t}$ 与 $\boldsymbol{s}$ 分别存放多项式 $\varphi_{j-1}(x)$，$\varphi_j(x)$ 与 $\varphi_{j+1}(x)$ 的系数[5]。

正交多项式曲线拟合的计算步骤归纳如下：

(1) 构造 $\varphi_0(x)$。设 $\varphi_0(x) = b_0$，根据递推公式 (4.2.11)，显然 $b_0 = 1$。然后根据式 (4.2.12) 计算

$$d_0 = m, \quad q_0 = \frac{\sum\limits_{i=1}^{m} y_i}{d_0}, \quad h_0 = \frac{\sum\limits_{i=1}^{m} x_i}{d_0}$$

然后将 $q_0\varphi_0(x)$ 累加到拟合多项式 (4.2.6) 中，即

$$q_0 b_0 \Rightarrow \alpha_0$$

(2) 构造 $\varphi_1(x)$。设 $\varphi_1(x) = t_0 + t_1 x$，根据递推公式 (4.2.11)，显然 $t_0 = -h_0$，$t_1 = 1$。然后根据式 (4.2.12) 计算

$$d_1 = \sum_{i=1}^{m} \varphi_1^2(x_i), \quad q_1 = \frac{\sum\limits_{i=1}^{m} y_i \varphi_1(x_i)}{d_1}, \quad h_1 = \frac{\sum\limits_{i=1}^{m} x_i \varphi_1^2(x_i)}{d_1}, \quad z_1 = \frac{d_1}{d_0}$$

最后将 $q_1\varphi_1(x)$ 累加到拟合多项式 (4.2.6) 中，即

$$\alpha_0 + q_1 t_0 \Rightarrow \alpha_0, \quad q_1 t_1 \Rightarrow \alpha_1$$

(3) 对于 $j = 2, 3, \cdots, n$，逐步递推 $\varphi_j(x)$。根据递推公式 (4.2.11) 有

$$\varphi_j(x) = (x - h_{j-1})\varphi_{j-1}(x) - z_{j-1}\varphi_{j-2}(x)$$
$$= (x - h_{j-1})(t_{j-1}x^{j-1} + \cdots + t_1 x + t_0) - z_{j-1}(b_{j-2}x^{j-2} + \cdots + b_1 x + b_0)$$

假设

$$\varphi_j(x) = s_j x^j + s_{j-1} x^{j-1} + \cdots + s_1 x + s_0$$

则计算 $s_k(k = 0, 1, 2, \cdots, j)$ 的公式如下：

$$\begin{cases} s_j = t_{j-1} \\ s_{j-1} = -h_{j-1} t_{j-1} + t_{j-2} \\ s_k = -h_{j-1} t_k + t_{k-1} - z_{j-1} b_k, \quad k = j-2, \cdots, 2, 1 \\ s_0 = -h_{j-1} t_0 - z_{j-1} b_0 \end{cases}$$

然后，根据式(4.2.12)计算

$$d_j = \sum_{i=1}^{m} \varphi_j^2(x_i), \quad q_j = \frac{\sum_{i=1}^{m} y_i \varphi_j(x_i)}{d_j}, \quad h_j = \frac{\sum_{i=1}^{m} x_i \varphi_j^2(x_i)}{d_j}, \quad z_j = \frac{d_j}{d_{j-1}}$$

再将 $q_j \varphi_j(x)$ 累加到拟合多项式(4.2.6)中，即

$$\alpha_k + q_j s_k \Rightarrow \alpha_k, \quad k = j-1, \cdots, 1, 0$$

$$q_j s_j \Rightarrow \alpha_j$$

为了便于循环使用向量 $\boldsymbol{b}$，$\boldsymbol{t}$ 与 $\boldsymbol{s}$，应将向量

$$t_k \Rightarrow b_k, \quad k = j-1, \cdots, 1, 0$$

$$s_k \Rightarrow t_k, \quad k = j, \cdots, 1, 0$$

另外，多项式的最大幂次可以从 0 开始，每增加一次都计算一次拟合误差，比较前后两次的拟合误差，直到拟合误差不再下降或阶次达到已知点个数为止，这样就实现了自动选择多项式的最大幂次，使最终曲线拟合结果的误差最小。

4.2.3　程序设计与数值实验

(1)程序设计

根据 4.2 节算法编写最小二乘曲线拟合程序，具体如程序代码 4.2.1 所示。

程序代码 4.2.1　最小二乘曲线拟合程序

```
#include "math.h"
//=========================================================//
//函数名称：CurveFitting()
//函数目的：用正交多项式作最小二乘曲线拟合
//参数说明：x：已知点的 x
//          y：已知点的 y
//          n：数据个数
//          a：多项式系数
//      order：多项式系数的个数
//         dt：拟合差
//=========================================================//
void CurveFitting(double * x, double * y, int n, double * a, int &order, double& dt)
{
```

```
double * s = new double[n];
double * t = new double[n];
double * b = new double[n];
double p, c, g, q, d1, d2;
double z = 0.0;
for (int i = 0; i < n; i++) z += x[i] / n;
int m = 1;
double mineps = DBL_MAX;
for (int i = 0; i < order; i++) a[i] = 0.0;
for (int j = 0; j < order; j++)
{
    if (j == 0)
    {
        b[0] = 1;
        d1 = n;
        p = 0;
        c = 0;
        for (int i = 0; i < n; i++)
        {
            p += x[i] - z;
            c += y[i];
        }
        c /= d1;
        p /= d1;
        a[0] = c * b[0];
    }
    else if (j == 1)
    {
        t[1] = 1.0;
        t[0] = -p;
        d2 = 0.0;
        c = 0.0;
        g = 0.0;
        for (int i = 0; i < n; i++)
        {
            q = x[i] - z - p;
            d2 += q * q;
            c += y[i] * q;
            g += (x[i] - z) * q * q;
        }
    }
```

```
            c = c / d2;
            p = g / d2;
            q = d2 / d1;
            d1 = d2;
            a[1] = c * t[1];
            a[0] += c * t[0];
        }
        else
        {
            s[j] = t[j - 1];
            s[j - 1] = -p * t[j - 1] + t[j - 2];
            if (j >= 3)
            {
                for (int k = j - 2; k >= 1; k--) s[k] = -p * t[k] + t[k - 1] - q * b[k];
            }
            s[0] = -p * t[0] - q * b[0];
            d2 = 0.0;
            c = 0.0;
            g = 0.0;
            for (int i = 0; i < n; i++)
            {
                q = s[j];
                for (int k = j - 1; k >= 0; k--)q = q * (x[i] - z) + s[k];
                d2 += q * q;
                c += y[i] * q;
                g += (x[i] - z) * q * q;
            }
            c = c / d2;
            p = g / d2;
            q = d2 / d1;
            d1 = d2;
            a[j] = c * s[j];
            t[j] = s[j];
            for (int k = j - 1; k >= 0; k--)
            {
                a[k] += c * s[k];
                b[k] = t[k];
                t[k] = s[k];
            }
        }
    }
```

```
//////////////////////////////////////////////////////////////////
//计算平均均方误差
double sum = 0, temp, deta;
for (int i = 0; i < n; i++)
{
    temp = a[m - 1];
    for (int k = m - 2; k >= 0; k--)temp = a[k] + temp * (x[i] - z);
    deta = temp - y[i];
    sum += deta * deta / n;
}
sum = sqrt(sum);
if (sum > mineps)break;
mineps = sum;
m += 1;
}
if (m < order)order = m;
dt = mineps;
delete[]s; delete[]t; delete[]b;
}
```

（2）数值实验

【例4.1】 对于函数

$$f(x) = e^{-x}$$

变量 x 在区间 $[0, 2]$ 按步长 $h = 0.1$ 均匀取21个数据点 (x_i, f_i)，$i = 0, 1, \cdots, 21$，求最佳最小二乘拟合多项式。

下面编制如下主函数（如程序代码4.2.2所示），调用最小二乘曲线拟合函数 CurveFitting（），可以计算出最优多项式系数，计算结果如表4.2.1所示。多项式的最高幂次为13，平均均方拟合误差为 1.06×10^{-14}，说明拟合曲线与原曲线完全重合。在实际中，由于数据含有噪声及分布规律不好等原因，通常幂次不超过5次。

程序代码4.2.2 测试最小二乘曲线拟合的主程序

```
#include <iostream>
#include <iomanip>
#include <fstream>
using namespace std;
//=================================================//
//函数名称:main()
//=================================================//
int main()
```

```
{
    const int n = 21;
    double x[n], y[n], dt;
    for (int i = 0; i < n;i++)
    {
        x[i] = 0.1 * i;
        y[i] = exp(-x[i]);
    }
    //////////////////////////////////////////////////////////////////
    //调用曲线拟合函数
    int order = 15;   //order 为多项式系数的个数,order - 1 为多项式次数
    if (order > n)
    {
        cout << "多项式系数的个数要小于数据个数!!!"<<endl;
        system("pause");
        return -1;
    }
    double *a = new double[order];
    CurveFitting(x, y, n, a, order, dt);
    //////////////////////////////////////////////////////////////////
    //输出多项式次数、拟合差、多项式系数
    cout << "多项式次数:" << order - 1 << endl;
    cout << "平均均方误差:" << dt << endl;
    //////////////////////////////////////////////////////////////////
    //将结果输出到文件
    ofstream outfile;
    outfile.open("outfile.dat", ios::out);
    outfile << "多项式系数:" << endl;
    cout << "多项式系数:" << endl;
    outfile << setiosflags(ios::scientific);
    for (int i = 0; i < order; i++)
    {
        outfile << "a[ " << i << " ] = " << std::right << setw(15) << a[i] << endl;
        cout << "a[ " << i << " ] = " << std::right << setw(15) << a[i] << endl;
    }
    cout << endl << endl;
    outfile << "Num" << setw(10) << "x[i]" << setw(12) << "y[i]" << setw(15) << "S[i]" << endl;
    cout << "Num" << setw(10) << "x[i]" << setw(12) << "y[i]" << setw(15) << "S[i]" << endl;
```

```
    double xaver = 0.0;
    for (int i = 0; i < n; i++) xaver += x[i] / n;
    for (int i = 0; i < n; i++)
    {
        double temp = a[order - 1];
        for (int k = order - 2; k >= 0; k--) temp = a[k] + temp * (x[i] - xaver);
        outfile << i << setw(10) << x[i] << setw(15) << y[i] << setw(15) << temp << endl;
        cout << i << setw(10) << x[i] << setw(15) << y[i] << setw(15) << temp << endl;
    }
    outfile.close();
    delete[] a;
    /////////////////////////////////////////////////////////////////////////////
    system("pause");
    return 0;
}
```

表 4.2.1　最优多项式系数的计算结果

$a[0] = 3.678794 \times 10^{-1}$	$a[1] = -3.678794 \times 10^{-1}$	$a[2] = 1.839397 \times 10^{-1}$
$a[3] = -6.131324 \times 10^{-2}$	$a[4] = 1.532831 \times 10^{-2}$	$a[5] = -3.065663 \times 10^{-3}$
$a[6] = 5.109437 \times 10^{-4}$	$a[7] = -7.298929 \times 10^{-5}$	$a[8] = 9.123956 \times 10^{-6}$
$a[9] = -1.018610 \times 10^{-6}$	$a[10] = 1.014078 \times 10^{-7}$	$a[11] = -5.043651 \times 10^{-9}$
$a[12] = 7.647495 \times 10^{-10}$	$a[13] = -1.431516 \times 10^{-9}$	

4.3　基于最小二乘法的多项式曲面拟合

4.3.1　算法实现过程

多项式曲面拟合也称趋势面拟合，能够较好地反映空间离散点的整体变化趋势，常用于地球物理位场的数据处理。在 3.5 节的二维插值方法中，已经介绍了多项式曲面拟合法的基本原理，在这里只给出算法实现步骤：

①给定空间中一组离散的数据点 $(x_k, y_k, z_k)(k = 1, 2, \cdots, M)$ 及多项式曲面的次数 n，将这些离散点代入多项式曲面公式：

$$z = f(x, y) = \sum_{i=0}^{n} \sum_{j=0}^{i} c_{ij} x^{i-j} y^j \tag{4.3.1}$$

其中 c_{ij} 为多项式曲面的系数，其个数 N 与多项式曲面的次数 n 有关，即 $N = (n + 1)(n + 2)/2$，且 $M \geqslant N$。这样可得到一个线性方程组，其矩阵形式为

$$A_{M \times N} \cdot C_{N \times 1} = Z_{M \times 1} \tag{4.3.2}$$

② 由于方程组(4.3.2)的方程个数 M 通常大于未知量个数 N，故这类方程组为超定方程组，一般来说，它没有通常意义下的解，需要将其转换为法方程，即

$$A_{N \times M}^{\mathrm{T}} \cdot A_{M \times N} \cdot C_{N \times 1} = A_{N \times M}^{\mathrm{T}} \cdot Z_{M \times 1} \tag{4.3.3}$$

然后，采用全选主元高斯消去法求解方程组(4.3.3)，即可得到多项式的系数 $C_{N \times 1}$，再将其代入式(4.3.1)便可得到多项式曲面函数。

③ 将平面坐标 $(x_k, y_k)(k = 1, 2, \cdots, M)$ 进行网格化，任给其中一网格结点 (x_p, y_p)，即可根据公式

$$z_p = f(x_p, y_p) = \sum_{i=0}^{n} \sum_{j=0}^{i} c_{ij} x_p^{i-j} y_p^{j} \tag{4.3.4}$$

求出曲面上对应的 z_p。重复 ③ 步，即可计算出所有网格结点的拟合值。

④ 输出多项式的系数 $C_{N \times 1}$ 及拟合误差

$$rms = \sqrt{\frac{\sum_{k=1}^{M} (z_k - z_k')(z_k - z_k')}{M}} \tag{4.3.5}$$

并将网格化的数据按 Surfer 软件的 *.grd 格式输出，最后可采用 Surfer 软件绘制拟合曲面的等值线图。

4.3.2 程序设计与数值实验

(1)程序设计

根据上述算法编写趋势面拟合程序，头文件和源文件分别如程序代码 4.3.1 和程序代码 4.3.2 所示，主程序如程序代码 4.3.3 所示。

程序代码 4.3.1 头文件 Data2DFitting.h

```
#include<vector>
#include<cmath>
#include<string>
#include<iostream>
#include<iomanip>
#include<fstream>
using namespace std;
//////////////////////////////////////////////////////////////////
//列选主元高斯消去法解线性方程组
bool MainGauss(double * a, double * b, int n);
//计算多项式系数
bool CalPolynomialCoef (vector<double>& x, vector<double>& y, vector<double>& z,
                    int n, double minx, double miny, double * b, int order);
//计算趋势面的拟合值
double CalZT(int order, double x, double y, double * c);
```

```
//读取文件名
string GetFileName();
//设置多项式阶次
void SetPolynomialOrder(int& n);
//设置 x、y 方向剖分节点数
void SetNodesNum(double xmin, double xmax, double ymin, double ymax, double zmin,
                double zmax, int& xNodesNum, int& yNodesNum, double& xEle, double& yEle);
//分割字符串
void split(string& instr, vector<string>& outstr, const string& pattern);
//多项式曲面拟合
bool PolynomialCamberFitting(int xNodesNum, int yNodesNum, int order);
```

程序代码 4.3.2　源文件 Data2DFitting.cpp

```cpp
#include"Data2DFitting.h"
//=======================================================//
//函数名称:MainGauss()
//函数目的:全选主元高斯消去法解线性方程组
//参数说明: a: 方程组的系数矩阵
//          b: 方程组的右端项及解向量
//          n: 方程组的阶数
//=======================================================//
bool MainGauss(double * a, double * b, int n)
{
    int * js = new int[n];
    for (int k = 0; k < n - 1; k++)
    {
        double maxa = a[k * n + k];   //选主元
        int is = k;
        js[k] = k;
        for (int i = k + 1; i < n; i++)
        {
            for (int j = k + 1; j < n; j++)
            {
                double t = a[i * n + j];
                if (fabs(t) > fabs(maxa))
                {
                    maxa = t;
                    js[k] = j;
```

```
                    is = i;
                }
            }
        }
        if (maxa + 1.0 = = 1.0) return false;
        else
        {
            if (js[k] ! = k)   //列交换
            {
                for (int i = 0; i <= n - 1; i++) swap(a[i * n + k], a[i * n + js[k]]);
            }
            if (is ! = k)       //行交换
            {
                for (int j = k; j <= n - 1; j++) swap(a[k * n + j], a[is * n + j]);
                swap(b[k], b[is]);
            }
        }
        // 消元过程
        for (int i = k + 1; i <n; i++) //行
        {
            int p = k * n;
            int q = i * n;
            double tik = a[q + k] / a[p + k];
            b[i] -= tik * b[k];
            for (int j = k + 1; j <n; j++) a[q + j] -= tik * a[p + j];   //列
        }
        if ((k + 1) %  50 = = 0)cout <<".";
    }
    int nn = (n - 1) * n + n - 1;
    if (a[nn] + 1.0 = = 1.0) return false;
    //回代过程
    b[n - 1] /= a[nn];
    for (int i = n - 2; i >= 0; i--)
    {
        int p = i * n;
        for (int j = i + 1; j <n; j++)   b[i] -= a[p + j] * b[j];
        b[i] /= a[p + i];
        if ((i + 1) %  100 = = 0)cout <<".";
```

```
    }
    //恢复解的次序
    js[n - 1] = n - 1;
    for (int k = n - 1; k >= 0; k--)if (js[k] ! = k)swap(b[k], b[js[k]]);
    delete[]js;
    return true;
}
//=========================================================//
//函数名称: CalPolynomialCoef ()
//函数目的: 计算多项式的次数
//参数说明: x : 已知点的 x 坐标
//          y : 已知点的 y 坐标
//          z : 已知点的属性值
//          n : 已知点的数据个数
//       midx : 中间 x 坐标
//       midy : 中间 y 坐标
//          c : 多项式系数
//      order : 多项式阶次
//=========================================================//
bool CalPolynomialCoef (vector<double>& x, vector<double>& y, vector<double>& z,
                        int n, double midx, double midy, double * c, int order)
{
    int an = (order + 1) * (order + 2) / 2;
    int m = an * an;
    double * a = new double[m];
    double * b = new double[an];
    for (int i = 0; i < m; i++)a[i] = 0;
    for (int i = 0; i < an; i++)c[i] = 0;
    for (int i = 0; i <n; i++)
    {
        //b
        int jk = 0;
        double xx = x[i] - midx;
        double yy = y[i] - midy;
        for (int j = 0; j <= order; j++)
        {
            for (int k = 0; k <= j; k++)
            {
```

```
                b[jk] = pow(xx, j - k) * pow(yy, k);
                jk += 1;
            }
        }
        //a, c
        for (int j = 0; j < an; j++)
        {
            for (int k = 0; k < an; k++)a[j * an + k] += b[j] * b[k];
            c[j] += b[j] * z[i];
        }
    }
    //求解多项式系数
    if (MainGauss(a, c, an) == false)return false;
    delete[]a; delete[]b;
    return true;
}
//=============================================================//
//函数名称: CalZT()
//函数目的: 计算多项式函数值
//参数说明: order : 阶数
//              x : x 坐标
//              y : y 坐标
//              c : 趋势面系数
//=============================================================//
double CalZT(int order, double x, double y, double * c)
{
    double zt = 0;
    int jk = 0;
    for (int j = 0; j <= order; j++)
    {
        for (int k = 0; k <= j; k++)
        {
            zt += c[jk] * pow(x, j - k) * pow(y, k);
            jk += 1;
        }
    }
    return zt;
}
```

```cpp
//=============================================================//
//函数名称:GetFileName()
//函数目的:读取文件名
//=============================================================//
string GetFileName()
{
    cout<< endl << endl;
    cout<<"        !! ================================= !!"<< endl;
    cout<<"        !!            多项式曲面拟合          !!"<< endl;
    cout<<"        !! ================================= !!"<< endl;
    cout<<"        !!      基于最小二乘法的多项式曲面拟合   !!"<< endl;
    cout<<"        !! --------------------------------- !!"<< endl;
    cout<<"        !! --------------------------------- !!"<< endl;
    cout<<"        !! ================================= !!"<< endl;
    cout<< endl << endl;
    cout<<"              !! =============================!!"<< endl;
    cout<<"              !!                             !!"<< endl;
    cout<<"              !!        输入拟合数据文件名      !!"<< endl;
    cout<<"              !!                             !!"<< endl;
    cout<<"              !! =============================!!"<< endl;
    string FileName;
    cin>> FileName;
    return FileName;
}
//=============================================================//
//函数名称:SetPolynomialOrder()
//函数目的:设置多项式的阶次
//参数说明:n:阶次数
//=============================================================//
void SetPolynomialOrder(int& n)
{
    cout<< endl << endl;
    cout<<"        !! ================================= !!"<< endl;
    cout<<"        !! -----设置趋势面次数n(默认为1): < n = 1,2,...,6 >----- !!"<< endl;
    cout<<"        !! --------------------------------- !!"<< endl;
    cout<<"        !!            输入 n 后,按 enter 键     !!"<< endl;
    cout<<"        !! --------------------------------- !!"<< endl;
    cout<<"        !! ================================= !!"<< endl;
    cin>>n;
    if ( n< 1 || n>6 ) SetPolynomialOrder(n);
}
```

```
//=====================================================//
//函数名称: SetNodesNum()
//函数目的: 设置 x、y 方向剖分结点数
//参数说明: xmin : x 方向最小坐标
//          xmax : x 方向最大坐标
//          ymin : y 方向最小坐标
//          ymax : y 方向最大坐标
//          zmin : 最小属性值
//          zmax : 最大属性值
//      xNodesNum : x 方向剖分结点数
//      yNodesNum : y 方向剖分结点数
//          xEle : x 方向剖分单元大小
//          yEle : y 方向剖分单元大小
//=====================================================//
void SetNodesNum(double xmin, double xmax, double ymin, double ymax,
                 double zmin, double zmax, int& xNodesNum, int& yNodesNum,
                 double& xEle, double& yEle)
{
    const int minn = 10, maxn = 10000;
    //网格化尺度
    xEle = (xmax - xmin) / (xNodesNum - 1);
    yEle = (ymax - ymin) / (yNodesNum - 1);
    if (xEle>yEle)
    {
        yNodesNum = (int)((ymax - ymin) / xEle + 1);
        yEle = (ymax - ymin) / (yNodesNum - 1);
    }
    else
    {
        xNodesNum = (int)((xmax - xmin) / yEle + 1);
        xEle = (xmax - xmin) / (xNodesNum - 1);
    }
    int inFlag;
    cout<< endl << endl;
    cout<<"          !! ================================= !!"<< endl;
    cout<<"          !! ==========设置网格剖分节点数========== !!"<< endl;
    cout<<"          !! x 方向范围:"<<xmin<< setw(15) <<xmax<< endl;
    cout<<"          !! y 方向范围:"<<ymin<< setw(15) <<ymax<< endl;
    cout<<"          !! z 方向范围:"<<zmin<< setw(15) <<zmax<< endl;
    cout<<"          !! ------------------------------------ !!"<< endl;
    cout<<"          !! x 方向剖分节点数 xn:"<<xNodesNum<< endl;
```

```
        cout<<"         !! y 方向剖分节点数 yn:"<<yNodesNum<< endl;
        cout<<"         !! ---------------------------------------------- !!"<< endl;
        cout<<"         !! x 方向单元尺度:"<<xEle<< endl;
        cout<<"         !! y 方向单元尺度:"<<yEle<< endl;
        cout<<"         !! ---------------------------------------------- !!"<< endl;
        cout<<"         !! ============================================== !!"<< endl;
        cout<<"         !! ----------是否重新输入 X 和 Y 方向剖分结点数? -------- !!"<< endl;
        cout<<"         !! ---------------------------------------------- !!"<< endl;
        cout<<"         !!              <是:输入 1;否:输入 0. >             !!"<< endl;
        cout<<"         !! ============================================== !!"<< endl;
        cin>> inFlag;
        if (inFlag == 1)
        {
            cout <<"         !! ============================================== !!"<< endl;
            cout <<"         !! ------输入 X、Y 方向结点数(范围:10 — 10000)------- !!"<< endl;
            cout <<"         !! ---------------------------------------------- !!"<< endl;
            cout <<"         !!              xn     yn   按 enter 键            !!"<< endl;
            cout <<"         !! ============================================== !!"<< endl;
            cin >>xNodesNum>>yNodesNum;
            if (xNodesNum< minn)xNodesNum = minn;
            if (yNodesNum< minn)yNodesNum = minn;
            if (xNodesNum> maxn)xNodesNum = maxn;
            if (yNodesNum> maxn)yNodesNum = maxn;
            SetNodesNum(xmin, xmax, ymin, ymax, zmin, zmax, xNodesNum, yNodesNum, xEle, yEle);
        }
}
//=============================================================//
//函数名称: split()
//函数目的: 字符串分割函数
//参数说明: instr : 读取的字符串
//          outstr: 分割后的字符串
//          pattern : 字符串间的字符
//=============================================================//
void split(string& instr, vector<string>& outstr, const string& pattern)
{
    int strSize = instr.size();
    int patternSize = pattern.size();

    string strtmp = "";
    for (int i = 0; i < strSize; i++)
    {
```

```
        bool flag = true;
        for (int j = 0; j < patternSize; j++)
        {
            if (instr[i] == pattern[j])
            {
                flag = false;
                break;
            }
        }
        if (flag == true)strtmp += instr[i];
        else
        {
            if (strtmp.size()) outstr.push_back(strtmp);
            strtmp = "";
        }
    }
    if (strtmp.size()) outstr.push_back(strtmp);
}
//=================================================================//
//函数名称: PolynomialCamberFitting()
//函数目的: 多项式曲面拟合
//参数说明: xNodesNum: x 方向网格剖分结点数
//          yNodesNum: y 方向网格剖分结点数
//              order: 阶次
//=================================================================//
bool PolynomialCamberFitting(int xNodesNum, int yNodesNum, int order)
{
    //打开数据文件读取数据
    string FileName = GetFileName();
    ifstream infile;
    infile.open(FileName, ios::in);
    if (infile.fail())
    {
        cout << endl << endl;
        cout << "            !! =============================== !!" << endl;
        cout << "            !!                                 !!" << endl;
        cout << "            !!       此文件格式不对或不存在       !!" << endl;
        cout << "            !!                                 !!" << endl;
        cout << "            !! =============================== !!" << endl;
        //重新输入文件
        PolynomialCamberFitting(xNodesNum, yNodesNum, order);
```

```
    }
    conststring pattern = " \t\r,";
    vector<double> x, y, z;
    vector<string> outstr;
    while (infile.peek() != EOF)
    {
        string instr = "";
        std::getline(infile, instr);
        //分割字符串
        split(instr, outstr, pattern);
        if (outstr.size() != 3)
        {
            outstr.clear();
            continue;
        }
        //将读取的数据 x/y/z 压栈
        x.push_back(atof(outstr[0].c_str()));
        y.push_back(atof(outstr[1].c_str()));
        z.push_back(atof(outstr[2].c_str()));
        outstr.clear();
    }
    outstr.shrink_to_fit();
    infile.close();
    //检查数据点个数
    int DataNum = x.size();
    if (DataNum < (order + 1) * (order + 2) / 2)
    {
        cout <<"            插值失败: 文件数据点个数太少!"<< endl;
        //重新输入文件
        PolynomialCamberFitting(xNodesNum, yNodesNum, order);
    }
    //设置多项式阶次
    SetPolynomialOrder(order);
    ////////////////////////////////////////////////////////////////////////////////
    //确定离散点分布范围
    double xmin = x[0], xmax = x[0];
    double ymin = y[0], ymax = y[0];
    double zmin = z[0], zmax = z[0];
    for (int i = 1; i < DataNum; i++)
    {
        if (xmin > x[i]) xmin = x[i];
```

```cpp
        if (xmax < x[i]) xmax = x[i];
        if (ymin > y[i]) ymin = y[i];
        if (ymax < y[i]) ymax = y[i];
        if (zmin > z[i]) zmin = z[i];
        if (zmax < z[i]) zmax = z[i];
    }
    //设置网格剖分结点数
    double xd, yd;
    SetNodesNum(xmin, xmax, ymin, ymax, zmin, zmax, xNodesNum, yNodesNum, xd, yd);
    //网格化结点数据个数
    int GridNodesNum = xNodesNum * yNodesNum;
    double * xi = new double[GridNodesNum];
    double * yi = new double[GridNodesNum];
    double * zi = new double[GridNodesNum];
    for (int i = 0; i < yNodesNum; i++)
    {
        for (int j = 0; j < xNodesNum; j++)
        {
            int ij = i * xNodesNum + j;
            xi[ij] = xmin + j * xd;
            yi[ij] = ymin + i * yd;
        }
    }
    ////////////////////////////////////////////////////////////////////////////
    cout<<"              = = = = = = = = = = = = = 开始数据拟合 = = = = = = = = = = = = = "<< endl;
    ////////////////////////////////////////////////////////////////////////////
    //多项式曲面拟合
    int cn = (order + 1) * (order + 2) / 2;
    double * c = new double[cn];   //多项式系数
    double midx = (xmin + xmax) / 2;
    double midy = (ymin + ymax) / 2;
    CalPolynomialCoef(x, y, z, DataNum, midx , midy, c, order);
    cout<<"多项式系数:"<< endl;
    for (int i = 0; i < cn; i++) cout <<"c["<< i <<"]="<< c[i] << endl;
    //计算拟合误差
    double sum = 0;
    for (int i = 0; i < DataNum; i++)
    {
        double xm = x[i] - midx;
        double ym = y[i] - midy;
        double zz = CalZT(order, xm, ym, c);
```

```cpp
            zz -= z[i];
            sum += zz * zz / DataNum;
    }
    sum = sqrt(sum);
    cout<<"平均均方误差:"<< sum << endl;
    //拟合结果的上下限
    double zimin = zmin, zimax = zmax;
    for (int i = 0; i < GridNodesNum; i++)
    {
        //计算待插点的拟合值
        double xm = xi[i] - midx;
        double ym = yi[i] - midy;
        zi[i] = CalZT(order, xm, ym, c);
        if (zi[i] < zimin) zimin = zi[i];
        if (zi[i] > zimax) zimax = zi[i];
    }
    ////////////////////////////////////////////////////////////////////////////
    //获取文件名后缀以前的字符
    string strFileName;
    int i = 0;
    while (FileName[i] ! = ('.'))
    {
        strFileName += FileName[i];
        i++;
    }
    ////////////////////////////////////////////////////////////////////////////
    //将趋势面结果输出到文件
    ofstream outfile;
    outfile.open(strFileName+"_camber.grd", ios::out);
    outfile<<"DSAA"<< endl;
    outfile<<xNodesNum<< setw(15) <<yNodesNum<< endl;
    outfile<< xmin << setw(15) << xmax << endl;
    outfile<< ymin << setw(15) << ymax << endl;
    outfile<< zimin << setw(15) << zimax << endl;

    for (int i = 0; i < GridNodesNum; i++)
    {
        outfile << zi[i] << setw(20);
        if ((i + 1) % 10 == 0) outfile << endl;
    }
    outfile.close();
```

```
//////////////////////////////////////////////////////////////////////////
cout<< endl << endl;
cout<<"          !! ============================================ !!"<< endl;
cout<<"          !!               多项式曲面拟合结束!                 !!"<< endl;
cout<<"          !! ============================================ !!"<< endl;
cout<<"          !! ------------------------------------------- !!"<< endl;
cout<<"          !!            拟合结果保存到文件: *.grd            !!"<< endl;
cout<<"          !! ------------------------------------------- !!"<< endl;
cout<<"          !! ============================================ !!"<< endl;
x.clear(); x.shrink_to_fit();
y.clear(); y.shrink_to_fit();
z.clear(); z.shrink_to_fit();
delete[ ]c; delete[ ]xi; delete[ ]yi; delete[ ]zi;
//////////////////////////////////////////////////////////////////////////
//对下一个文件作曲面拟合
PolynomialCamberFitting(xNodesNum, yNodesNum, order);
return true;
}
```

程序代码 4.3.3   多项式曲面拟合的主函数

```
#include"Data2DFitting.h"
//////////////////////////////////////////////////////////////////
//主函数:main()
int main()
{
    int xNodesNum = 101;   //x 向网格结点数
    int yNodesNum = 101;   //y 向网格结点数
    int order = 1;           //多项式曲面拟合阶次<1,2,...,6>
    PolynomialCamberFitting(xNodesNum, yNodesNum, order);
    return 0;
}
```

(2)数值实验

【例 4.2】 对于平面分布的离散点[如图 4.3.1(a)所示],绘制的等值线如图 4.3.1(b)所示。不同阶次的多项式曲面拟合结果如图 4.3.1(c)~图 4.3.1(h),从图中可以看出,随着多项式曲面阶次的增加,拟合曲面的形态逐渐逼近等值线的形态,拟合误差虽然逐渐减小,但阶次过高容易出现震荡,所以实际中作最小二乘曲面拟合时,阶次通常低于 5 次。

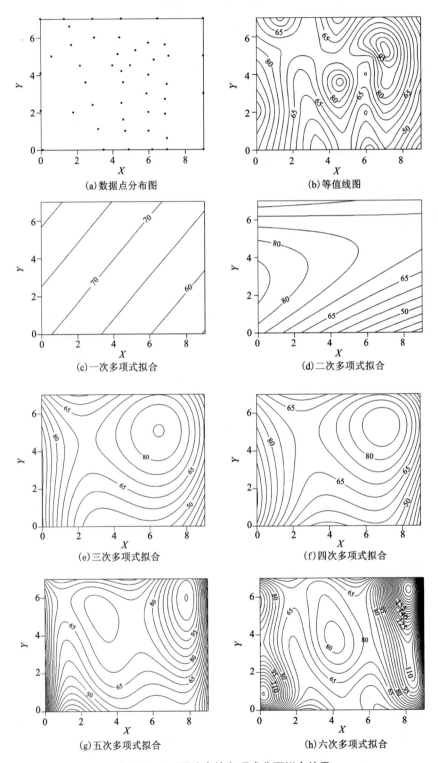

(a) 数据点分布图   (b) 等值线图

(c) 一次多项式拟合   (d) 二次多项式拟合

(e) 三次多项式拟合   (f) 四次多项式拟合

(g) 五次多项式拟合   (h) 六次多项式拟合

图 4.3.1　不同阶次的多项式曲面拟合结果

习 题

1. 对于函数

$$f(x) = \frac{1}{1 + 25x^2}$$

在区间 $[-1, 1]$ 上取 $x_i = -1 + 0.2i$ $(i = 0, 1, \cdots, 10)$，并计算 $f(x_i)$，将其作为实验数据进行最小二乘曲线拟合，求出多项式函数，最后画出拟合曲线。

2. 对于实验数据

x	6	8	10	12	14	16	18	20	22	24
y	4.6	4.8	4.6	4.9	5.0	5.4	5.1	5.5	5.6	6.0

采用 4.2 节最小二乘曲线拟合程序，找出拟合这组数据的最优多项式函数。

3. 参考 4.2 节，采用解线性方程组的方法求取一般多项式的系数，编写相应的最小二乘曲线拟合程序，并在此基础上完成习题 1 和习题 2，然后与正交多项式作最小二乘曲线拟合的结果进行对比分析，给出相应的结论。

4. 已知球面函数 $f(x, y) = \sqrt{10000 - x^2 - y^2}$，$x, y \in [-50, 50]$。在 x, y 方向均采用步长 $h = 5$ 离散该球面，即可得到结点 $(x_i, y_j) = (-50 + i \cdot h, -50 + j \cdot h)$ 及对应点的函数值 $f(x_i, y_i) = \sqrt{10000 - x_i^2 - y_i^2}$，$i, j = 0, 1, 2\cdots, 20$。将离散点 $x_i, y_j, f(x_i, y_j)$，$i, j = 0, 1, 2\cdots, 20$ 作为实验数据，采用不同阶次的多项式作最小二乘曲面拟合，绘制拟合曲面等值线图，并作简要分析。

第 5 章　数值积分

对于定积分 $I = \int_a^b f(x)\,dx$，若 $f(x)$ 在区间 $[a, b]$ 上连续，且 $f(x)$ 的原函数为 $F(x)$，则根据牛顿－莱布尼兹公式可计算定积分：

$$I = \int_a^b f(x)\,dx = F(b) - F(a)$$

但在科学研究和工程计算当中，经常会遇到以下情况：

（1）被积函数 $f(x)$ 比较复杂，求原函数 $F(x)$ 困难，例如 $f(x) = \sqrt{ax^2 + bx + c}$；

（2）被积函数 $f(x)$ 的原函数 $F(x)$ 不能用初等函数表示，例如 $F(x) = e^{-x^2}$，$\sin x^2$；

（3）被积函数 $f(x)$ 没有解析表达式，其函数关系由表格或图形给出。

以上情况均不能用牛顿－莱布尼兹公式方便地计算函数 $f(x)$ 的定积分，只能采用数值积分方法解决这类定积分问题[10]。

5.1　插值型求积公式

在前面章节中已经介绍，区间 $[a, b]$ 上的一个函数 $f(x)$ 可以用该区间上 $n + 1$ 个互异点 $[x_i, f(x_i)]$ 构成的 n 次拉格朗日插值多项式 $L_n(x)$ 近似代替，即

$$f(x) \approx L_n(x) = \sum_{i=0}^{n} f(x_i) l_i(x) = \sum_{i=0}^{n} f(x_i) \prod_{n} \frac{(x - x_j)}{(x_i - x_j)} \tag{5.1.1}$$

那么，$f(x)$ 在区间 $[a, b]$ 上的积分就可以用 $L_n(x)$ 在该区间上的积分近似代替，即

$$I = \int_a^b f(x)\,dx \approx \int_a^b L_n(x)\,dx = \int_a^b \sum_{i=0}^{n} f(x_i) l_i(x)\,dx = \sum_{i=0}^{n} \left[\int_a^b \prod_{n} \frac{(x - x_j)}{(x_i - x_j)}\,dx \right] f(x_i) \tag{5.1.2}$$

若记

$$A_i = \int_a^b l_i(x)\,dx = \int_a^b \prod_{n} \frac{(x - x_j)}{(x_i - x_j)}\,dx \tag{5.1.3}$$

则有

$$I = \int_a^b f(x)\,dx \approx \sum_{i=0}^{n} A_i f(x_i) \tag{5.1.4}$$

称式（5.1.4）为插值型求积公式，式中 x_i 称为求积结点，A_i 称为求积系数，并且 A_i 只与结点 x_i 有关，而与被积函数 $f(x)$ 无关。从式（5.1.4）不难看出插值型求积方法的特点，直接将函数 $f(x)$ 在区间 $[a, b]$ 上的积分问题转化为 $f(x)$ 在该区间上各结点处函数值的求和问题，很好地避开了牛顿－莱布尼兹公式求原函数的困难。

如何确定式（5.1.4）中的求积系数 $A_i (i = 0, 1, \cdots, n)$ 和求积结点 x_i 呢？若将积分区间

$[a, b]$ 分成 n 等份，则每个小区间的长度为 $h = (b - a)/n$，求积节点为 $x_i = a + ih$，$i = 0, 1,$ $\cdots, n$。对于式 $(5.1.3)$，若令 $x = a + th$，$dx = hdt$，$x_i - x_j = (i - j)h$，$x - x_j = (t - j)h$，则有：

$$A_i = \int_a^b l_i(x)\,dx = \int_a^b \prod_n \frac{(x - x_j)}{(x_i - x_j)}\,dx = h\int_0^n \prod_n \frac{(t - j)}{(i - j)}\,dt$$

$$= \frac{b - a}{n}\int_0^n \frac{\prod\limits_{j = 0, j \neq i}^{n}(t - j)}{i(i - 1)\cdots(i - i + 1)(i - i - 1)\cdots(i - n)}\,dt$$

$$= (b - a)\frac{1}{n}\frac{(-1)^{n-i}}{i!\,(n - i)!}\int_0^n \prod_{j = 0, j \neq i}^{n}(t - j)\,dt$$

若记

$$C_i = \frac{1}{n}\frac{(-1)^{n-i}}{i!\,(n - i)!}\int_0^n \prod_{j = 0, j \neq i}^{n}(t - j)\,dt \tag{5.1.5}$$

则有

$$A_i = (b - a)C_i \tag{5.1.6}$$

将式 $(5.1.6)$ 代入式 $(5.1.4)$，则插值型积分公式为

$$I = \int_a^b f(x)\,dx \approx (b - a)\sum_{i=0}^{n} C_i f(x_i) \tag{5.1.7}$$

式中 C_i 是不依赖于被积函数 $f(x)$ 和积分区间 $[a, b]$ 的常数，称式 $(5.1.7)$ 为牛顿 - 科特斯公式，C_i 称为科特斯系数。

由式 $(5.1.5)$ 可知科特斯系数具有以下性质[11]：

（1）对称性：$C_i = C_{n-i}$；

（2）系数之和等于 1：$\sum_{i=0}^{n} C_i = 1$。

为便于应用，将部分科特斯系数列于表 5.1.1 中。

表 5.1.1　科特斯系数表

n	科特斯系数 C_i						
1	$\frac{1}{2}$	$\frac{1}{2}$					
2	$\frac{1}{6}$	$\frac{4}{6}$	$\frac{1}{6}$				
3	$\frac{1}{8}$	$\frac{3}{8}$	$\frac{3}{8}$	$\frac{1}{8}$			
4	$\frac{7}{90}$	$\frac{32}{90}$	$\frac{12}{90}$	$\frac{32}{90}$	$\frac{7}{90}$		
5	$\frac{19}{288}$	$\frac{75}{288}$	$\frac{50}{288}$	$\frac{50}{288}$	$\frac{75}{288}$	$\frac{19}{288}$	
6	$\frac{41}{840}$	$\frac{216}{840}$	$\frac{27}{840}$	$\frac{272}{840}$	$\frac{27}{840}$	$\frac{216}{840}$	$\frac{41}{840}$

根据积分公式(5.1.7)，并参照科特斯系数表，可以得到不同阶的插值型求积公式：

（1）梯形积分公式。取 $n=1$，即将积分区间 $[a, b]$ 分成 1 等份，然后将对应的科特斯系数代入式(5.1.7)，便得到一阶牛顿–科特斯积分公式，即梯形积分公式：

$$I = \int_a^b f(x)\,dx \approx \int_a^b L_1(x)\,dx = \frac{(b-a)}{2}[f(a) + f(b)] \tag{5.1.8}$$

（2）辛普森积分公式。取 $n=2$，即将积分区间 $[a, b]$ 分成 2 等份，然后将对应的科特斯系数代入式(5.1.7)，便得到二阶牛顿–科特斯积分公式，即辛普森积分公式：

$$I = \int_a^b f(x)\,dx \approx \int_a^b L_2(x)\,dx = \frac{b-a}{6}\left[f(a) + 4f\left(\frac{a+b}{2}\right) + f(b)\right] \tag{5.1.9}$$

（3）三阶牛顿–科特斯积分公式。取 $n=3$，即将积分区间 $[a, b]$ 分成 3 等份，则每个小区间的长度为 $h=(b-a)/3$，求积结点为 $x_i = a + ih$，$i=0, 1, 2, 3$。然后，将对应的科特斯系数代入式(5.1.7)，便得到三阶牛顿–科特斯积分公式：

$$I = \int_a^b f(x)\,dx \approx \int_a^b L_3(x)\,dx = \frac{b-a}{8}[f_0 + 3f_1 + 3f_2 + f_3] \tag{5.1.10}$$

按照同样的方法，可以得到更高阶的牛顿–科特斯积分公式。试想一下，是否有了任意阶的牛顿–科特斯积分公式，数值积分问题就已经很好地解决了呢？数值积分的精度就能达到要求了呢？回答当然是否定的，由于插值多项式 $L_n(x)$ 的阶次不同，对被积函数的逼近程度就不同，插值多项式的阶次越高对被积函数的逼近程度未必越高，甚至适得其反，因为高次插值中的龙格现象就很好地说明了这一点。那么，采用什么办法可以提高数值积分的 $f(x)$ 精度呢？

5.2 复化求积公式

采用牛顿–科特斯积分公式求积分时，由于整个积分区间可能较大，容易因求积结点过少而导致误差很大。为了解决这个问题，可以将整个积分区间细化，在每个小区间上再采用牛顿–科特斯积分公式（通常采用梯形积分公式或辛普森积分公式），由此得到的积分公式称为复化积分公式。

设整个积分区间为 $[a, b]$，将该区间分成 n 等份，则每个小区间的长度为 $h=(b-a)/n$，$n+1$ 个求积结点为 $x_i = a + ih$，$i=0, 1, \cdots, n$。然后，对每个小区间 $[x_i, x_{i+1}]$（$i=0, 1, \cdots, n-1$）作分段积分，有

$$I = \int_a^b f(x)\,dx = \sum_{i=0}^{n-1} \int_{x_i}^{x_{i+1}} f(x)\,dx \tag{5.2.1}$$

再对每个小区间作牛顿–科特斯积分，一般采用梯形积分或辛普森积分。

5.2.1 复化梯形公式

对式(5.1.11)在每个小区间上作梯形积分，可以得到

$$I = \int_a^b f(x)\,dx = \sum_{i=0}^{n-1} \int_{x_i}^{x_{i+1}} f(x)\,dx \approx \sum_{i=0}^{n-1} \frac{h}{2}[f(x_i) + f(x_{i+1})]$$

$$= \frac{h}{2} \left[f(a) + 2 \sum_{i=1}^{n-1} f(x_i) + f(b) \right] = T_n \qquad (5.2.2)$$

称式(5.2.2)为复化梯形积分公式。

5.2.2 复化辛普森公式

对式(5.2.1)在每个小区间上作辛普森积分, 可以得到

$$I = \int_a^b f(x) \, \mathrm{d}x = \sum_{i=0}^{n-1} \int_{x_i}^{x_{i+1}} f(x) \, \mathrm{d}x \approx \sum_{i=0}^{n-1} \frac{h}{6} \left[f(x_i) + 4f\left(x_i + \frac{h}{2}\right) + f(x_{i+1}) \right]$$

$$= \frac{h}{6} \left[f(a) + 2 \sum_{i=1}^{n-1} f(x_i) + 4 \sum_{i=0}^{n-1} f\left(x_i + \frac{h}{2}\right) + f(b) \right] = S_n \qquad (5.2.3)$$

称式(5.2.3)为复化辛普森积分公式。

5.3 龙贝格积分法

复化求积公式对提高积分精度是行之有效的, 但在使用求积公式之前必须先给出积分步长, 步长取得太大精度难以保证, 步长太小则会导致计算量的增加。因此, 在实际计算中, 常常采用变步长的计算方案, 即步长逐次分半, 反复利用复化求积公式进行计算, 直到前后两次计算结果的误差满足精度要求为止。

5.3.1 自适应梯形积分法

如果积分区间[a, b]分成 n 等份, 有 n + 1 个结点, 可知复化梯形积分公式

$$T_n = \frac{h}{2} \left[f(a) + 2 \sum_{i=1}^{n-1} f(x_i) + f(b) \right], \quad h = \frac{b-a}{n} \qquad (5.3.1)$$

若将求积区间再二分一次, 分成 2n 个子区间, 则有 2n + 1 个结点。要讨论二分前后两个积分值之间的关系, 先考察一个子区间[x_i, x_{i+1}], 其中点为 $x_{i+0.5} = (x_i + x_{i+1})/2$, 该子区间在二分后的积分值为

$$T = \frac{h}{4} \left[f(x_i) + 2f(x_{i+0.5}) + f(x_{i+1}) \right]$$

对每个子区间的积分值求和, 则得

$$T_{2n} = \frac{h}{4} \sum_{i=0}^{n-1} \left[f(x_i) + f(x_{i+1}) \right] + \frac{h}{2} \sum_{i=0}^{n-1} f(x_{i+0.5})$$

再结合式(5.1.14), 可得二分前后区间[a, b]上积分值 T_n 和 T_{2n} 的递推公式

$$T_{2n} = \frac{1}{2} T_n + \frac{h}{2} \sum_{i=0}^{n-1} f(x_{i+0.5}) \qquad (5.3.2)$$

在计算 T_{2n} 时, T_n 为已知的, 只需累加新增结点 $x_{i+0.5}$ 的函数值 $f(x_{i+0.5})$, 这样可使计算量节省一半。在计算过程中, 采用 $|T_{2n} - T_n| < \varepsilon$ 作为是否满足计算精度的条件。若满足, 则取 T_{2n} 作为积分结果; 若不满足, 则再将区间分半, 直到满足条件为止。

5.3.2 龙贝格积分法

变步长梯形积分法的算法简单, 但收敛速度缓慢。因此, 如何提高收敛速度自然是人们

关心的问题。下面介绍一种收敛速度快的方法——龙贝格积分法[3]。

已知梯形积分 T_n 的截断误差与 h^2 成正比,当步长二分后误差将减至 $\frac{1}{4}$,即

$$\frac{I - T_{2n}}{I - T_n} \approx \frac{1}{4}$$

将上式移项整理,可得

$$I - T_{2n} \approx \frac{1}{3}(T_{2n} - T_n)$$

由此式可知,积分值 T_{2n} 的误差大致等于 $\frac{1}{3}(T_{2n} - T_n)$,如果将此误差值作为 T_{2n} 的一种补偿,即

$$I \approx T_{2n} + \frac{1}{3}(T_{2n} - T_n) = \frac{4}{3}T_{2n} - \frac{1}{3}T_n = \overline{T}$$

$\overline{T}$ 应当比 T_{2n} 更接近于积分值 I。不难验证,辛普森积分

$$S_n = \frac{4}{3}T_{2n} - \frac{1}{3}T_n \tag{5.3.3}$$

这就是说,用梯形法二分前后的积分值 T_n 和 T_{2n} 作线性组合,可得辛普森法的积分值 S_n。

而辛普森积分 S_n 的截断误差与 h^4 成正比,当步长二分后误差将减至 $\frac{1}{16}$,即

$$\frac{I - S_{2n}}{I - S_n} \approx \frac{1}{16}$$

由此得

$$I \approx \frac{16}{15}S_{2n} - \frac{1}{15}S_n = \overline{S}$$

同样可以验证,用辛普森法二分前后的积分值 S_n 和 S_{2n} 作线性组合,可得科特斯法的积分值 C_n,即

$$C_n = \frac{16}{15}S_{2n} - \frac{1}{15}S_n \tag{5.3.4}$$

同理,科特斯积分 C_n 的截断误差与 h^6 成正比,可得:

$$R_n = \frac{64}{63}C_{2n} - \frac{1}{63}C_n \tag{5.3.5}$$

至此,可以看出不同阶牛顿－科特斯积分的截断误差与积分步长之间存在着特定的关系,按此规律修正逐渐递推来加速梯形积分收敛的过程,称为龙贝格积分法。

5.3.3 龙贝格积分法的计算过程

将式(5.3.3)、式(5.3.4)和式(5.3.5)推广到一般形式:

$$T_{m+1}(h) = \frac{4^m}{4^m - 1}T_m\left(\frac{h}{2}\right) - \frac{1}{4^m - 1}T_m(h), \ m = 1, 2, \cdots \tag{5.3.6}$$

由式(5.3.6) 可以给出龙贝格积分法的计算格式, 如表 5.3.1 所示。

表 5.3.1　龙贝格积分法的计算格式

T_1	T_2	T_3	T_4	T_5	……
① $T_1(h)$					
② $T_1\left(\dfrac{h}{2}\right)$	③ $T_2(h)$				
④ $T_1\left(\dfrac{h}{2^2}\right)$	⑤ $T_2\left(\dfrac{h}{2}\right)$	⑥ $T_3(h)$			
⑦ $T_1\left(\dfrac{h}{2^3}\right)$	⑧ $T_2\left(\dfrac{h}{2^2}\right)$	⑨ $T_3\left(\dfrac{h}{2}\right)$	⑩ $T_4(h)$		
⑪ $T_1\left(\dfrac{h}{2^4}\right)$	⑫ $T_2\left(\dfrac{h}{2^3}\right)$	⑬ $T_3\left(\dfrac{h}{2^2}\right)$	⑭ $T_4\left(\dfrac{h}{2}\right)$	⑮ $T_5(h)$	
……	……	……	……	……	……

现将龙贝格积分法的计算过程归纳如下:

① 取 $n = 1$, $m = 1$, $M = 20$, $h = b - a$, 求 $T_1(h) = \dfrac{h}{2}[f(a) + f(b)]$;

② 计算 $T_1(\dfrac{h}{2}) = \dfrac{1}{2}T_1(h) + \dfrac{h}{2}\displaystyle\sum_{i=0}^{n-1} f(x_{i+0.5})$;

③ 按式(5.3.6) 求出表 5.3.1 中第 $m + 1$ 行各元素 $T_{i+1}\left(\dfrac{h}{2^{m-i}}\right)$, $i = 1, 2, \cdots, m$;

④ 若 $\left| T_{m+1}(h) - T_m(\dfrac{h}{2}) \right| < \varepsilon$ 或 $m >= M$, 则终止计算, 并输出 $T_{m+1}(h)$; 否则,

$2 \times n \Rightarrow n$, $m + 1 \Rightarrow m$, $\dfrac{h}{2} \Rightarrow h$, 转 ② 步继续计算。

5.3.4　程序设计与数值实验

(1)程序设计

根据变步长梯形积分法和龙贝格积分法编写程序, 具体如程序代码 5.3.1 所示。

程序代码 5.3.1　变步长梯形积分法和龙贝格积分法的程序代码

```
#include<iostream>
#include<iomanip>
using namespace std;
//被积函数
double func(double x)
{
```

```
    return  4.0 / (1 + x * x);
}
//==================================================================//
//函数名称: Trapeze()
//函数目的: 变步长梯形积分
//参数说明: a: 积分下限
//          b: 积分上限
//       (*f): 被积函数
//==================================================================//
doubleTrapeze(const double a, const double b, double (*f)(double))
{
    const double eps = 1e-15;   //误差终止条件
    int n = 1;
    double h = b - a;
    double t1 = h * (f(a) + f(b)) / 2.0, t2;
    cout<< setw(20) <<"求积结点数 n"<< setw(20) <<"积分结果"<< endl;
    while (true)
    {
        double s = 0.0;
        for (int i = 0; i <= n - 1; i++) s += f(a + (i + 0.5) * h);
        t2 = (t1 + h * s) / 2.0;
        if (fabs(t1 - t2) < eps) break;
        cout << setiosflags(ios::fixed)<< setiosflags(ios::right) << setprecision(15)
        << setw(15) << n << setw(30) << t2 << endl;
        t1 = t2;
        n *= 2;
        h /= 2.0;
    }
    return t2;
}
//==================================================================//
//函数名称: Romberg()
//函数目的: 连续函数的龙贝格积分
//参数说明: a: 积分下限
//          b: 积分上限
//       (*f): 被积函数
//==================================================================//
double Romberg( const double a, const double b, double (*f)(double) )
{
    const double eps = 1e-25; //误差终止条件
    const int M = 20;         //最大递推数数
    //每次循环依次存储 Romberg 计算表的每行元素
```

```cpp
        double * y = new double[ M ];
        int m = 1;   //递推数
        int n = 1;   //复化梯形积分的结点数
        //梯形积分 T(h)
        double h = b - a, q;
        y[ 0 ] = h * ( f ( a ) + f ( b ) ) / 2.0;
        //递推循环过程
        cout<< setw(15) <<"求积结点数 n"<< setw(15) <<"递推数 m"<< setw(20) <<"积分结果"<< endl;
        while( m < M )
        {
            //梯形积分 T(h/2)
            double p = 0.0;
            for( int i = 0; i < n; i++ ) p += f ( a + ( i + 0.5 ) * h );
            p = ( y[ 0 ] + h * p ) / 2.0;
            //递推第 m 行元素
            double s = 1.0;
            for ( int k = 1; k <= m; k++ )
            {
                s = 4.0 * s;
                q = ( s * p - y[ k - 1 ] )/ ( s - 1.0 );
                y[ k - 1 ] = p;
                p = q;
            }
            //显示二分后的积分结果
            cout << setiosflags(ios::fixed) << setiosflags(ios::right) << setprecision(15)
                << setw(10) << n << setw(17) << m << setw(28) << q << endl;
            //判别精度是否满足终止条件
            if (fabs(q - y[ m - 1 ]) < eps) break;
            m += 1;
            y[ m - 1 ] = q;
            n *= 2;
            h /= 2.0;
        }
    delete [ ]y;
    return q;
}
//=================================================//
//函数名称:main()
//=================================================//
void main()
{
    double a = 0, b = 1;//积分上下限
```

```
double( * p)(double) = func;
double q = Romberg( a, b, p);
//double q = Trapeze( a, b, p);
cout<< endl << setw(15) <<"积分结果: "<< q << endl << endl;
system("pause");
}
```

（2）数值实验

【例5.1】 采用变步长梯形积分法和龙贝格积分法，计算积分

$$I = \int_0^1 \frac{4}{1 + x^2} \mathrm{d}x$$

该积分的精确值为圆周率。若定义变量为双精度类型，采用变步梯形积分法，逐渐二分结点到 1 073 741 824 个，积分结果为 3.141 592 653 589 782，小数点后 13 位是准确的，而龙贝格积分法，逐渐二分结点到 64 个，积分结果为 3.141 592 653 589 793，小数点后 15 位完全准确，在不增加计算量的情况下迅速收敛到精确解。

5.4 高斯型求积法

对于插值型求积公式

$$I = \int_a^b f(x)\,\mathrm{d}x \approx \sum_{i=0}^n A_i f(x_i) \tag{5.4.1}$$

当式（5.4.1）中的被积函数 $f(x)$ 为次数不超过 n 的多项式时，利用式（5.4.1）计算的积分值是准确的。

在实际应用中，为了提高数值积分的精度，一般要求数值求积公式对于次数尽可能高的多项式能准确成立，由此提出了高斯积分法。如果式（5.4.1）具有 $2n + 1$ 次代数精度，则式（5.4.1）为高斯求积公式，其结点 x_i 称为高斯点，A_i 称为高斯求积系数。下面介绍几个常用的高斯求积公式[10]。

5.4.1 高斯 - 勒让德求积公式

（1）积分公式

对于高斯 - 勒让德积分，需要将积分区间 $[a, b]$ 转化为 $[-1, 1]$，采用坐标变换

$$x = \frac{a + b}{2} + \frac{b - a}{2}t, \ t \in [-1, 1] \tag{5.4.2}$$

将式（5.4.2）代入式（5.4.1），则有

$$I = \int_a^b f(x)\,\mathrm{d}x = \frac{b-a}{2}\int_{-1}^1 f\left(\frac{b-a}{2}t + \frac{a+b}{2}\right)\mathrm{d}t \approx \frac{b-a}{2}\sum_{i=0}^n \omega_i f\left(\frac{b-a}{2}t_i + \frac{a+b}{2}\right) \tag{5.4.3}$$

式（5.4.3）称为高斯 - 勒让德求积公式，其中 t_i 和 ω_i 分别为高斯 - 勒让德求积公式的高斯点和高斯求积系数。

（2）程序设计

在程序设计过程中，考虑到选取高斯点的个数不同，积分结果的精度就会不同，因此，给出了计算高斯-勒让德积分的高斯点和高斯求积系数的子程序 CalGaussLegendreCof( )[8]，这样可以根据问题的精度要求自行设置高斯点个数。

另外，由于积分区间较大，为了提高积分精度，这里引入了复化积分的思想，将整个积分区间细分成多个子区间，再对每个子区间进行高斯-勒让德积分，设计的复化高斯-勒让德积分子程序为 MultiGaussLegendreIntegral( )。

由于事先难以给定准确的子区间数，那么，是否可以采用上节介绍的变步长的积分思想来设计自适应高斯-勒让德积分算法呢？由于不同阶数高斯-勒让德积分的高斯点的分布无规律，积分区间在二分过程中，二分前的积分结果不能被二分后的积分结果所使用，因此，设计自适应高斯-勒让德积分算法是行不通的。但可以逐步增大积分子区间数，再采用复化高斯-勒让德积分，当前后两次积分结果之差满足终止条件时，则终止计算，并输出积分结果。很显然，这也是以增加一些多余的计算量为代价的，该"自适应"高斯-勒让德积分子程序为 AdaptiveGaussLegendreIntegral( )。高斯-勒让德积分程序如程序代码 5.4.1 所示。

程序代码 5.4.1　高斯-勒让德积分法的程序代码

```cpp
#include<iostream>
#include<iomanip>
#include<fstream>
#include<cmath>
using namespace std;
/////////////////////////////////////////////////////////////
//被积函数
double func(double x)
{
    return  4.0 / (1 + x * x);
}
//===========================================================//
//函数名称: CalGaussLegendreCof ()
//函数目的: 计算高斯-勒让德求积系数[-1,1]
//参数说明: t: 高斯点
//          w: 求积系数
//          n: 高斯点个数
//===========================================================//
void CalGaussLegendreCof (double * t, double * w, const int n)
{
    const double EPS = 1E-15;
    const double pai = 3.1415926535897932;
```

```
    const double a = -1;

    const double b = 1;

    double z1, z, xm, x1, pp, p3, p2, p1;

    int m = (n + 1) / 2;

    xm = 0.5 * (b + a);

    x1 = 0.5 * (b - a);

    for (int i = 0; i < m; i++)

    {

        z = cos(pai * (i + 0.75) / (n + 0.5));

        do

        {

            p1 = 1.0;

            p2 = 0.0;

            for (int j = 0; j <n; j++)

            {

                p3 = p2;

                p2 = p1;

                p1 = ((2.0 * j + 1.0) * z * p2 - j * p3) / (j + 1);

            }

            pp = n * (z * p1 - p2) / (z * z - 1.0);

            z1 = z;

            z = z1 - p1 / pp;

        } while (fabs(z - z1) > EPS);

        t[i] = xm - x1 * z;

        t[n - 1 - i] = xm + x1 * z;

        w[i] = 2.0 * x1 / ((1.0 - z * z) * pp * pp);

        w[n - 1 - i] = w[i];

    }

}
//=================================================================//
//函数名称: GaussLegendreIntegral()
//函数目的: 高斯-勒让德积分
//参数说明: a: 积分下限
//          b: 积分上限
//          t: 高斯点
//          w: 求积系数
//          wn: 高斯点个数
//      (*f)(): 被积函数
```

```
//=====================================================//
double GaussLegendreIntegral ( const double a, const double b, const double * t, const double * w,
                    const int wn, double ( * f) (double))
{
    double s = 0;
    for (int i = 0; i <wn; i++)
    {
        double x = ((b - a) * t[ i] + (b + a)) / 2.0;    //高斯点
        s += w[ i] * f (x);                    //积分值
    }
    return s;
}
//=====================================================//
//函数名称: MultiGaussLegendreIntegral ()
//函数目的: 复化高斯-勒让德积分
//参数说明: wn : 高斯点数
//          a : 积分下限
//          b : 积分上限
//          n : 积分区间数
//       ( * f) () : 被积函数
//=====================================================//
double MultiGaussLegendreIntegral (const int wn, const double a, const double b,
                    const int n, double( * f) (double))
{
    double *  t = new double[ wn];
    double * w = new double[ wn];
    //计算求积系数
    CalGaussLegendreCof (t, w, wn);
    //////////////////////////////////////////////////////////////
    double h = ( b - a ) / n;   //将[a,b]分成n份
    double s = 0.0;
    for( int k = 0; k <n; k++ )   //逐段高斯积分
    {
        double aa = a + k * h; //积分下限
        double bb = aa + h;      //积分上限
        s += GaussLegendreIntegral (aa, bb, t, w, wn, f);
    }
    delete[ ]t; delete[ ]w;
    return s * h /2;
}
//=====================================================//
//函数名称: AdaptiveGaussLegendreIntegral ()
```

```
//函数目的: 自适应高斯-勒让德积分
//参数说明: wn : 高斯点数
//          a : 积分下限
//          b : 积分上限
//       (*f)(): 被积函数
//================================================================//
double AdaptiveGaussLegendreIntegral(const int wn, const double a, const double b,
                                     double(*f)(double))
{
    double * t = new double[wn];
    double * w = new double[wn];
    //计算求积系数
    CalGaussLegendreCof (t, w, wn);
    //////////////////////////////////////////////////////////////
    double EPS = 1e-18;
    int m = 1;
    double s = 0, p;
    do{
        p = s;
        m += m;
        double h = (b - a) / m;      //将[a,b]分成 n 份
        s = 0.0;
        for (int k = 0; k < m; k++)   //逐段高斯积分
        {
            double aa = a + k * h;
            double bb = aa + h;
            s += GaussLegendreIntegral(aa, bb, t, w, wn, f);
        }
        s *= h / 2;
        cout << setiosflags(ios::right) << setprecision(18) << setw(15) << m << setw(25)
             << s << endl;
        if (m >= 4096)break;
    }while (fabs(s - p) > EPS);
    delete[]t; delete[]w;
    return s;
}
//================================================================//
//函数名称:main()
//================================================================//
void main()
{
    //高斯点个数
```

```
    const int wn = 5;
    //积分上下限
    double a = 0.0, b = 1.0, s;
    //积分区间剖分数
    int n = 10;
    s = MultiGaussLegendreIntegral(wn, a, b, n, func);
    //s = AdaptiveGaussLegendreIntegral(wn, a, b, func);
    cout << setprecision(16) << setw(15) << "积分结果: " << s << endl << endl;
    system("pause");
}
```

（3）数值实验

【例 5.2】　采用复化高斯–勒让德积分法，计算积分

$$I = \int_0^1 \frac{4}{1 + x^2} dx$$

该积分的精确值为圆周率。若定义变量为双精度类型。当设置子区间数为 1 时，分别采用 5、10、15 点高斯 – 勒让德积分，计算结果分别为 3.141 592 639 884 753，3.141 592 653 590 033，3.141 592 653 589 786，再继续增加高斯点数，计算精度已无明显改善。当设置子区间数为 5 时，5、10、15 点高斯 – 勒让德积分的计算结果均为 3.141 592 653 589 795。当设置子区间数为 10 时，5 点高斯 – 勒让德积分的计算结果为 3.141 592 653 589 793。此数值实验结果表明，通过增加高斯点数和积分子区间数均可改善积分精度，但通常采用低高斯点数和高子区间数的策略，可以在保证精度的情况下加快收敛速度。

5.4.2　高斯 – 埃尔米特求积公式

（1）求积公式

对于被积函数

$$f(x) = e^{-x^2} g(x), \quad x \in (-\infty, +\infty)$$

适于采用如下积分

$$I = \int_{-\infty}^{+\infty} f(x) dx = \int_{-\infty}^{+\infty} e^{-x^2} g(x) dx \approx \sum_{i=0}^{n} \omega_i g(x_i) \qquad (5.4.4)$$

式（5.4.4）称为高斯 – 埃尔米特（Gauss – Hermite）求积公式，其中 x_i 和 ω_i 分别为高斯 – 埃尔米特求积公式的高斯点和高斯求积系数。

（2）程序设计

在设计程序时，为了方便根据问题的精度要求设置高斯点个数，编写了计算高斯–埃尔米特积分的高斯点和高斯求积系数的子程序 CalGaussHermiteCof( )[8]，并将其嵌入高斯–埃尔米特积分法的程序中。高斯–埃尔米特积分程序具体如程序代码 5.4.2 所示。

程序代码 5.4.2　高斯−埃尔米特积分的程序代码

```cpp
#include<iostream>
#include<iomanip>
#include<fstream>
#include<cmath>
using namespace std;
/////////////////////////////////////////////////
//被积函数
double func(double x)
{
    return x * x;
}
//===================================================//
//函数名称: CalGaussHermiteCof ()
//函数目的: 计算高斯−埃尔米特求积系数[−∞, +∞]
//参数说明: t: 高斯点
//          w: 求积系数
//          n: 高斯点个数
//===================================================//
void CalGaussHermiteCof(double * x, double * w, const int n)
{
    const double EPS = 1.0e-15;
    const double PIM4 = 0.7511255444649425;
    const int MAXIT = 15;
    double p1, p2, p3, pp, z, z1;
    int m = (n + 1) / 2;
    for (int i = 0; i < m; i++)
    {
        if      (i == 0) z = sqrt(2 * n + 1) - 1.85575 * pow(2 * n + 1, -0.16667);
        else if (i == 1) z -= 1.14 * pow(n, 0.426) / z;
        else if (i == 2) z = 1.86 * z - 0.86 * x[0];
        else if (i == 3) z = 1.91 * z - 0.91 * x[1];
        else             z = 2.0 * z - x[i - 2];
        for (int its = 0; its < MAXIT; its++)
        {
            p1 = PIM4;
            p2 = 0.0;
            for (int j = 0; j <n; j++)
            {
                p3 = p2;
                p2 = p1;
                p1 = z * sqrt(2.0 / (j + 1)) * p2 - sqrt(j / (j + 1.0)) * p3;
```

```
            }
            pp = sqrt(2 * n) * p2;
            z1 = z;
            z = z1 - p1 / pp;
            if (fabs(z - z1) <= EPS) break;
        }
        x[i] = z;
        x[n - 1 - i] = -z;
        w[i] = 2.0 / (pp * pp);
        w[n - 1 - i] = w[i];
    }
}
//=============================================================//
//函数名称: GaussHermiteIntegral()
//函数目的: 高斯-埃尔米特积分
//参数说明: wn: 高斯点数
//     (*f)() : 被积函数
//=============================================================//
double GaussHermiteIntegral(const int wn, double(*f)(double))
{
    double * x = new double[wn];
    double * w = new double[wn];
    //计算高斯-埃尔米特求积系数
    CalGaussHermiteCof(x, w, wn);
    /////////////////////////////////////////////////////////////////
    //积分
    double s = 0.0;
    for( int i = 0; i <wn; i++ ) s += w[i] * f(x[i]);
    delete[]x; delete[]w;
    return s;
}
//=============================================================//
//函数名称:main()
//=============================================================//
void main()
{
    const int wn = 2; //高斯点个数
    double s = GaussHermiteIntegral(wn, func);
    cout<< setprecision(16) << setw(15) <<"积分结果:"<< s << endl;
    system("pause");
}
```

（3）数值实验

采用高斯-埃尔米特积分法，计算积分

$$I = \int_{-\infty}^{+\infty} e^{-x^2} x^2 dx$$

该积分的精确值为 $\frac{\sqrt{\pi}}{2} \approx 0.886\,226\,925\,452\,757\,9$。当取不同的高斯点个数时，高斯 - 埃尔米特积分结果如表 5.4.1 所示。

表 5.4.1　高斯-埃尔米特积分结果

高斯点个数	积分结果
2	0.886 226 925 452 758 3
5	0.886 226 925 452 757 7

5.4.3　高斯-拉盖尔求积公式

（1）求积公式

对于被积函数

$$f(x) = e^{-x} g(x), \; x \in (0, +\infty)$$

适于采用如下积分

$$I = \int_0^{+\infty} f(x) dx = \int_0^{+\infty} e^{-x} g(x) dx \approx \sum_{i=0}^{n} \omega_i g(x_i) \qquad (5.4.5)$$

式（5.4.5）称为高斯 - 拉盖尔（Gauss - Laguerre）求积公式，其中 x_i 和 ω_i 分别为高斯 - 拉盖尔求积公式的高斯点和高斯求积系数。

（2）程序设计

在设计程序时，同样可以根据问题的精度要求设置高斯点个数，计算高斯-拉盖尔积分的高斯点和高斯求积系数的子程序 CalGaussLaguerreCof( )[8]。高斯-拉盖尔积分程序具体如程序代码 5.4.3 所示。

程序代码 5.4.3　高斯-拉盖尔积分法的程序代码

```
#include<iostream>
#include<iomanip>
#include<fstream>
#include<cmath>
using namespace std;
//////////////////////////////////////////////////////
//被积函数
double func(double x)
{
    return sin(x);
```

```
}
//===============================================================//
//函数名称: CalGaussLaguerreCof ()
//函数目的: 计算高斯-拉盖尔求积系数[-∞, +∞]
//参数说明: t : 高斯点
//          w : 求积系数
//          n : 高斯点个数
//===============================================================//
void CalGaussLaguerreCof (double * x, double * w, const double alf, const int n)
{
    double gammln(const double xx);
    const int MAXIT = 15;
    const double EPS = 1.0e-15;
    double ai, p1, p2, p3, pp, z, z1;
    for (int i = 0; i <n; i++)
    {
        if (i == 0)    z = (1.0 + alf) * (3.0 + 0.92 * alf) / (1.0 + 2.4 * n + 1.8 * alf);
        else if (i == 1)z += (15.0 + 6.25 * alf) / (1.0 + 0.9 * alf + 2.5 * n);
        else
        {
            ai = i - 1;
            z += ((1.0 + 2.55 * ai) / (1.9 * ai) + 1.26 * ai * alf /
            (1.0 + 3.5 * ai)) * (z - x[i - 2]) / (1.0 + 0.3 * alf);
        }
        for (int its = 0; its < MAXIT; its++)
        {
            p1 = 1.0;
            p2 = 0.0;
            for (int j = 0; j <n; j++)
            {
                p3 = p2;
                p2 = p1;
                p1 = ((2 * j + 1 + alf - z) * p2 - (j + alf) * p3) / (j + 1);
            }
            pp = (n * p1 - (n + alf) * p2) / z;
            z1 = z;
            z = z1 - p1 / pp;
            if (fabs(z - z1) <= EPS) break;
        }
        x[i] = z;
        w[i] = -exp(gammln(alf + n) - gammln(double(n))) / (pp * n * p2);
    }
```

```
}
//=========================================================//
//函数名称:gammln()
//函数目的:CalGaussLaguerreCof()调用的子函数
//=========================================================//
double gammln(const double xx)
{
    const double cof[6] = {76.18009172947146, -86.50532032941677, 24.01409824083091,
                          -1.231739572450155, 0.1208650973866179e-2, -0.5395239384953e-5 };
    double x = xx;
    double y = xx;
    double ser = 1.000000000190015;
    double tmp = x + 5.5;
    tmp -= (x + 0.5) * log(tmp);
    for (int j = 0; j < 6; j++) ser += cof[j] / ++y;
    return -tmp + log(2.5066282746310005 * ser / x);
}
//=========================================================//
//函数名称: GaussLaguerreIntegral()
//函数目的: 高斯-拉盖尔积分
//参数说明: wn : 高斯点数
//        (*f)(): 被积函数
//=========================================================//
double GaussLaguerreIntegral(const int wn, double(*f)(double))
{
    double * x = new double[wn];
    double * w = new double[wn];
    const double alf = 0;
    ///////////////////////////////////////////////////////////
    //计算高斯-拉盖尔求积系数[-∞,+∞]
    CalGaussLaguerreCof(x, w, alf,wn);
    ///////////////////////////////////////////////////////////
    //积分
    double s = 0.0;
    for (int i = 0; i <wn; i++) s = s + w[i] * f(x[i]);
    delete[]x; delete[]w;
    return s;
}
//=========================================================//
//函数名称:main()
//=========================================================//
void main()
```

```
{
    const int wn = 10; //高斯点个数
    double s = GaussLaguerreIntegral(wn, func);
    cout<< setprecision(16) << setw(15) <<"积分结果:"<< s << endl;
    system("pause");
}
```

（3）数值实验

【例 5.3】　采用高斯-拉盖尔积分法，计算积分

$$I = \int_0^{+\infty} e^{-x} \sin(x) \, dx$$

该积分的精确值为 0.5。当取不同的高斯点个数时，高斯-拉盖尔积分结果如表 5.4.2 所示。

表 5.4.2　高斯-拉盖尔积分结果

高斯点个数	积分结果
5	0.498 903 320 956 064
10	0.500 000 204 964 848
15	0.500 000 000 204 867
20	0.499 999 999 999 979

5.5　多维积分问题

在地球物理场的有限元数值模拟过程中，常常需要将地下勘探区域剖分成大量的网格单元（如三角形、四边形、四面体或六面体等），然后在网格单元上构建线性或非线性插值函数，最后对这些单元上的线性或非线性插值函数逐一进行数值积分。这里仅介绍三角形、四边形、四面体和六面体单元上线性插值函数的积分问题。

5.5.1　三角形区域的二重积分

在利用有限元法模拟二维地球物理场时，如果地下研究区域采用三角形单元进行剖分，那么将涉及对大量三角形区域的二重积分。下面首先介绍用于对三角形区域作二重积分的预备知识——面积坐标和单元积分，然后介绍三角形积分区域上的线性插值函数和二重积分[13]。

（1）面积坐标

对于平面三角形的三个顶点，若按逆时针顺序编号，记为 1，2，3，对应的平面坐标和函数值分别为 (x_1, y_1)，(x_2, y_2)，(x_3, y_3) 和 u_1，u_2，u_3。在三角形内一点 $P(x, y)$ 与顶点 1，2，3 的连线，将三角形 123 分割成三个小三角形 $P12$，$P23$，$P31$，其面积分别为 S_{P12}，S_{P23}，S_{P31}，如图 5.5.1 所示。点 $P(x, y)$ 在单元中的位置可表示为

$$\lambda_1 = \frac{S_{P23}}{S_{123}}, \quad \lambda_2 = \frac{S_{P31}}{S_{123}}, \quad \lambda_3 = \frac{S_{P12}}{S_{123}} \tag{5.5.1}$$

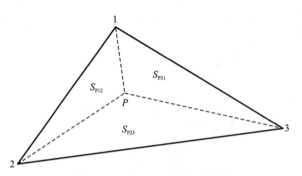

图 5.5.1　面积坐标的示意图

其中 λ_1，λ_2，λ_3 是面积的比值，是无量纲数，称为二维自然坐标或面积坐标，它们是单元上的局部坐标。面积坐标具有以下特点：

① 根据面积坐标的定义式(5.5.1)，当点 $P(x, y)$ 分别与顶点 1，2，3 重合时，有

当 $P = 1$ 时，$\lambda_1 = 1$，$\lambda_2 = 0$，$\lambda_3 = 0$；

当 $P = 2$ 时，$\lambda_1 = 0$，$\lambda_2 = 1$，$\lambda_3 = 0$；

当 $P = 3$ 时，$\lambda_1 = 0$，$\lambda_2 = 0$，$\lambda_3 = 1$。

②$\lambda_1 + \lambda_2 + \lambda_3 = 1$，即面积坐标之和恒等于 1，所以只有两个坐标是独立的。

③λ_1，λ_2，λ_3 是 x，y 的线性函数。为证明这一点，用行列式计算面积 S_{P12}，S_{P23}，S_{P31}，并代入式(5.5.1)，有

$$\lambda_1 = \frac{S_{P23}}{S_{123}} = \frac{1}{2S_{123}} \begin{vmatrix} x & y & 1 \\ x_2 & y_2 & 1 \\ x_3 & y_3 & 1 \end{vmatrix} = \frac{1}{2S_{123}} [(y_2 - y_3)x + (x_3 - x_2)y + (x_2 y_3 - x_3 y_2)]$$

$$= \frac{1}{2S_{123}}(a_1 x + b_1 y + c_1) \tag{5.5.2}$$

$$\lambda_2 = \frac{S_{P31}}{S_{123}} = \frac{1}{2S_{123}} \begin{vmatrix} x & y & 1 \\ x_3 & y_3 & 1 \\ x_1 & y_1 & 1 \end{vmatrix} = \frac{1}{2S_{123}} [(y_3 - y_1)x + (x_1 - x_3)y + (x_3 y_1 - x_1 y_3)]$$

$$= \frac{1}{2S_{123}}(a_2 x + b_2 y + c_2) \tag{5.5.3}$$

$$\lambda_3 = \frac{S_{P12}}{S_{123}} = \frac{1}{2S_{123}} \begin{vmatrix} x & y & 1 \\ x_1 & y_1 & 1 \\ x_2 & y_2 & 1 \end{vmatrix} = \frac{1}{2S_{123}} [(y_1 - y_2)x + (x_2 - x_1)y + (x_1 y_2 - x_2 y_1)]$$

$$= \frac{1}{2S_{123}}(a_3 x + b_3 y + c_3) \tag{5.5.4}$$

　其中

$$a_1 = y_2 - y_3, \ b_1 = x_3 - x_2, \ c_1 = x_2 y_3 - x_3 y_2$$
$$a_2 = y_3 - y_1, \ b_2 = x_1 - x_3, \ c_2 = x_3 y_1 - x_1 y_3$$
$$a_3 = y_1 - y_2, \ b_3 = x_2 - x_1, \ c_3 = x_1 y_2 - x_2 y_1$$
$$S_{123} = (a_1 b_2 - a_2 b_1)/2$$

$$(5.5.5)$$

（2）单元积分

在三角形单元上，对面积坐标作如下积分

$$I = \iint_{S_{123}} \lambda_1^a \lambda_2^b \lambda_3^c \mathrm{d}x \mathrm{d}y \tag{5.5.6}$$

其中 a，b，c 是非负整数。上式有 5 个变量 λ_1，λ_2，λ_3，x 和 y，为便于积分，将它化为两个变量 λ_1 和 λ_2 的积分。

由于 λ_1，λ_2，λ_3 是 x 和 y 的线性函数，因此，x 和 y 也可以表示成 λ_1，λ_2，λ_3 的线性函数，即：

$$x = \lambda_1 x_1 + \lambda_2 x_2 + (1 - \lambda_1 - \lambda_2) x_3 = (x_1 - x_3)\lambda_1 + (x_2 - x_3)\lambda_2 + x_3 \tag{5.5.7}$$
$$y = \lambda_1 y_1 + \lambda_2 y_2 + (1 - \lambda_1 - \lambda_2) y_3 = (y_1 - y_3)\lambda_1 + (y_2 - y_3)\lambda_2 + y_3 \tag{5.5.8}$$

将式(5.5.7) 和式(5.5.8) 两端分别对 λ_1 和 λ_2 求偏导，得

$$\frac{\partial x}{\partial \lambda_1} = (x_1 - x_3), \ \frac{\partial x}{\partial \lambda_2} = (x_2 - x_3), \ \frac{\partial y}{\partial \lambda_1} = (y_1 - y_3), \ \frac{\partial y}{\partial \lambda_2} = (y_2 - y_3)$$

根据雅可比变换，有

$$\mathrm{d}x\mathrm{d}y = \begin{vmatrix} \dfrac{\partial x}{\partial \lambda_1} & \dfrac{\partial x}{\partial \lambda_2} \\ \dfrac{\partial y}{\partial \lambda_1} & \dfrac{\partial y}{\partial \lambda_2} \end{vmatrix} \mathrm{d}\lambda_1 \mathrm{d}\lambda_2 = \begin{vmatrix} (x_1 - x_3) & (x_2 - x_3) \\ (y_1 - y_3) & (y_2 - y_3) \end{vmatrix} \mathrm{d}\lambda_1 \mathrm{d}\lambda_2 = 2S\mathrm{d}\lambda_1 \mathrm{d}\lambda_2 \tag{5.5.9}$$

其中 S 是三角形的面积。由面积坐标的特点也可知道，对于 1 点，$\lambda_1 = 1$，$\lambda_2 = 0$；对于 2 点，$\lambda_1 = 0$，$\lambda_2 = 1$；对于 3 点，$\lambda_1 = 0$，$\lambda_2 = 0$，因此，通过坐标变换可将 xy 平面上的任意三角形变换成 $\lambda_1 \lambda_2$ 平面上直角边为 1 的等腰直角三角形，如图 5.5.2 所示。

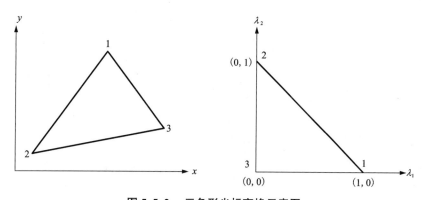

图 5.5.2　三角形坐标变换示意图

将式(5.5.9) 代入式(5.5.6)，有

$$I = \iint_{S_{123}} \lambda_1^a \lambda_2^b \lambda_3^c \mathrm{d}x \mathrm{d}y = 2S \int_0^1 \int_0^{1-\lambda_1} \lambda_1^a \lambda_2^b (1 - \lambda_1 - \lambda_2)^c \mathrm{d}\lambda_1 \mathrm{d}\lambda_2$$

$$= 2S \int_0^1 \lambda_1^a \left[\int_0^{1-\lambda_1} \lambda_2^b (1 - \lambda_1 - \lambda_2)^c \mathrm{d}\lambda_2 \right] \mathrm{d}\lambda_1 \qquad (5.5.10)$$

对式(5.5.10)的内部积分重复利用分部积分，得

$$\int_0^{1-\lambda_1} \lambda_2^b (1 - \lambda_1 - \lambda_2)^c \mathrm{d}\lambda_2 = \frac{b! \ c!}{(b + c + 1)!} (1 - \lambda_1)^{(b+c+1)} \qquad (5.5.11)$$

将式(5.5.11)代入式(5.5.10)，有

$$I = \iint_{S_{123}} \lambda_1^a \lambda_2^b \lambda_3^c \mathrm{d}x \mathrm{d}y = 2S \frac{b! \ c!}{(b + c + 1)!} \int_0^1 \lambda_1^a (1 - \lambda_1)^{(b+c+1)} \mathrm{d}\lambda_1 \qquad (5.5.12)$$

对式(5.5.12)右端项再次利用分部积分，得

$$I = \iint_{S_{123}} \lambda_1^a \lambda_2^b \lambda_3^c \mathrm{d}x \mathrm{d}y = 2S \frac{a! \ b! \ c!}{(a + b + c + 2)!} \qquad (5.5.13)$$

在对面积坐标作积分计算时，为了便于查找积分结果，将式(5.5.13)的积分值 I/S 与 a, b, c 的对应关系列于表5.5.1中。

表5.5.1 $\dfrac{I}{S} = \dfrac{1}{S} \iint_{S_{123}} \lambda_1^a \lambda_2^b \lambda_3^c \mathrm{d}x \mathrm{d}y$ 的积分表

$a+b+c$	a	b	c	I/S	$a+b+c$	a	b	c	I/S
0	0	0	0	1	6	6	0	0	1/28
1	1	0	0	1/3	6	5	1	0	1/168
2	2	0	0	1/6	6	4	1	1	1/840
2	1	1	0	1/12	6	4	2	0	1/420
3	3	0	0	1/10	6	3	2	1	1/1680
3	2	1	0	1/30	6	3	3	0	1/560
3	1	1	1	1/60	6	2	2	2	1/8040
4	4	0	0	1/15	7	7	0	0	1/36
4	3	1	0	1/60	7	6	1	0	1/252
4	2	1	1	1/180	7	5	1	1	1/1512
4	2	2	0	1/90	7	5	2	0	1/756
5	5	0	0	1/21	7	4	2	1	1/3780
5	4	1	0	1/105	7	4	3	0	1/1260
5	3	1	1	1/420	7	3	3	1	1/5040
5	3	2	0	1/210	7	3	2	2	1/7560
5	2	2	1	1/630					

（3）线性插值函数

设 u 是三角形积分区域的线性函数，可表示为

$$u = ax + by + c \qquad (5.5.14)$$

其中 a, b, c 是常数。将三角形的顶点坐标 (x_1, y_1), (x_2, y_2), (x_3, y_3) 和函数值 u_1, u_2, u_3

分别代入式(5.5.14)。解出 a, b, c:

$$a = \frac{1}{2S_{123}}[(y_2 - y_3)u_1 + (y_3 - y_1)u_2 + (y_1 - y_2)u_3]$$

$$= \frac{1}{2S_{123}}(a_1u_1 + a_2u_2 + a_3u_3)$$

$$b = \frac{1}{2S_{123}}[(x_3 - x_2)u_1 + (x_1 - x_3)u_2 + (x_2 - x_1)u_3]$$

$$= \frac{1}{2S_{123}}(b_1u_1 + b_2u_2 + b_3u_3)$$

$$c = \frac{1}{2S_{123}}[(x_2y_3 - x_3y_2)u_1 + (x_3y_1 - x_1y_3)u_2 + (x_1y_2 - x_2y_1)u_3]$$

$$= \frac{1}{2S_{123}}(c_1u_1 + c_2u_2 + c_3u_3)$$

其中 a_1, a_2, a_3, b_1, b_2, b_3 和 c_1, c_2, c_3 与式(5.5.5) 中的相同。将 a, b, c 代入式(5.5.14)，整理后，得

$$u = \frac{1}{2S_{123}}[(a_1x + b_1y + c_1)u_1 + (a_2x + b_2y + c_2)u_2 + (a_3x + b_3y + c_3)u_3]$$

$$= N_1u_1 + N_2u_2 + N_3u_3 \tag{5.5.15}$$

其中

$$N_1 = \frac{1}{2S_{123}}(a_1x + b_1y + c_1)$$

$$N_2 = \frac{1}{2S_{123}}(a_2x + b_2y + c_2)$$

$$N_3 = \frac{1}{2S_{123}}(a_3x + b_3y + c_3)$$

称为形函数。与式(5.5.2) ~ 式(5.5.4) 的面积坐标对比，可以看出形函数与面积坐标是相等的，即

$$N_1 = \lambda_1, \quad N_2 = \lambda_2, \quad N_3 = \lambda_3 \tag{5.5.16}$$

用上述方法推导插值函数[式(5.5.15)] 比较繁琐，但根据面积坐标的定义式(5.5.1) 和式(5.5.16)，可直接构造出三角形单元中的线性插值函数

$$u = N_1u_1 + N_2u_2 + N_3u_3 = \boldsymbol{N}^{\mathrm{T}}\boldsymbol{u} \tag{5.5.17}$$

其中 $\boldsymbol{u} = [u_1 \quad u_2 \quad u_3]^{\mathrm{T}}$, $\boldsymbol{N}^{\mathrm{T}} = [N_1 \quad N_2 \quad N_3]$。

由于 N_i、N_j、N_m 是 x, y 的线性函数，并且线性函数的线性组合也是线性函数，所以 u 是线性函数，而且在 1 点，$u = u_1$；在 2 点，$u = u_2$；在 3 点，$u = u_3$。可以看出，线性函数 u 即为平面三角形上张开的空间平面。

(4) 二重积分

若已知平面三角形顶点 1，2，3 的坐标 (x_1, y_1)，(x_2, y_2)，(x_3, y_3) 和函数值 u_1，u_2，u_3，则可以利用面积坐标构建 u 在三角形单元中的线性函数，其形式如式(5.5.17) 所示。

在三角形单元 123 内，对函数 $f(x, y)$ 作二重积分。若已知函数

$$f(x, y) = \left(\frac{\partial u}{\partial x} \right)^2 + \left(\frac{\partial u}{\partial y} \right)^2 + u^2$$

计算积分：$I = \iint_s f(x, y) \, \mathrm{d}x\mathrm{d}y$

解：

$$I = \iint_s f(x, y) \, \mathrm{d}x\mathrm{d}y = \iint_s \left[\left(\frac{\partial u}{\partial x} \right)^2 + \left(\frac{\partial u}{\partial y} \right)^2 + u^2 \right] \mathrm{d}x\mathrm{d}y$$

$$= \boldsymbol{u}^{\mathrm{T}} \iint_s \left[\left(\frac{\partial \boldsymbol{N}}{\partial x} \right) \left(\frac{\partial \boldsymbol{N}}{\partial x} \right)^{\mathrm{T}} + \left(\frac{\partial \boldsymbol{N}}{\partial y} \right) \left(\frac{\partial \boldsymbol{N}}{\partial y} \right)^{\mathrm{T}} + \boldsymbol{N}\boldsymbol{N}^{\mathrm{T}} \right] \mathrm{d}x\mathrm{d}y \boldsymbol{u}$$

$$= \boldsymbol{u}^{\mathrm{T}} \left[\iint_s \left(\frac{\partial \boldsymbol{N}}{\partial x} \right) \left(\frac{\partial \boldsymbol{N}}{\partial x} \right)^{\mathrm{T}} \mathrm{d}x\mathrm{d}y + \iint_s \left(\frac{\partial \boldsymbol{N}}{\partial y} \right) \left(\frac{\partial \boldsymbol{N}}{\partial y} \right)^{\mathrm{T}} \mathrm{d}x\mathrm{d}y + \iint_s \boldsymbol{N}\boldsymbol{N}^{\mathrm{T}} \mathrm{d}x\mathrm{d}y \right] \boldsymbol{u} \quad (5.5.18)$$

然后，对积分式的每一项分别进行二重积分，有

$$\iint_s \left(\frac{\partial \boldsymbol{N}}{\partial x} \right) \left(\frac{\partial \boldsymbol{N}}{\partial x} \right)^{\mathrm{T}} \mathrm{d}x\mathrm{d}y = \frac{1}{4S_{123}} \begin{bmatrix} a_1 \\ a_2 \\ a_3 \end{bmatrix} \begin{bmatrix} a_1 & a_2 & a_3 \end{bmatrix} = \frac{1}{4S_{123}} \begin{bmatrix} a_1a_1 & a_1a_2 & a_1a_3 \\ a_2a_1 & a_2a_2 & a_2a_3 \\ a_3a_1 & a_3a_2 & a_3a_3 \end{bmatrix} \quad (5.5.19)$$

$$\iint_s \left(\frac{\partial \boldsymbol{N}}{\partial y} \right) \left(\frac{\partial \boldsymbol{N}}{\partial y} \right)^{\mathrm{T}} \mathrm{d}x\mathrm{d}y = \frac{1}{4S_{123}} \begin{bmatrix} b_1 \\ b_2 \\ b_3 \end{bmatrix} \begin{bmatrix} b_1 & b_2 & b_3 \end{bmatrix} = \frac{1}{4S_{123}} \begin{bmatrix} b_1b_1 & b_1b_2 & b_1b_3 \\ b_2b_1 & b_2b_2 & b_2b_3 \\ b_3b_1 & b_3b_2 & b_3b_3 \end{bmatrix} \quad (5.5.20)$$

$$\iint_s \boldsymbol{N}\boldsymbol{N}^{\mathrm{T}} \mathrm{d}x\mathrm{d}y = \iint_s \begin{bmatrix} N_1N_1 & N_1N_2 & N_1N_3 \\ N_2N_1 & N_2N_2 & N_2N_3 \\ N_3N_1 & N_3N_2 & N_3N_3 \end{bmatrix} \mathrm{d}x\mathrm{d}y = \frac{S_{123}}{12} \begin{bmatrix} 2 & 1 & 1 \\ 1 & 2 & 1 \\ 1 & 1 & 2 \end{bmatrix} \quad (5.5.21)$$

将式(5.5.19)、式(5.5.20)和式(5.5.21)代入式(5.5.18)，即可得到积分结果

$$I = \iint_s f(x, y) \, \mathrm{d}x\mathrm{d}y = \boldsymbol{u}^{\mathrm{T}}\boldsymbol{k}\boldsymbol{u}$$

其中

$$\boldsymbol{k} = \begin{bmatrix} \frac{1}{4S_{123}}(a_1a_1 + b_1b_1) + \frac{S_{123}}{6} & \frac{1}{4S_{123}}(a_1a_2 + b_1b_2) + \frac{S_{123}}{12} & \frac{1}{4S_{123}}(a_1a_3 + b_1b_3) + \frac{S_{123}}{12} \\ \frac{1}{4S_{123}}(a_2a_1 + b_2b_1) + \frac{S_{123}}{12} & \frac{1}{4S_{123}}(a_2a_2 + b_2b_2) + \frac{S_{123}}{6} & \frac{1}{4S_{123}}(a_2a_3 + b_2b_3) + \frac{S_{123}}{12} \\ \frac{1}{4S_{123}}(a_3a_1 + b_3b_1) + \frac{S_{123}}{12} & \frac{1}{4S_{123}}(a_3a_2 + b_3b_2) + \frac{S_{123}}{12} & \frac{1}{4S_{123}}(a_3a_3 + b_3b_3) + \frac{S_{123}}{6} \end{bmatrix}$$

从 $\boldsymbol{k}$ 矩阵元素的分布特点可以看出，它是一个对称矩阵。在利用有限元法求解地球物理场的偏微分方程时，对地下剖分单元的积分所形成的系数矩阵均表现为对称、稀疏的特点。

5.5.2 四边形区域的二重积分

在利用有限元法模拟二维地球物理场时，如果地下研究区域采用任意四边形单元进行剖分，那么将涉及对大量四边形区域的二重积分。下面首先介绍对四边形区域作二重积分的预备知识——坐标变换，然后介绍四边形区域上的二重积分。

（1）坐标变换

如图 5.5.3(a) 所示，已知 $\xi\eta$ 平面上的正方形单元，顶点编号及坐标分别为 1：（-1, 1），2：（-1, -1），3：（1, -1），4：（1, 1）。构造形函数

$$
\left.\begin{array}{l}
N_1 = \dfrac{1}{4}(1 - \xi)(1 + \eta),\ N_2 = \dfrac{1}{4}(1 - \xi)(1 - \eta) \\[2mm]
N_3 = \dfrac{1}{4}(1 + \xi)(1 - \eta),\ N_4 = \dfrac{1}{4}(1 + \xi)(1 + \eta)
\end{array}\right\}
\tag{5.5.22}
$$

或统一写成

$$
N_i = \frac{1}{4}(1 + \xi_i\xi)(1 + \eta_i\eta)
\tag{5.5.23}
$$

其中 $(\xi_i,\ \eta_i)$ 为点 i（$i = 1, 2, 3, 4$）的坐标。

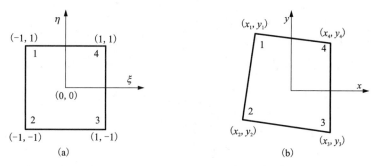

图 5.5.3　四边形坐标变换图

已知平面空间 xy 上四边形的四个顶点坐标和函数值分别为 $(x_1,\ y_1)$，$(x_2,\ y_2)$，$(x_3,\ y_3)$，$(x_4,\ y_4)$ 和 u_1, u_2, u_3, u_4，如图 5.5.3(b) 所示。若函数 u 在四边形区域内满足双线性变化，在四边形上，u, x, y 可表示成

$$
u = N_1 u_1 + N_2 u_2 + N_3 u_3 + N_4 u_4
\tag{5.5.24}
$$

$$
x = N_1 x_1 + N_2 x_2 + N_3 x_3 + N_4 x_4
\tag{5.5.25}
$$

$$
y = N_1 y_1 + N_2 y_2 + N_3 y_3 + N_4 y_4
\tag{5.5.26}
$$

这样通过坐标变换可将 xy 空间的函数 $u(x, y)$ 变换为 $\xi\eta$ 空间的函数 $u(\xi, \eta)$。

将式（5.5.24）两端分别对 x 和 y 求偏导，得

$$
\frac{\partial u}{\partial x} = \sum_{i=1}^{4} \frac{\partial N_i}{\partial x} u_i,\quad
\frac{\partial u}{\partial y} = \sum_{i=1}^{4} \frac{\partial N_i}{\partial y} u_i
\tag{5.5.27}
$$

由于 N_i 是 x, y 的隐函数，需要作如下变换才能计算 $\partial N_i/\partial x$ 和 $\partial N_i/\partial y$，$i = 1, 2, 3, 4$。将 N_i 对 ξ, η 求偏导：

$$
\frac{\partial N_i}{\partial \xi} = \frac{\partial N_i}{\partial x}\frac{\partial x}{\partial \xi} + \frac{\partial N_i}{\partial y}\frac{\partial y}{\partial \xi}
$$

$$
\frac{\partial N_i}{\partial \eta} = \frac{\partial N_i}{\partial x}\frac{\partial x}{\partial \eta} + \frac{\partial N_i}{\partial y}\frac{\partial y}{\partial \eta}
$$

写成矩阵形式，有

$$\begin{bmatrix} \dfrac{\partial N_i}{\partial \xi} \\[3mm] \dfrac{\partial N_i}{\partial \eta} \end{bmatrix} = \begin{bmatrix} \dfrac{\partial x}{\partial \xi} & \dfrac{\partial y}{\partial \xi} \\[3mm] \dfrac{\partial x}{\partial \eta} & \dfrac{\partial y}{\partial \eta} \end{bmatrix} \begin{bmatrix} \dfrac{\partial N_i}{\partial x} \\[3mm] \dfrac{\partial N_i}{\partial y} \end{bmatrix} = \boldsymbol{J} \begin{bmatrix} \dfrac{\partial N_i}{\partial x} \\[3mm] \dfrac{\partial N_i}{\partial y} \end{bmatrix} \tag{5.5.28}$$

其中

$$\boldsymbol{J} = \begin{bmatrix} \dfrac{\partial x}{\partial \xi} & \dfrac{\partial y}{\partial \xi} \\[3mm] \dfrac{\partial x}{\partial \eta} & \dfrac{\partial y}{\partial \eta} \end{bmatrix} \tag{5.5.29}$$

对式(5.5.28)求逆，得

$$\begin{bmatrix} \dfrac{\partial N_i}{\partial x} \\[3mm] \dfrac{\partial N_i}{\partial y} \end{bmatrix} = \boldsymbol{J}^{-1} \begin{bmatrix} \dfrac{\partial N_i}{\partial \xi} \\[3mm] \dfrac{\partial N_i}{\partial \eta} \end{bmatrix} = \dfrac{\boldsymbol{J}^*}{|\boldsymbol{J}|} \begin{bmatrix} \dfrac{\partial N_i}{\partial \xi} \\[3mm] \dfrac{\partial N_i}{\partial \eta} \end{bmatrix} = \dfrac{1}{|\boldsymbol{J}|} \begin{bmatrix} \dfrac{\partial y}{\partial \eta} & -\dfrac{\partial y}{\partial \xi} \\[3mm] -\dfrac{\partial x}{\partial \eta} & \dfrac{\partial x}{\partial \xi} \end{bmatrix} \begin{bmatrix} \dfrac{\partial N_i}{\partial \xi} \\[3mm] \dfrac{\partial N_i}{\partial \eta} \end{bmatrix}$$

其中 $\boldsymbol{J}^{-1}$ 为 $\boldsymbol{J}$ 的逆矩阵；$\boldsymbol{J}^*$ 为 $\boldsymbol{J}$ 的伴随矩阵；$|\boldsymbol{J}|$ 为 $\boldsymbol{J}$ 的行列式。因此，有

$$\frac{\partial N_i}{\partial x} = \frac{1}{|\boldsymbol{J}|}\left(\frac{\partial y}{\partial \eta}\frac{\partial N_i}{\partial \xi} - \frac{\partial y}{\partial \xi}\frac{\partial N_i}{\partial \eta} \right) = \frac{1}{|\boldsymbol{J}|}F_{ix}(\xi, \eta), \quad i = 1, 2, 3, 4 \tag{5.5.30}$$

$$\frac{\partial N_i}{\partial y} = \frac{1}{|\boldsymbol{J}|}\left(-\frac{\partial x}{\partial \eta}\frac{\partial N_i}{\partial \xi} + \frac{\partial x}{\partial \xi}\frac{\partial N_i}{\partial \eta} \right) = \frac{1}{|\boldsymbol{J}|}F_{iy}(\xi, \eta), \quad i = 1, 2, 3, 4 \tag{5.5.31}$$

下面求行列式 $|\boldsymbol{J}|$。首先将式(5.5.25)和式(5.5.26)两端分别对 ξ 和 η 求偏导，得

$$\frac{\partial x}{\partial \xi} = \sum_{i=1}^{4} \frac{\partial N_i}{\partial \xi}x_i, \quad \frac{\partial x}{\partial \eta} = \sum_{i=1}^{4} \frac{\partial N_i}{\partial \eta}x_i, \quad \frac{\partial y}{\partial \xi} = \sum_{i=1}^{4} \frac{\partial N_i}{\partial \xi}y_i, \quad \frac{\partial y}{\partial \eta} = \sum_{i=1}^{4} \frac{\partial N_i}{\partial \eta}y_i \tag{5.5.32}$$

其中

$$\left. \begin{aligned} \frac{\partial N_1}{\partial \xi} &= -\frac{1}{4}(1 + \eta), \quad \frac{\partial N_2}{\partial \xi} = -\frac{1}{4}(1 - \eta), \quad \frac{\partial N_3}{\partial \xi} = \frac{1}{4}(1 - \eta), \quad \frac{\partial N_4}{\partial \xi} = \frac{1}{4}(1 + \eta) \\[2mm] \frac{\partial N_1}{\partial \eta} &= \frac{1}{4}(1 - \xi), \quad \frac{\partial N_2}{\partial \eta} = -\frac{1}{4}(1 - \xi), \quad \frac{\partial N_3}{\partial \eta} = -\frac{1}{4}(1 + \xi), \quad \frac{\partial N_4}{\partial \eta} = \frac{1}{4}(1 + \xi) \end{aligned} \right\} \tag{5.5.33}$$

将式(5.5.32)和式(5.5.33)代入式(5.5.29)，得

$$\boldsymbol{J} = \begin{bmatrix} \dfrac{\partial x}{\partial \xi} & \dfrac{\partial y}{\partial \xi} \\[3mm] \dfrac{\partial x}{\partial \eta} & \dfrac{\partial y}{\partial \eta} \end{bmatrix} = \begin{bmatrix} \dfrac{\partial N_1}{\partial \xi} & \dfrac{\partial N_2}{\partial \xi} & \dfrac{\partial N_3}{\partial \xi} & \dfrac{\partial N_4}{\partial \xi} \\[3mm] \dfrac{\partial N_1}{\partial \eta} & \dfrac{\partial N_2}{\partial \eta} & \dfrac{\partial N_3}{\partial \eta} & \dfrac{\partial N_4}{\partial \eta} \end{bmatrix} \begin{bmatrix} x_1 & y_1 \\ x_2 & y_2 \\ x_3 & y_3 \\ x_4 & y_4 \end{bmatrix}$$

$$= \frac{1}{4}\begin{bmatrix} -(1 + \eta) & -(1 - \eta) & (1 - \eta) & (1 + \eta) \\ (1 - \xi) & -(1 - \xi) & -(1 + \xi) & (1 + \xi) \end{bmatrix} \begin{bmatrix} x_1 & y_1 \\ x_2 & y_2 \\ x_3 & y_3 \\ x_4 & y_4 \end{bmatrix} = \frac{1}{4}\begin{bmatrix} \alpha\eta + c_1 & \beta\eta + c_2 \\ \alpha\xi + c_3 & \beta\xi + c_4 \end{bmatrix}$$

其中

$$\alpha = -x_1 + x_2 - x_3 + x_4, \quad \beta = -y_1 + y_2 - y_3 + y_4$$

$$c_1 = -x_1 - x_2 + x_3 + x_4, \quad c_2 = -y_1 - y_2 + y_3 + y_4$$

$$c_3 = x_1 - x_2 - x_3 + x_4, \quad c_4 = y_1 - y_2 - y_3 + y_4$$

所以,雅可比行列式

$$|\boldsymbol{J}| = \frac{1}{4} \begin{bmatrix} \alpha\eta + c_1 & \beta\eta + c_2 \\ \alpha\xi + c_3 & \beta\xi + c_4 \end{bmatrix} = \boldsymbol{A}\xi + \boldsymbol{B}\eta + \boldsymbol{C} = \boldsymbol{J}(\xi, \eta) \qquad (5.5.34)$$

其中 $\boldsymbol{A} = \frac{1}{4}(\beta c_1 - \alpha c_2)$,$\boldsymbol{B} = \frac{1}{4}(\alpha c_4 - \beta c_3)$,$\boldsymbol{C} = \frac{1}{4}(c_1 c_4 - c_2 c_3)$

(2)二重积分

在任意四边形单元内,对函数 $f(x, y)$ 作二重积分。若函数

$$f(x, y) = \left(\frac{\partial u}{\partial x}\right)^2 + \left(\frac{\partial u}{\partial y}\right)^2 + u^2$$

计算积分:$I = \iint_s f(x, y)\mathrm{d}x\mathrm{d}y$

解:

$$I = \iint_s \left[\left(\frac{\partial u}{\partial x}\right)^2 + \left(\frac{\partial u}{\partial y}\right)^2 + u^2 \right] \mathrm{d}x\mathrm{d}y$$

$$= \boldsymbol{u}^{\mathrm{T}} \iint_s \left[\left(\frac{\partial \boldsymbol{N}}{\partial x}\right)\left(\frac{\partial \boldsymbol{N}}{\partial x}\right)^{\mathrm{T}} + \left(\frac{\partial \boldsymbol{N}}{\partial y}\right)\left(\frac{\partial \boldsymbol{N}}{\partial y}\right)^{\mathrm{T}} + \boldsymbol{N}\boldsymbol{N}^{\mathrm{T}} \right] \mathrm{d}x\mathrm{d}y \boldsymbol{u}$$

$$= \boldsymbol{u}^{\mathrm{T}} \left[\iint_s \left(\frac{\partial \boldsymbol{N}}{\partial x}\right)\left(\frac{\partial \boldsymbol{N}}{\partial x}\right)^{\mathrm{T}} \mathrm{d}x\mathrm{d}y + \iint_s \left(\frac{\partial \boldsymbol{N}}{\partial y}\right)\left(\frac{\partial \boldsymbol{N}}{\partial y}\right)^{\mathrm{T}} \mathrm{d}x\mathrm{d}y + \iint_s \boldsymbol{N}\boldsymbol{N}^{\mathrm{T}}\mathrm{d}x\mathrm{d}y \right] \boldsymbol{u} \quad (5.5.35)$$

接着,将雅可比变换式

$$\mathrm{d}x\mathrm{d}y = \begin{vmatrix} \dfrac{\partial x}{\partial \xi} & \dfrac{\partial y}{\partial \xi} \\ \dfrac{\partial x}{\partial \eta} & \dfrac{\partial y}{\partial \eta} \end{vmatrix} \mathrm{d}\xi\mathrm{d}\eta = |\boldsymbol{J}|\mathrm{d}\xi\mathrm{d}\eta \qquad (5.5.36)$$

将式(5.5.36)代入式(5.5.35),得

$$I = \boldsymbol{u}^{\mathrm{T}} \left\{ \iint_s \left[\left(\frac{\partial \boldsymbol{N}}{\partial x}\right)\left(\frac{\partial \boldsymbol{N}}{\partial x}\right)^{\mathrm{T}} + \left(\frac{\partial \boldsymbol{N}}{\partial y}\right)\left(\frac{\partial \boldsymbol{N}}{\partial y}\right)^{\mathrm{T}} + \boldsymbol{N}\boldsymbol{N}^{\mathrm{T}} \right] |\boldsymbol{J}|\mathrm{d}\xi\mathrm{d}\eta \right\} \boldsymbol{u} \qquad (5.5.37)$$

然后,将式(5.5.30)、式(5.5.31)、式(5.5.34)代入式(5.5.37),得

$$I = \boldsymbol{u}^{\mathrm{T}} \left\{ \int_{-1}^{1}\int_{-1}^{1} \left[\frac{F_{ix}(\xi, \eta)F_{jx}(\xi, \eta)}{|\boldsymbol{J}|} + \frac{F_{iy}(\xi, \eta)F_{jy}(\xi, \eta)}{|\boldsymbol{J}|} + N_i(\xi, \eta)N_j(\xi, \eta)|\boldsymbol{J}| \right] \mathrm{d}\xi\mathrm{d}\eta \right\} \boldsymbol{u}$$

$$= \boldsymbol{u}^{\mathrm{T}}\boldsymbol{k}\boldsymbol{u} \qquad (5.5.38)$$

其中

$$\boldsymbol{k} = (k_{ij}),$$

$$k_{ij} = \int_{-1}^{1}\int_{-1}^{1} \left[\frac{F_{ix}(\xi, \eta)F_{jx}(\xi, \eta)}{|\boldsymbol{J}|} + \frac{F_{iy}(\xi, \eta)F_{jy}(\xi, \eta)}{|\boldsymbol{J}|} + N_i(\xi, \eta)N_j(\xi, \eta)|\boldsymbol{J}| \right] \mathrm{d}\xi\mathrm{d}\eta,$$

$$i, j = 1, 2, 3, 4$$

对比式(5.5.35)和式(5.5.38)的被积函数,不难看出,通过空间坐标变换可将任意四

边形区域的二重积分转换为正方形区域的二重积分。对于 $k_{ij}(i, j = 1, 2, 3, 4)$ 的二重积分，需要利用 5.4.1 节介绍的高斯－勒让德积分法，并将其拓展为二重积分，具体为

$$\int_{-1}^{1}\int_{-1}^{1} f(\xi, \eta)\,\mathrm{d}\xi\mathrm{d}\eta = \int_{-1}^{1}\left[\int_{-1}^{1} f(\xi, \eta)\,\mathrm{d}\xi\right]\mathrm{d}\eta \approx \int_{-1}^{1}\left[\sum_{i=1}^{M} A_i f(\xi_i, \eta)\right]\mathrm{d}\eta$$

$$\approx \sum_{i=1}^{M} A_i \int_{-1}^{1} f(\xi_i, \eta)\,\mathrm{d}\eta \approx \sum_{i=1}^{M} A_i \sum_{j=1}^{N} A_j f(\xi_i, \eta_j) \qquad (5.5.39)$$

在地球物理场数值模拟中，高斯结点数通常情况下不宜取得过多（M, N 一般小于 10），以免增加计算量。另外，ξ, η 方向的高斯节点数 M, N 可以相同也可不同。下面给出几组高斯－勒让德求积公式的高斯点和高斯求积系数。

表 5.5.2　高斯－勒让德求积公式的高斯点和高斯求积系数

结点数	高斯点	高斯求积系数	结点数	高斯点	高斯求积系数
5	−0.906179845938664	0.236926885056189	6	−0.932469514203152	0.17132449237917
	−0.538469310105683	0.478628670499366		−0.661209386466265	0.360761573048139
	0.000000000000000	0.568888888888889		−0.238619186083197	0.467913934572691
	0.538469310105683	0.478628670499366		0.238619186083197	0.467913934572691
	0.906179845938664	0.236926885056189		0.661209386466265	0.360761573048139
				0.932469514203152	0.17132449237917
7	−0.949107912342758	0.12948496616887	8	−0.960289856497536	0.101228536290377
	−0.741531185599394	0.279705391489277		−0.796666477413627	0.222381034453374
	−0.405845151377397	0.381830050505119		−0.525532409916329	0.313706645877887
	0.000000000000000	0.417959183673469		−0.18343464249565	0.362683783378362
	0.405845151377397	0.381830050505119		0.18343464249565	0.362683783378362
	0.741531185599394	0.279705391489277		0.525532409916329	0.313706645877887
	0.949107912342758	0.12948496616887		0.796666477413627	0.222381034453374
				0.960289856497536	0.101228536290377
9	−0.968160239507626	0.081274388361575	10	−0.973906528517172	0.066671344308684
	−0.836031107326636	0.180648160694858		−0.865063366688985	0.149451349150581
	−0.61337143270059	0.260610696402936		−0.679409568299024	0.219086362515982
	−0.324253423403809	0.312347077040003		−0.433395394129247	0.269266719309996
	0.000000000000000	0.33023935500126		−0.148874338981631	0.295524224714753
	0.324253423403809	0.312347077040003		0.148874338981631	0.295524224714753
	0.61337143270059	0.260610696402936		0.433395394129247	0.269266719309996
	0.836031107326636	0.180648160694858		0.679409568299024	0.219086362515982
	0.968160239507626	0.081274388361575		0.865063366688985	0.149451349150581
				0.973906528517172	0.066671344308684

5.5.3　四面体区域的三重积分

在利用有限元法模拟三维地球物理场时，如果地下研究区域采用四面体单元进行剖分，将涉及到对大量四面体区域的三重积分。下面首先介绍对四面体积分区域作三重积分的预备知识——体积坐标和单元积分，然后介绍四面体积分区域上的线性插值函数和三重积分。

（1）体积坐标

空间中的四个点 1，2，3，4 组成一个四面体单元，$P(x，y，z)$ 为四面体内任意一点，它与顶点 1，2，3，4 的连线将四面体 1234 分割成四个小四面体 $P123$，$P234$，$P134$，$P124$，其体积分别为 V_{P123}，V_{P234}，V_{P134}，V_{P124}，如图 5.5.4 所示。点 $P(x，y，z)$ 在单元中的位置可表示为

$$\lambda_1 = \frac{V_{P234}}{V_{1234}}，\lambda_2 = \frac{V_{P134}}{V_{1234}}，\lambda_3 = \frac{V_{P124}}{V_{1234}}，\lambda_4 = \frac{V_{P123}}{V_{1234}}$$

$$(5.5.40)$$

其中 λ_1，λ_2，λ_3，λ_4 是体积的比值，是无量纲数，称为三维自然坐标或体积坐标，它们是单元上的局部坐标。体积坐标具有以下特点：

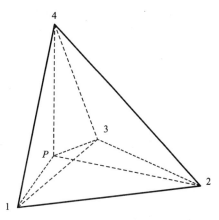

图 5.5.4　四面体的体积坐标示意图

① 根据体积坐标的定义［式(5.5.40)］，当点 $P(x，y，z)$ 分别与顶点 1，2，3，4 重合时，有

当 $P = 1$ 时，$\lambda_1 = 1$，$\lambda_2 = 0$，$\lambda_3 = 0$，$\lambda_4 = 0$；

当 $P = 2$ 时，$\lambda_1 = 0$，$\lambda_2 = 1$，$\lambda_3 = 0$，$\lambda_4 = 0$；

当 $P = 3$ 时，$\lambda_1 = 0$，$\lambda_2 = 0$，$\lambda_3 = 1$，$\lambda_4 = 0$；

当 $P = 4$ 时，$\lambda_1 = 0$，$\lambda_2 = 0$，$\lambda_3 = 0$，$\lambda_4 = 1$。

② $\lambda_1 + \lambda_2 + \lambda_3 + \lambda_4 = 1$，即体积坐标之和恒等于 1，所以只有三个坐标是独立的。

③ λ_1，λ_2，λ_3，λ_4 是 $x，y，z$ 的线性函数。用行列式计算体积 V_{P123}，V_{P234}，V_{P134}，V_{P124}，并将它们分别代入式(5.5.40)，有

$$\lambda_1 = \frac{V_{P234}}{V_{1234}} = \frac{1}{6V_{1234}} \begin{vmatrix} x & y & z & 1 \\ x_2 & y_2 & z_2 & 1 \\ x_3 & y_3 & z_3 & 1 \\ x_4 & y_4 & z_4 & 1 \end{vmatrix} = \frac{1}{6V_{1234}}(a_1 x + b_1 y + c_1 z + d_1) \quad (5.5.41)$$

其中：$a_1 = \begin{vmatrix} y_2 & z_2 & 1 \\ y_3 & z_3 & 1 \\ y_4 & z_4 & 1 \end{vmatrix}$，$b_1 = -\begin{vmatrix} x_2 & z_2 & 1 \\ x_3 & z_3 & 1 \\ x_4 & z_4 & 1 \end{vmatrix}$，$c_1 = \begin{vmatrix} x_2 & y_2 & 1 \\ x_3 & y_3 & 1 \\ x_4 & y_4 & 1 \end{vmatrix}$，$d_1 = -\begin{vmatrix} x_2 & y_2 & z_2 \\ x_3 & y_3 & z_3 \\ x_4 & y_4 & z_4 \end{vmatrix}$。

$$\lambda_2 = \frac{V_{P134}}{V_{1234}} = \frac{1}{6V_{1234}} \begin{vmatrix} x_1 & y_1 & z_1 & 1 \\ x & y & z & 1 \\ x_3 & y_3 & z_3 & 1 \\ x_4 & y_4 & z_4 & 1 \end{vmatrix} = \frac{1}{6V_{1234}}(a_2 x + b_2 y + c_2 z + d_2) \quad (5.5.42)$$

其中：$a_2 = - \begin{vmatrix} y_1 & z_1 & 1 \\ y_3 & z_3 & 1 \\ y_4 & z_4 & 1 \end{vmatrix}$, $b_2 = \begin{vmatrix} x_1 & z_1 & 1 \\ x_3 & z_3 & 1 \\ x_4 & z_4 & 1 \end{vmatrix}$, $c_2 = - \begin{vmatrix} x_1 & y_1 & 1 \\ x_3 & y_3 & 1 \\ x_4 & y_4 & 1 \end{vmatrix}$, $d_2 = \begin{vmatrix} x_1 & y_1 & z_1 \\ x_3 & y_3 & z_3 \\ x_4 & y_4 & z_4 \end{vmatrix}$。

$$\lambda_3 = \frac{V_{P124}}{V_{1234}} = \frac{1}{6V_{1234}} \begin{vmatrix} x_1 & y_1 & z_1 & 1 \\ x_2 & y_2 & z_2 & 1 \\ x & y & z & 1 \\ x_4 & y_4 & z_4 & 1 \end{vmatrix} = \frac{1}{6V_{1234}}(a_3 x + b_3 y + c_3 z + d_3) \qquad (5.5.43)$$

其中：$a_3 = \begin{vmatrix} y_1 & z_1 & 1 \\ y_2 & z_2 & 1 \\ y_4 & z_4 & 1 \end{vmatrix}$, $b_3 = - \begin{vmatrix} x_1 & z_1 & 1 \\ x_2 & z_2 & 1 \\ x_4 & z_4 & 1 \end{vmatrix}$, $c_3 = \begin{vmatrix} x_1 & y_1 & 1 \\ x_2 & y_2 & 1 \\ x_4 & y_4 & 1 \end{vmatrix}$, $d_3 = - \begin{vmatrix} x_1 & y_1 & z_1 \\ x_2 & y_2 & z_2 \\ x_4 & y_4 & z_4 \end{vmatrix}$。

$$\lambda_4 = \frac{V_{P123}}{V_{1234}} = \frac{1}{6V_{1234}} \begin{vmatrix} x_1 & y_1 & z_1 & 1 \\ x_2 & y_2 & z_2 & 1 \\ x_3 & y_3 & z_3 & 1 \\ x & y & z & 1 \end{vmatrix} = \frac{1}{6V_{1234}}(a_4 x + b_4 y + c_4 z + d_4) \qquad (5.5.44)$$

其中：$a_4 = - \begin{vmatrix} y_1 & z_1 & 1 \\ y_2 & z_2 & 1 \\ y_3 & z_3 & 1 \end{vmatrix}$, $b_4 = \begin{vmatrix} x_1 & z_1 & 1 \\ x_2 & z_2 & 1 \\ x_3 & z_3 & 1 \end{vmatrix}$, $c_4 = - \begin{vmatrix} x_1 & y_1 & 1 \\ x_2 & y_2 & 1 \\ x_3 & y_3 & 1 \end{vmatrix}$, $d_4 = \begin{vmatrix} x_1 & y_1 & z_1 \\ x_2 & y_2 & z_2 \\ x_3 & y_3 & z_3 \end{vmatrix}$。

从式(5.5.41) ~ 式(5.5.44) 可知，λ_1，λ_2，λ_3，λ_4 是 x, y, z 的线性函数，并且只与四面体的顶点坐标有关。V_{1234} 为四面体单元的体积，可用四面体的 4 个顶点坐标表示成行列式的形式：

$$V_{1234} = \frac{1}{6} \begin{vmatrix} x_2 - x_1 & y_2 - y_1 & z_2 - z_1 \\ x_3 - x_1 & y_3 - y_1 & z_3 - z_1 \\ x_4 - x_1 & y_4 - y_1 & z_4 - z_1 \end{vmatrix}$$

（2）单元积分

在四面体单元内，对体积坐标作如下积分

$$I = \iiint_{V_{1234}} \lambda_1^a \lambda_2^b \lambda_3^c \lambda_4^d \, dxdydz \qquad (5.5.45)$$

其中 a, b, c, d 是非负整数。上式有7个变量 λ_1，λ_2，λ_3，λ_4 和 x, y, z，为便于积分，将它化为三个变量 λ_1，λ_2 和 λ_3 的积分。

由于 λ_1，λ_2，λ_3，λ_4 是 x, y, z 的线性函数，因此，x 和 y 也可以表示成 λ_1，λ_2，λ_3，λ_4 的线性函数，即：

$$\begin{aligned} x &= \lambda_1 x_1 + \lambda_2 x_2 + \lambda_3 x_3 + (1 - \lambda_1 - \lambda_2 - \lambda_3) x_4 \\ &= (x_1 - x_4)\lambda_1 + (x_2 - x_4)\lambda_2 + (x_3 - x_4)\lambda_3 + x_4 \end{aligned} \qquad (5.5.46)$$

$$\begin{aligned} y &= \lambda_1 y_1 + \lambda_2 y_2 + \lambda_3 y_3 + (1 - \lambda_1 - \lambda_2 - \lambda_3) y_4 \\ &= (y_1 - y_4)\lambda_1 + (y_2 - y_4)\lambda_2 + (y_3 - y_4)\lambda_3 + y_4 \end{aligned} \qquad (5.5.47)$$

$$\begin{aligned} z &= \lambda_1 z_1 + \lambda_2 z_2 + \lambda_3 z_3 + (1 - \lambda_1 - \lambda_2 - \lambda_3) z_4 \\ &= (z_1 - z_4)\lambda_1 + (z_2 - z_4)\lambda_2 + (z_3 - z_4)\lambda_3 + z_4 \end{aligned} \qquad (5.5.48)$$

将式(5.5.46) ~ 式(5.5.48)两端分别对 λ_1、λ_2 和 λ_3 求偏导,得

$$\frac{\partial x}{\partial \lambda_1} = x_1 - x_4, \quad \frac{\partial x}{\partial \lambda_2} = x_2 - x_4, \quad \frac{\partial x}{\partial \lambda_3} = x_3 - x_4$$

$$\frac{\partial y}{\partial \lambda_1} = y_1 - y_4, \quad \frac{\partial y}{\partial \lambda_2} = y_2 - y_4, \quad \frac{\partial y}{\partial \lambda_3} = y_3 - y_4$$

$$\frac{\partial z}{\partial \lambda_1} = z_1 - z_4, \quad \frac{\partial z}{\partial \lambda_2} = z_2 - z_4, \quad \frac{\partial z}{\partial \lambda_3} = z_3 - z_4$$

根据雅可比变换,有

$$\mathrm{d}x\mathrm{d}y\mathrm{d}z = \begin{vmatrix} \dfrac{\partial x}{\partial \lambda_1} & \dfrac{\partial x}{\partial \lambda_2} & \dfrac{\partial x}{\partial \lambda_3} \\ \dfrac{\partial y}{\partial \lambda_1} & \dfrac{\partial y}{\partial \lambda_2} & \dfrac{\partial y}{\partial \lambda_3} \\ \dfrac{\partial z}{\partial \lambda_1} & \dfrac{\partial z}{\partial \lambda_2} & \dfrac{\partial z}{\partial \lambda_3} \end{vmatrix} \mathrm{d}\lambda_1 \mathrm{d}\lambda_2 \mathrm{d}\lambda_3 = \begin{vmatrix} x_1 - x_4 & x_2 - x_4 & x_3 - x_4 \\ y_1 - y_4 & y_2 - y_4 & y_3 - y_4 \\ z_1 - z_4 & z_2 - z_4 & z_3 - y_4 \end{vmatrix} \mathrm{d}\lambda_1 \mathrm{d}\lambda_2 \mathrm{d}\lambda_3$$

$$= 6V\mathrm{d}\lambda_1\mathrm{d}\lambda_2\mathrm{d}\lambda_3 \tag{5.5.49}$$

其中 V 是四面体的体积。由体积坐标的特点可知,对于 1 点:$\lambda_1 = 1$,$\lambda_2 = 0$,$\lambda_3 = 0$;对于 2 点:$\lambda_1 = 0$,$\lambda_2 = 1$,$\lambda_3 = 0$;对于 3 点:$\lambda_1 = 0$,$\lambda_2 = 0$,$\lambda_3 = 1$;对于 4 点:$\lambda_1 = 0$,$\lambda_2 = 0$,$\lambda_3 = 0$。因此,通过坐标变换可将 xyz 空间中的任意四面体变换成 $\lambda_1\lambda_2\lambda_3$ 空间中的直角边均为 1 的直角四面体,如图 5.5.5 所示。

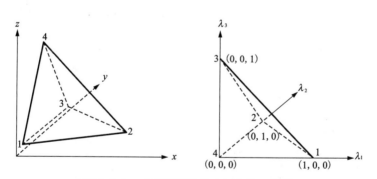

图 5.5.5　空间四面体的坐标变换示意图

将式(5.5.49)代入式(5.5.45),有

$$I = \iiint_{V_{1234}} \lambda_1^a \lambda_2^b \lambda_3^c \lambda_4^d \mathrm{d}x\mathrm{d}y\mathrm{d}z = 6V \int_0^1 \int_0^{1-\lambda_1} \int_0^{1-\lambda_1-\lambda_2} \lambda_1^a \lambda_2^b \lambda_3^c (1 - \lambda_1 - \lambda_2 - \lambda_3)^d \mathrm{d}\lambda_1 \mathrm{d}\lambda_2 \mathrm{d}\lambda_3$$

$$= 6V \int_0^1 \lambda_1^a \left\{ \int_0^{1-\lambda_1} \lambda_2^b \left[\int_0^{1-\lambda_1-\lambda_2} \lambda_3^c (1 - \lambda_1 - \lambda_2 - \lambda_3)^d \mathrm{d}\lambda_3 \right] \mathrm{d}\lambda_2 \right\} \mathrm{d}\lambda_1 \tag{5.5.50}$$

对式(5.5.50)的内层积分反复利用分部积分法,可得

$$\int_0^{1-\lambda_1-\lambda_2} \lambda_3^c (1 - \lambda_1 - \lambda_2 - \lambda_3)^d \mathrm{d}\lambda_3 = \frac{c! \ d!}{(c + d + 1)!} (1 - \lambda_1 - \lambda_2)^{(c+d+1)} \tag{5.5.51}$$

将式(5.5.51)代入式(5.5.50),有

$$I = \iiint_{V_{1234}} \lambda_1^a \lambda_2^b \lambda_3^c \lambda_4^d dxdydz = 6V \frac{c! \ d!}{(c+d+1)!} \int_0^1 \lambda_1^a \left[\int_0^{1-\lambda_1} \lambda_2^b (1-\lambda_1-\lambda_2)^{(c+d+1)} d\lambda_2 \right] d\lambda_1$$

$$(5.5.52)$$

接着，对式(5.5.52) 右端项的内层积分反复利用分部积分法，可得

$$\int_0^{1-\lambda_1} \lambda_2^b (1-\lambda_1-\lambda_2)^{(c+d+1)} d\lambda_2 = \frac{b! \ (c+d+1)!}{(b+c+d+2)!} (1-\lambda_1)^{(b+c+d+2)} \quad (5.5.53)$$

将式(5.5.53) 代入式(5.5.52)，有

$$I = \iiint_{V_{1234}} \lambda_1^a \lambda_2^b \lambda_3^c \lambda_4^d dxdydz = 6V \frac{b! \ c! \ d!}{(b+c+d+2)!} \int_0^1 \lambda_1^a (1-\lambda_1)^{(b+c+d+2)} d\lambda_1 \ (5.5.54)$$

最后，对式(5.5.54) 右端项的积分再次利用分部积分法，可得

$$I = 6V \iiint_{V_{1234}} \lambda_1^a \lambda_2^b \lambda_3^c \lambda_4^d dxdydz = 6V \frac{a! \ b! \ c! \ d!}{(a+b+c+d+3)!} \quad (5.5.55)$$

在对体积坐标作积分计算时，为便于查找积分结果，将式(5.5.55) 的积分值 I/V 与 a，b，c，d 的对应关系列于表5.5.3 中。

表5.5.3 $\dfrac{I}{V} = \dfrac{1}{V} \iiint_{V_{1234}} \lambda_1^a \lambda_2^b \lambda_3^c \lambda_4^d dxdydz$ 的积分表

$a+b+c+d$	a	b	c	d	I/V
0	0	0	0	0	1
1	1	0	0	0	1/4
2	2	0	0	0	1/10
2	1	1	0	0	1/20
3	3	0	0	0	1/20
3	2	1	0	0	1/60
3	1	1	1	0	1/120
4	4	0	0	0	1/35
4	3	1	0	0	1/140
4	2	2	0	0	1/420
4	2	1	1	0	1/210
4	1	1	1	1	1/5040
5	5	0	0	0	1/56
5	4	1	0	0	1/280
5	3	2	0	0	1/560
5	3	1	1	0	1/1120
5	2	2	1	0	1/1680
5	2	1	1	1	1/3360

（3）线性插值函数

设 u 是四面体积分区域的线性函数，可表示为

$$u = ax + by + cz + d \tag{5.5.56}$$

其中 a，b，c，d 是常数。将四面体的顶点坐标 (x_1, y_2, z_3)，(x_2, y_2, z_2)，(x_3, y_3, z_3)，(x_4, y_4, z_4) 和函数值 u_1，u_2，u_3，u_4 分别代入式(5.5.56)，可以解出系数 a，b，c，d，但这样处理比较繁琐。类比利用面积坐标构造二维空间上线性插值函数的方法，同理，利用体积坐标可构造出三维空间上的线性插值函数。

参考 5.5.1 节面积坐标与三角形形函数的关系，可知体积坐标与四面体形函数的关系，即

$$N_1 = \lambda_1, \quad N_2 = \lambda_2, \quad N_3 = \lambda_3, \quad N_4 = \lambda_4 \tag{5.5.57}$$

再根据体积坐标的定义[式(5.5.40)]及体积坐标[式(5.5.41)~式(5.5.44)]，可直接给出四面体单元中的线性插值函数

$$u = N_1 u_1 + N_2 u_2 + N_3 u_3 + N_4 u_4 = \boldsymbol{N}^{\mathrm{T}} \boldsymbol{u} \tag{5.5.58}$$

其中 $\boldsymbol{u} = \begin{bmatrix} u_1 & u_2 & u_3 & u_4 \end{bmatrix}^{\mathrm{T}}$，$\boldsymbol{N}^{\mathrm{T}} = \begin{bmatrix} N_1 & N_2 & N_3 & N_4 \end{bmatrix}$。

（4）三重积分

若已知空间四面体的顶点 1，2，3，4 的坐标 (x_1, y_2, z_3)，(x_2, y_2, z_2)，(x_3, y_3, z_3)，(x_4, y_4, z_4) 和函数值 u_1，u_2，u_3，u_4，可直接给出 u 在四面体单元中的线性函数，其形式如式(5.5.58)所示。

在四面体单元 1234 内，对函数 $f(x, y, z)$ 作三重积分。若函数

$$f(x, y, z) = \left(\frac{\partial u}{\partial x}\right)^2 + \left(\frac{\partial u}{\partial y}\right)^2 + \left(\frac{\partial u}{\partial z}\right)^2 \tag{5.5.59}$$

计算积分：$I = \iiint_V f(x, y, z) \, \mathrm{d}x \mathrm{d}y \mathrm{d}z$

解：

$$I = \iiint_V f(x, y, z) \, \mathrm{d}x \mathrm{d}y \mathrm{d}z = \iiint_V \left[\left(\frac{\partial u}{\partial x}\right)^2 + \left(\frac{\partial u}{\partial y}\right)^2 + \left(\frac{\partial u}{\partial z}\right)^2 \right] \mathrm{d}x \mathrm{d}y \mathrm{d}z$$

$$= \boldsymbol{u}^{\mathrm{T}} \left\{ \iiint_V \left[\left(\frac{\partial \boldsymbol{N}}{\partial x}\right) \left(\frac{\partial \boldsymbol{N}}{\partial x}\right)^{\mathrm{T}} + \left(\frac{\partial \boldsymbol{N}}{\partial y}\right) \left(\frac{\partial \boldsymbol{N}}{\partial y}\right)^{\mathrm{T}} + \left(\frac{\partial \boldsymbol{N}}{\partial z}\right) \left(\frac{\partial \boldsymbol{N}}{\partial z}\right)^{\mathrm{T}} \right] \mathrm{d}x \mathrm{d}y \mathrm{d}z \right\} \boldsymbol{u}$$

$$= \boldsymbol{u}^{\mathrm{T}} \left[\iiint_V \left(\frac{\partial \boldsymbol{N}}{\partial x}\right) \left(\frac{\partial \boldsymbol{N}}{\partial x}\right)^{\mathrm{T}} \mathrm{d}x \mathrm{d}y \mathrm{d}z + \iiint_V \left(\frac{\partial \boldsymbol{N}}{\partial y}\right) \left(\frac{\partial \boldsymbol{N}}{\partial y}\right)^{\mathrm{T}} \mathrm{d}x \mathrm{d}y \mathrm{d}z + \right.$$

$$\left. \iiint_V \left(\frac{\partial \boldsymbol{N}}{\partial z}\right) \left(\frac{\partial \boldsymbol{N}}{\partial z}\right)^{\mathrm{T}} \mathrm{d}x \mathrm{d}y \mathrm{d}z \right] \boldsymbol{u} \tag{5.5.60}$$

然后，对积分式的每一项分别进行三重积分，有

$$\iiint_V \left(\frac{\partial \boldsymbol{N}}{\partial x}\right) \left(\frac{\partial \boldsymbol{N}}{\partial x}\right)^{\mathrm{T}} \mathrm{d}x \mathrm{d}y \mathrm{d}z = \frac{1}{36 V_{1234}} \begin{bmatrix} a_1 \\ a_2 \\ a_3 \\ a_4 \end{bmatrix} \begin{bmatrix} a_1 & a_2 & a_3 & a_4 \end{bmatrix}$$

$$= \frac{1}{36V_{1234}}\begin{bmatrix} a_1a_1 & a_1a_2 & a_1a_3 & a_1a_4 \\ a_2a_1 & a_2a_2 & a_2a_3 & a_2a_4 \\ a_3a_1 & a_3a_2 & a_3a_3 & a_3a_4 \\ a_4a_1 & a_4a_2 & a_4a_3 & a_4a_4 \end{bmatrix} \quad (5.5.61)$$

$$\iiint_V \left(\frac{\partial N}{\partial y}\right)\left(\frac{\partial N}{\partial y}\right)^{\mathrm T}\mathrm dx\mathrm dy\mathrm dz = \frac{1}{36V_{1234}}\begin{bmatrix} b_1 \\ b_2 \\ b_3 \\ b_4 \end{bmatrix}\begin{bmatrix} b_1 & b_2 & b_3 & b_4 \end{bmatrix}$$

$$= \frac{1}{36V_{1234}}\begin{bmatrix} b_1b_1 & b_1b_2 & b_1b_3 & b_1b_4 \\ b_2b_1 & b_2b_2 & b_2b_3 & b_2b_4 \\ b_3b_1 & b_3b_2 & b_3b_3 & b_3b_4 \\ b_4b_1 & b_4b_2 & b_4b_3 & b_4b_4 \end{bmatrix} \quad (5.5.62)$$

$$\iiint_V \left(\frac{\partial N}{\partial z}\right)\left(\frac{\partial N}{\partial z}\right)^{\mathrm T}\mathrm dx\mathrm dy\mathrm dz = \frac{1}{36V_{1234}}\begin{bmatrix} c_1 \\ c_2 \\ c_3 \\ c_4 \end{bmatrix}\begin{bmatrix} c_1 & c_2 & c_3 & c_4 \end{bmatrix}$$

$$= \frac{1}{36V_{1234}}\begin{bmatrix} c_1c_1 & c_1c_2 & c_1c_3 & c_1c_4 \\ c_2c_1 & c_2c_2 & c_2c_3 & c_2c_4 \\ c_3c_1 & c_3c_2 & c_3c_3 & c_3c_4 \\ c_4c_1 & c_4c_2 & c_4c_3 & c_4c_4 \end{bmatrix} \quad (5.5.63)$$

将式(5.5.61)、式(5.5.62)和式(5.5.63)代入式(5.5.60)，即可得到积分结果

$$I = \iiint_V f(x, y, z)\mathrm dx\mathrm dy\mathrm dz = \boldsymbol u^{\mathrm T}\boldsymbol k\boldsymbol u$$

其中

$$\boldsymbol k = \frac{1}{36V_{1234}}\begin{bmatrix} a_1a_1+b_1b_1+c_1c_1 & a_1a_2+b_1b_2+c_1c_2 & a_1a_3+b_1b_3+c_1c_3 & a_1a_4+b_1b_4+c_1c_4 \\ a_2a_1+b_2b_1+c_2c_1 & a_2a_2+b_2b_2+c_2c_2 & a_2a_3+b_2b_3+c_2c_3 & a_2a_4+b_2b_4+c_2c_4 \\ a_3a_1+b_3b_1+c_3c_1 & a_3a_2+b_3b_2+c_3c_2 & a_3a_3+b_3b_3+c_3c_3 & a_3a_4+b_3b_4+c_3c_4 \\ a_4a_1+b_4b_1+c_4c_1 & a_4a_2+b_4b_2+c_4c_2 & a_4a_3+b_4b_3+c_4c_3 & a_4a_4+b_4b_4+c_4c_4 \end{bmatrix},$$

而 a_i, b_i, $c_i(i=1,2,3,4)$ 是与四面体顶点坐标有关的常数，具体见式(5.5.41)~式(5.5.44)。同样，可以看出 $\boldsymbol k$ 矩阵的元素具有对称分布的特点。

5.5.4　六面体区域的三重积分

(1) 坐标变换

如图 5.5.6(a) 所示，已知 $\xi\eta\zeta$ 空间上的正方体单元，顶点编号及坐标分别为 1：(−1，−1，1)，2：(−1，−1，−1)，3：(1，−1，−1)，4：(1，−1，1)，5：(−1，1，1)，6：(−1，1，−1)，7：(1，1，−1)，8：(1，1，1)。构造形函数

$$N_1 = \frac{1}{8}(1-\xi)(1-\eta)(1+\zeta),\ N_2 = \frac{1}{8}(1-\xi)(1-\eta)(1-\zeta)$$

$$N_3 = \frac{1}{8}(1+\xi)(1-\eta)(1-\zeta),\ N_4 = \frac{1}{8}(1+\xi)(1-\eta)(1+\zeta)$$

$$N_5 = \frac{1}{8}(1-\xi)(1+\eta)(1+\zeta),\ N_6 = \frac{1}{8}(1-\xi)(1+\eta)(1-\zeta)$$

$$N_7 = \frac{1}{8}(1+\xi)(1+\eta)(1-\zeta),\ N_8 = \frac{1}{8}(1+\xi)(1+\eta)(1+\zeta)$$

(5.5.64)

或统一写成

$$N_i = \frac{1}{8}(1+\xi_i\xi)(1+\eta_i\eta)(1+\zeta_i\zeta) \tag{5.5.65}$$

其中 ξ_i，η_i，ζ_i 为点 i（$i = 1, 2, \cdots, 8$）的坐标。

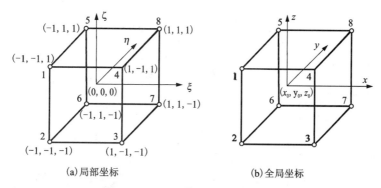

(a) 局部坐标 　　　　　　　　　(b) 全局坐标

图 5.5.6　六面体坐标变换示意图

　　已知三维空间 xyz 中六面体的顶点坐标和函数值分别为 (x_i, y_i, z_i) 和 u_i，$i = 1, 2, \cdots, 8$，如图 5.5.6(b) 所示。若函数 u 在六面体区域内满足三线性变化，则在六面体中 u，x，y，z 可表示成

$$u = \sum_{i=1}^{8} N_i u_i,\ x = \sum_{i=1}^{8} N_i x_i,\ y = \sum_{i=1}^{8} N_i y_i,\ z = \sum_{i=1}^{8} N_i z_i \tag{5.5.66}$$

同理，经坐标变换可将 xyz 空间的函数 $u(x, y, z)$ 变换为 $\xi\eta\zeta$ 空间的函数 $u(\xi, \eta, \zeta)$。

　　将式(5.5.66) 两端分别对 x 和 y 求偏导，得

$$\frac{\partial u}{\partial x} = \sum_{i=1}^{8} \frac{\partial N_i}{\partial x} u_i,\ \frac{\partial u}{\partial y} = \sum_{i=1}^{8} \frac{\partial N_i}{\partial y} u_i,\ \frac{\partial u}{\partial z} = \sum_{i=1}^{8} \frac{\partial N_i}{\partial z} u_i \tag{5.5.67}$$

由于 N_i 是 x，y，z 的隐函数，需要作如下变换才能计算 $\partial N_i/\partial x$、$\partial N_i/\partial y$、$\partial N_i/\partial z$，$i = 1, 2, \cdots, 8$。将 N_i 分别对 ξ，η，ζ 求偏导：

$$\frac{\partial N_i}{\partial \xi} = \frac{\partial N_i}{\partial x}\frac{\partial x}{\partial \xi} + \frac{\partial N_i}{\partial y}\frac{\partial y}{\partial \xi} + \frac{\partial N_i}{\partial z}\frac{\partial z}{\partial \xi}$$

$$\frac{\partial N_i}{\partial \eta} = \frac{\partial N_i}{\partial x}\frac{\partial x}{\partial \eta} + \frac{\partial N_i}{\partial y}\frac{\partial y}{\partial \eta} + \frac{\partial N_i}{\partial z}\frac{\partial z}{\partial \eta}$$

$$\frac{\partial N_i}{\partial \zeta} = \frac{\partial N_i}{\partial x}\frac{\partial x}{\partial \zeta} + \frac{\partial N_i}{\partial y}\frac{\partial y}{\partial \zeta} + \frac{\partial N_i}{\partial z}\frac{\partial z}{\partial \zeta}$$

写成矩阵形式，有

$$\begin{bmatrix} \dfrac{\partial N_i}{\partial \xi} \\[2mm] \dfrac{\partial N_i}{\partial \eta} \\[2mm] \dfrac{\partial N_i}{\partial \zeta} \end{bmatrix} = \begin{bmatrix} \dfrac{\partial x}{\partial \xi} & \dfrac{\partial y}{\partial \xi} & \dfrac{\partial z}{\partial \xi} \\[2mm] \dfrac{\partial x}{\partial \eta} & \dfrac{\partial y}{\partial \eta} & \dfrac{\partial z}{\partial \eta} \\[2mm] \dfrac{\partial x}{\partial \zeta} & \dfrac{\partial y}{\partial \zeta} & \dfrac{\partial z}{\partial \zeta} \end{bmatrix} \begin{bmatrix} \dfrac{\partial N_i}{\partial x} \\[2mm] \dfrac{\partial N_i}{\partial y} \\[2mm] \dfrac{\partial N_i}{\partial z} \end{bmatrix} = \boldsymbol{J} \begin{bmatrix} \dfrac{\partial N_i}{\partial x} \\[2mm] \dfrac{\partial N_i}{\partial y} \\[2mm] \dfrac{\partial N_i}{\partial z} \end{bmatrix} \tag{5.5.68}$$

其中

$$\boldsymbol{J} = \begin{vmatrix} \dfrac{\partial x}{\partial \xi} & \dfrac{\partial y}{\partial \xi} & \dfrac{\partial z}{\partial \xi} \\[3mm] \dfrac{\partial x}{\partial \eta} & \dfrac{\partial y}{\partial \eta} & \dfrac{\partial z}{\partial \eta} \\[3mm] \dfrac{\partial x}{\partial \zeta} & \dfrac{\partial y}{\partial \zeta} & \dfrac{\partial z}{\partial \zeta} \end{vmatrix} \tag{5.5.69}$$

对式(5.5.68)求逆，得

$$\begin{bmatrix} \dfrac{\partial N_i}{\partial x} \\[2mm] \dfrac{\partial N_i}{\partial y} \\[2mm] \dfrac{\partial N_i}{\partial z} \end{bmatrix} = \boldsymbol{J}^{-1} \begin{bmatrix} \dfrac{\partial N_i}{\partial \xi} \\[2mm] \dfrac{\partial N_i}{\partial \eta} \\[2mm] \dfrac{\partial N_i}{\partial \zeta} \end{bmatrix} = \frac{\boldsymbol{J}^*}{|\boldsymbol{J}|} \begin{bmatrix} \dfrac{\partial N_i}{\partial \xi} \\[2mm] \dfrac{\partial N_i}{\partial \eta} \\[2mm] \dfrac{\partial N_i}{\partial \zeta} \end{bmatrix} = \frac{1}{|\boldsymbol{J}|} \begin{bmatrix} \dfrac{\partial y}{\partial \eta}\dfrac{\partial z}{\partial \zeta} - \dfrac{\partial y}{\partial \zeta}\dfrac{\partial z}{\partial \eta} & \dfrac{\partial y}{\partial \zeta}\dfrac{\partial z}{\partial \xi} - \dfrac{\partial y}{\partial \xi}\dfrac{\partial z}{\partial \zeta} & \dfrac{\partial y}{\partial \xi}\dfrac{\partial z}{\partial \eta} - \dfrac{\partial y}{\partial \eta}\dfrac{\partial z}{\partial \xi} \\[2mm] \dfrac{\partial x}{\partial \zeta}\dfrac{\partial z}{\partial \eta} - \dfrac{\partial x}{\partial \eta}\dfrac{\partial z}{\partial \zeta} & \dfrac{\partial x}{\partial \xi}\dfrac{\partial z}{\partial \zeta} - \dfrac{\partial x}{\partial \zeta}\dfrac{\partial z}{\partial \xi} & \dfrac{\partial x}{\partial \eta}\dfrac{\partial z}{\partial \xi} - \dfrac{\partial x}{\partial \xi}\dfrac{\partial z}{\partial \eta} \\[2mm] \dfrac{\partial x}{\partial \eta}\dfrac{\partial y}{\partial \zeta} - \dfrac{\partial x}{\partial \zeta}\dfrac{\partial y}{\partial \eta} & \dfrac{\partial x}{\partial \zeta}\dfrac{\partial y}{\partial \xi} - \dfrac{\partial x}{\partial \xi}\dfrac{\partial y}{\partial \zeta} & \dfrac{\partial x}{\partial \xi}\dfrac{\partial y}{\partial \eta} - \dfrac{\partial x}{\partial \eta}\dfrac{\partial y}{\partial \xi} \end{bmatrix} \begin{bmatrix} \dfrac{\partial N_i}{\partial \xi} \\[2mm] \dfrac{\partial N_i}{\partial \eta} \\[2mm] \dfrac{\partial N_i}{\partial \zeta} \end{bmatrix}$$

其中 $\boldsymbol{J}^{-1}$ 为 $\boldsymbol{J}$ 的逆矩阵；$\boldsymbol{J}^*$ 为 $\boldsymbol{J}$ 的伴随矩阵；$|\boldsymbol{J}|$ 为 $\boldsymbol{J}$ 的行列式。因此，有

$$\frac{\partial N_i}{\partial x} = \frac{1}{|\boldsymbol{J}|}\left[\left(\frac{\partial y}{\partial \eta}\frac{\partial z}{\partial \zeta} - \frac{\partial y}{\partial \zeta}\frac{\partial z}{\partial \eta}\right)\frac{\partial N_i}{\partial \xi} + \left(\frac{\partial y}{\partial \zeta}\frac{\partial z}{\partial \xi} - \frac{\partial y}{\partial \xi}\frac{\partial z}{\partial \zeta}\right)\frac{\partial N_i}{\partial \eta} + \left(\frac{\partial y}{\partial \xi}\frac{\partial z}{\partial \eta} - \frac{\partial y}{\partial \eta}\frac{\partial z}{\partial \xi}\right)\frac{\partial N_i}{\partial \zeta}\right]$$

$$= \frac{1}{|\boldsymbol{J}|}F_{ix}(\xi, \eta, \zeta)$$

$$\frac{\partial N_i}{\partial y} = \frac{1}{|\boldsymbol{J}|}\left[\left(\frac{\partial x}{\partial \zeta}\frac{\partial z}{\partial \eta} - \frac{\partial x}{\partial \eta}\frac{\partial z}{\partial \zeta}\right)\frac{\partial N_i}{\partial \xi} + \left(\frac{\partial x}{\partial \xi}\frac{\partial z}{\partial \zeta} - \frac{\partial x}{\partial \zeta}\frac{\partial z}{\partial \xi}\right)\frac{\partial N_i}{\partial \eta} + \left(\frac{\partial x}{\partial \eta}\frac{\partial z}{\partial \xi} - \frac{\partial x}{\partial \xi}\frac{\partial z}{\partial \eta}\right)\frac{\partial N_i}{\partial \zeta}\right]$$

$$= \frac{1}{|\boldsymbol{J}|}F_{iy}(\xi, \eta, \zeta)$$

$$\frac{\partial N_i}{\partial z} = \frac{1}{|\boldsymbol{J}|}\left[\left(\frac{\partial x}{\partial \eta}\frac{\partial y}{\partial \zeta} - \frac{\partial x}{\partial \zeta}\frac{\partial y}{\partial \eta}\right)\frac{\partial N_i}{\partial \xi} + \left(\frac{\partial x}{\partial \zeta}\frac{\partial y}{\partial \xi} - \frac{\partial x}{\partial \xi}\frac{\partial y}{\partial \zeta}\right)\frac{\partial N_i}{\partial \eta} + \left(\frac{\partial x}{\partial \xi}\frac{\partial y}{\partial \eta} - \frac{\partial x}{\partial \eta}\frac{\partial y}{\partial \xi}\right)\frac{\partial N_i}{\partial \zeta}\right]$$

$$= \frac{1}{|\boldsymbol{J}|}F_{iz}(\xi, \eta, \zeta)$$

$$i = 1, 2, \cdots, 8 \tag{5.5.70}$$

下面求行列式 $|\boldsymbol{J}|$。首先将式(5.5.66)两端分别对 ξ、η 和 ζ 求偏导，得

$$\frac{\partial x}{\partial \xi} = \sum_{i=1}^{8} \frac{\partial N_i}{\partial \xi} x_i, \quad \frac{\partial x}{\partial \eta} = \sum_{i=1}^{8} \frac{\partial N_i}{\partial \eta} x_i, \quad \frac{\partial x}{\partial \zeta} = \sum_{i=1}^{8} \frac{\partial N_i}{\partial \zeta} x_i$$

$$\left. \frac{\partial y}{\partial \xi} = \sum_{i=1}^{8} \frac{\partial N_i}{\partial \xi} y_i, \quad \frac{\partial y}{\partial \eta} = \sum_{i=1}^{8} \frac{\partial N_i}{\partial \eta} y_i, \quad \frac{\partial y}{\partial \zeta} = \sum_{i=1}^{8} \frac{\partial N_i}{\partial \zeta} y_i \right\} \quad (5.5.71)$$

$$\frac{\partial z}{\partial \xi} = \sum_{i=1}^{8} \frac{\partial N_i}{\partial \xi} z_i, \quad \frac{\partial z}{\partial \eta} = \sum_{i=1}^{8} \frac{\partial N_i}{\partial \eta} z_i, \quad \frac{\partial z}{\partial \zeta} = \sum_{i=1}^{8} \frac{\partial N_i}{\partial \zeta} z_i$$

将式(5.5.71)代入式(5.5.69)，得

$$\boldsymbol{J} = \begin{bmatrix} \sum_{i=1}^{8} \frac{\partial N_i}{\partial \xi} x_i & \sum_{i=1}^{8} \frac{\partial N_i}{\partial \xi} y_i & \sum_{i=1}^{8} \frac{\partial N_i}{\partial \xi} z_i \\ \sum_{i=1}^{8} \frac{\partial N_i}{\partial \eta} x_i & \sum_{i=1}^{8} \frac{\partial N_i}{\partial \eta} y_i & \sum_{i=1}^{8} \frac{\partial N_i}{\partial \eta} z_i \\ \sum_{i=1}^{8} \frac{\partial N_i}{\partial \zeta} x_i & \sum_{i=1}^{8} \frac{\partial N_i}{\partial \zeta} y_i & \sum_{i=1}^{8} \frac{\partial N_i}{\partial \zeta} z_i \end{bmatrix} \quad (5.5.72)$$

其中

$$\left. \begin{aligned} \frac{\partial N_i}{\partial \xi} &= \frac{1}{8}(1 + \eta_i \eta)(1 + \zeta_i \zeta)\xi_i \\ \frac{\partial N_i}{\partial \eta} &= \frac{1}{8}(1 + \xi_i \xi)(1 + \zeta_i \zeta)\eta_i \\ \frac{\partial N_i}{\partial \zeta} &= \frac{1}{8}(1 + \xi_i \xi)(1 + \eta_i \eta)\zeta_i \end{aligned} \right\}, \quad i = 1, 2, \cdots, 8 \quad (5.5.73)$$

（2）三重积分

在任意六面体单元内，对函数 $f(x, y, z)$ 作三重积分。若函数

$$f(x, y, z) = \left(\frac{\partial u}{\partial x}\right)^2 + \left(\frac{\partial u}{\partial y}\right)^2 + \left(\frac{\partial u}{\partial z}\right)^2 \quad (5.5.74)$$

计算积分：$I = \iiint_V f(x, y, z)\mathrm{d}x\mathrm{d}y\mathrm{d}z$

解：

$$I = \iiint_V f(x, y, z)\mathrm{d}x\mathrm{d}y\mathrm{d}z = \iiint_V \left(\frac{\partial u}{\partial x}\right)^2 + \left(\frac{\partial u}{\partial y}\right)^2 + \left(\frac{\partial u}{\partial z}\right)^2 \mathrm{d}x\mathrm{d}y\mathrm{d}z$$

$$= \boldsymbol{u}^{\mathrm{T}} \left\{ \iiint_V \left[\left(\frac{\partial \boldsymbol{N}}{\partial x}\right)\left(\frac{\partial \boldsymbol{N}}{\partial x}\right)^{\mathrm{T}} + \left(\frac{\partial \boldsymbol{N}}{\partial y}\right)\left(\frac{\partial \boldsymbol{N}}{\partial y}\right)^{\mathrm{T}} + \left(\frac{\partial \boldsymbol{N}}{\partial z}\right)\left(\frac{\partial \boldsymbol{N}}{\partial z}\right)^{\mathrm{T}} \right] \mathrm{d}x\mathrm{d}y\mathrm{d}z \right\} \boldsymbol{u}$$

$$(5.5.75)$$

已知雅可比变换式

$$\mathrm{d}x\mathrm{d}y\mathrm{d}z = \begin{vmatrix} \dfrac{\partial x}{\partial \xi} & \dfrac{\partial y}{\partial \xi} & \dfrac{\partial z}{\partial \xi} \\ \dfrac{\partial x}{\partial \eta} & \dfrac{\partial y}{\partial \eta} & \dfrac{\partial z}{\partial \eta} \\ \dfrac{\partial x}{\partial \zeta} & \dfrac{\partial y}{\partial \zeta} & \dfrac{\partial z}{\partial \zeta} \end{vmatrix} \mathrm{d}\xi\mathrm{d}\eta\mathrm{d}\zeta = |\boldsymbol{J}|\mathrm{d}\xi\mathrm{d}\eta\mathrm{d}\zeta \quad (5.5.76)$$

然后,将式(5.5.70)、式(5.5.71)、式(5.5.76)代入式(5.5.75),得

$$I = \boldsymbol{u}^\mathrm{T}\left\{\int_{-1}^1\int_{-1}^1\int_{-1}^1\left[\frac{F_{ix}(\xi,\eta,\zeta)F_{jx}(\xi,\eta,\zeta)}{|\boldsymbol{J}|}+\frac{F_{iy}(\xi,\eta,\zeta)F_{jy}(\xi,\eta,\zeta)}{|\boldsymbol{J}|}+\right.\right.$$
$$\left.\left.\frac{F_{iz}(\xi,\eta,\zeta)F_{jz}(\xi,\eta,\zeta)}{|\boldsymbol{J}|}\right]\mathrm{d}\xi\mathrm{d}\eta\mathrm{d}\zeta\right\}\boldsymbol{u}=\boldsymbol{u}^\mathrm{T}\boldsymbol{k}\boldsymbol{u} \tag{5.5.77}$$

其中

$$\boldsymbol{k}=(k_{ij}),$$
$$k_{ij}=\int_{-1}^1\int_{-1}^1\int_{-1}^1\left[\frac{F_{ix}(\xi,\eta,\zeta)F_{jx}(\xi,\eta,\zeta)}{|\boldsymbol{J}|}+\frac{F_{iy}(\xi,\eta,\zeta)F_{jy}(\xi,\eta,\zeta)}{|\boldsymbol{J}|}+\right.$$
$$\left.\frac{F_{iy}(\xi,\eta,\zeta)F_{jy}(\xi,\eta,\zeta)}{|\boldsymbol{J}|}\right]\mathrm{d}\xi\mathrm{d}\eta\mathrm{d}\zeta,\quad i,j=1,2,\cdots,8$$

对于$k_{ij}(i,j=1,2,\cdots,8)$的积分,需要利用5.4.1节介绍的一维高斯–勒让德积分法,并将其拓展为三重积分,具体如下:

$$\int_{-1}^1\int_{-1}^1\int_{-1}^1 f(\xi,\eta,\zeta)\mathrm{d}\xi\mathrm{d}\eta\mathrm{d}\zeta=\int_{-1}^1\int_{-1}^1\left[\int_{-1}^1 f(\xi,\eta,\zeta)\mathrm{d}\xi\right]\mathrm{d}\eta\mathrm{d}\zeta$$
$$\approx\int_{-1}^1\int_{-1}^1\left[\sum_{i=1}^M A_i f(\xi_i,\eta,\zeta)\right]\mathrm{d}\eta\mathrm{d}\zeta$$
$$\approx\sum_{i=1}^M A_i\int_{-1}^1\left[\int_{-1}^1 f(\xi_i,\eta,\zeta)\mathrm{d}\eta\right]\mathrm{d}\zeta$$
$$\approx\sum_{i=1}^M A_i\int_{-1}^1\left[\sum_{j=1}^N A_j f(\xi_i,\eta_j,\zeta)\right]\mathrm{d}\zeta$$
$$\approx\sum_{i=1}^M\sum_{j=1}^N A_i A_j\int_{-1}^1 f(\xi_i,\eta_j,\zeta)\mathrm{d}\zeta$$
$$\approx\sum_{i=1}^M\sum_{j=1}^N\sum_{k=1}^L A_i A_j A_k f(\xi_i,\eta_j,\zeta_k)$$

其中M,N,L分别为ξ,η,ζ方向的高斯节点数。

习　题

1. 采用变步长梯形积分法和龙贝格积分法分别计算下列积分:

$$(1)\int_0^3 \mathrm{e}^x\sin x\mathrm{d}x,\quad(2)\int_0^2\frac{1}{1+x}\mathrm{d}x$$

要求准确到10^{-7},并对比两种数值积分方法的收敛速度。

2. 地球卫星轨道是一个椭圆,椭圆周长的计算公式是

$$S=4a\int_0^{\frac{\pi}{2}}\sqrt{1-\left(\frac{c}{a}\right)^2\sin^2\theta}\ \mathrm{d}\theta$$

其中a是椭圆的半长轴,c是地球中心与轨道中心(椭圆中心)的距离,记h为近地点的距离,H为远地点距离,$R=6371\ \mathrm{km}$为地球半径,则$a=(2R+H+h)/2$,$c=(H-h)/2$。我国第一颗人造地球卫星近地点距离$h=439\ \mathrm{km}$,远地点距离$H=2384\ \mathrm{km}$,采用龙贝格积分法求卫星轨道的周长。

3. 根据 5.5.1 节的内容，若已知平面上任意三角形的三点坐标 (x_1, y_1)，(x_2, y_2)，(x_3, y_3) 和函数值 u_1, u_2, u_3，并且在三角形区域内函数 $u(x, y)$ 满足双线性变化，编写三角形区域的二重积分程序，计算积分：

$$I = \iint_s \left[\left(\frac{\partial u}{\partial x} \right)^2 + \left(\frac{\partial u}{\partial y} \right)^2 + u^2 \right] \mathrm{d}x\mathrm{d}y$$

4. 根据 5.5.2 节的内容，若已知平面上任意四边形的四点坐标 (x_1, y_1)，(x_2, y_2)，(x_3, y_3)，(x_4, y_4) 和函数值 u_1, u_2, u_3, u_4，并且在四边形区域内函数 $u(x, y)$ 满足双线性变化，编写四边形区域的二重积分程序，计算积分：

$$I = \iint_s \left[\left(\frac{\partial u}{\partial x} \right)^2 + \left(\frac{\partial u}{\partial y} \right)^2 + u^2 \right] \mathrm{d}x\mathrm{d}y$$

5. 根据 5.5.3 节的内容，若已知三维空间中任意四面体四点坐标 (x_1, y_1, z_1)，(x_2, y_2, z_2)，(x_3, y_3, z_3)，(x_4, y_4, z_4) 和函数值 u_1, u_2, u_3, u_4，并且在四面体区域内函数 $u(x, y, z)$ 满足三线性变化，编写四面体区域的三重积分程序，计算积分：

$$I = \iiint_V \left[\left(\frac{\partial u}{\partial x} \right)^2 + \left(\frac{\partial u}{\partial y} \right)^2 + \left(\frac{\partial u}{\partial z} \right)^2 \right] \mathrm{d}x\mathrm{d}y\mathrm{d}z$$

6. 根据 5.5.4 节的内容，若已知三维空间中任意六面体的顶点坐标和函数值分别为 (x_i, y_i, z_i) 和 u_i，$i = 1, 2, \cdots, 8$，并且在六面体区域内函数 $u(x, y, z)$ 满足三线性变化，编写六面体区域的三重积分程序，计算积分：

$$I = \iiint_V \left[\left(\frac{\partial u}{\partial x} \right)^2 + \left(\frac{\partial u}{\partial y} \right)^2 + \left(\frac{\partial u}{\partial z} \right)^2 \right] \mathrm{d}x\mathrm{d}y\mathrm{d}z$$

第6章 数值微分

微分和积分是一对互逆的数学运算。数值微分是根据函数 $f(x)$ 在某些离散点的函数值，推算它在某些点处的一阶导数或高阶导数的近似计算方法。通常采用差商代替导数，或者用一个可以近似代替函数 $f(x)$ 的可微函数 $S(x)$（如多项式函数或样条函数等），进而可将 $S(x)$ 的导数值作为 $f(x)$ 导数的近似值。在地球物理中，常常通过对观测数据曲线作数值微分来突出弱异常信息。

6.1 中点方法

根据导数的定义，函数 $f(x)$ 在 $x = a$ 点的导数为

$$f'(a) = \lim_{h \to 0} \frac{f(a+h) - f(a)}{h}$$

在数值微分中，考虑到舍入误差，步长 h 作为一小量不可能无限小，因此，若对微分的精度要求不高，可以简单地用差商代替导数[3]：

向前差商： $$f'(a) \approx \frac{f(a+h) - f(a)}{h} \qquad (6.1.1)$$

向后差商： $$f'(a) \approx \frac{f(a) - f(a-h)}{h} \qquad (6.1.2)$$

中心差商： $$f'(a) \approx \frac{f(a+h) - f(a-h)}{2h} \qquad (6.1.3)$$

式(6.1.3)是式(6.1.1)和式(6.1.2)的算术平均值，该式称为数值微分的中点方法或中点公式。如图6.1.1所示，三种导数的近似值分别表示弦线 AB、AC 和 BC 的斜率，比较弦线 BC 与切线 AT(其斜率等于 $f'(a)$)的平行程度，很显然，BC 的斜率更接近于切线 AT 的斜率。因此，就精度而言，式(6.1.3)更为可取。

要利用中心公式

$$G(h) = \frac{f(a+h) - f(a-h)}{2h} \qquad (6.1.4)$$

计算导数值 $f'(a)$ 的近似值，首先必须选取合适的

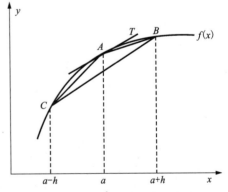

图6.1.1 三种差商公式示意图

步长，为此需要进行误差分析。首先将 $f(a \pm h)$ 在 $x = a$ 处作泰勒展开，有

$$f(a \pm h) = f(a) \pm hf^{(1)}(a) + \frac{h^2}{2!}f^{(2)}(a) \pm \frac{h^3}{3!}f^{(3)}(a) + \frac{h^4}{4!}f^{(4)}(a) \pm \frac{h^5}{5!}f^{(5)}(a) + \cdots$$

将其代入式(6.1.4)得

$$G(h) = f^{(1)}(a) + \frac{h^2}{3!}f^{(3)}(a) + \frac{h^4}{5!}f^{(5)}(a) + \cdots \tag{6.1.5}$$

对于式(6.1.5)，从截断误差的角度分析，步长 h 越小，计算结果越准确。对于式(6.1.4)，从舍入误差的角度分析，步长 h 越小，$f(a+h)$ 与 $f(a-h)$ 就越接近，两个相近的数相减会造成有效数字的严重损失，因此，步长不宜太小。

综上所述，步长过大，则截断误差显著；但如果步长太小，又会导致舍入误差的增长。在实际计算时，我们希望在保证截断误差满足精度要求的前提下选取尽可能大的步长，然而事先给定一个合适的步长往往是困难的，通常在变步长的过程中实现步长的自动选择。

现将式(6.1.5)表示为如下形式

$$G(h) = f'(a) + a_1 h^2 + a_2 h^4 + a_3 h^6 + \cdots \tag{6.1.6}$$

其中系数 a_1，a_2，a_3，$\cdots$ 与步长 h 无关。若将步长二分，则有

$$G\left(\frac{h}{2}\right) = f'(a) + \frac{a_1}{4}h^2 + \frac{a_2}{16}h^4 + \frac{a_3}{64}h^6 + \cdots \tag{6.1.7}$$

若用式(6.1.7)乘以 4 减去式(6.1.6)除以 3 后，有

$$G_1(h) = \frac{4}{3}G\left(\frac{h}{2}\right) - \frac{1}{3}G(h) = f'(a) + \beta_1 h^4 + \beta_2 h^6 + \cdots \approx f'(a) \tag{6.1.8}$$

其中 β_1，β_2，$\cdots$ 与步长 h 无关。用 $G_1(h)$ 近似差商值 $f'(a)$，误差阶为 $O(h^4)$，比式(6.1.6)的误差阶 $O(h^2)$ 提高了，这种外推算法称为理查逊(Richardson)外推算法。

与上述做法类似，从式(6.1.8)出发，当步长 h 再次二分，有

$$G_1\left(\frac{h}{2}\right) = f'(a) + \beta_1\left(\frac{h}{2}\right)^4 + \beta_2\left(\frac{h}{2}\right)^6 + \cdots \tag{6.1.9}$$

若用式(6.1.9)乘以 16 减去式(6.1.8)再除以 15 后，有

$$G_2(h) = \frac{16}{15}G_1\left(\frac{h}{2}\right) - \frac{1}{15}G_1(h) = f'(a) + \gamma_1(h)^6 + \gamma_2(h)^8 + \cdots \approx f'(a) \tag{6.1.10}$$

这样用 $G_2(h)$ 近似差商值 $f'(a)$，其误差阶为 $O(h^6)$。

重复同样的做法，可以导出下列加速公式

$$G_3(h) = \frac{64}{63}G_2\left(\frac{h}{2}\right) - \frac{1}{63}G_2(h) = f'(a) + \mu_1(h)^8 + \cdots \approx f'(a) \tag{6.1.11}$$

这种加速过程还可以继续下去，但加速的效果越来越不显著。

将式(6.1.8)、式(6.1.10)和式(6.1.11)写成统一形式

$$G_m(h) = \frac{4^m}{4^m-1}G_{m-1}\left(\frac{h}{2}\right) - \frac{1}{4^m-1}G_{m-1}(h), \ m = 1, 2, \cdots \tag{6.1.12}$$

由式(6.1.12)可以给出中点差商的加速计算格式，如表 6.1.1 所示。

表 6.1.1　中点差商的加速计算格式

G	G_1	G_2	G_3	G_4
① $G(h)$				
② $G\left(\dfrac{h}{2}\right)$	③ $G_1(h)$			
④ $G\left(\dfrac{h}{2^2}\right)$	⑤ $G_1\left(\dfrac{h}{2}\right)$	⑥ $G_2(h)$		
⑦ $G\left(\dfrac{h}{2^3}\right)$	⑧ $G_1\left(\dfrac{h}{2^2}\right)$	⑨ $G_2\left(\dfrac{h}{2}\right)$	⑩ $G_3(h)$	
……	……	……	……	……

【例 6.1】 用外推法计算 $f(x) = x^2 \mathrm{e}^{-x}$ 在 $x = 0.5$ 处的导数。（注：$f'(0.5) = 0.454\ 897\ 994$）

解： 令

$$G(h) = \frac{1}{2h}\left[\left(\frac{1}{2} + h\right)^2 \mathrm{e}^{-\left(\frac{1}{2}+h\right)} - \left(\frac{1}{2} - h\right)^2 \mathrm{e}^{-\left(\frac{1}{2}-h\right)}\right]$$

当 $h = 0.1,\ 0.05,\ 0.025$ 时，将其分别代入上式，并根据表 6.1.1 的计算格式，计算结果如表 6.1.2 所示。从表中可以看出，当 $h = 0.025$ 时，用中点差商公式只有 3 位有效数字，外推一次达到 5 位有效数字，外推两次达到 9 位有效数字，可见采用外推加速法的收敛速度是非常快的。

表 6.1.2　中心差商的加速计算结果

0.1	①0.451 604 908 1		
0.05	②0.454 076 169 3	③0.454 899 923 1	
0.025	④0.454 692 628 8	⑤ 0.454 898 115 2	⑥ 0.454 897 994

6.2　三次样条函数求导法

6.2.1　求导算法

根据第 3 章介绍的三次样条插值方法可知，通过求解三弯矩方程：

$$\begin{bmatrix} 2 & 1 & & & & \\ a_1 & 2 & c_1 & & & \\ & a_2 & 2 & c_2 & & \\ & & \ddots & \ddots & \ddots & \\ & & & a_{n-1} & 2 & c_{n-1} \\ & & & & 1 & 2 \end{bmatrix} \begin{bmatrix} M_0 \\ M_1 \\ M_2 \\ \vdots \\ M_{n-1} \\ M_n \end{bmatrix} = \begin{bmatrix} d_0 \\ d_1 \\ d_2 \\ \vdots \\ d_{n-1} \\ d_n \end{bmatrix}$$

就可以得到结点处的二阶导数 $S''(x_j) = M_j (j = 0, 1, \cdots, n)$，然后，将插值结点处的二阶导数 M_{j-1}、M_j 分别代入：

（1）三次样条函数：

$$S_j(x) = \frac{(x_j - x)^3}{6h_j} M_{j-1} + \frac{(x - x_{j-1})^3}{6h_j} M_j + \left(y_{j-1} - \frac{M_{j-1} h_j^2}{6} \right) \frac{x_j - x}{h_j} + \left(y_j - \frac{M_j h_j^2}{6} \right) \frac{x - x_{j-1}}{h_j} \qquad (6.2.1)$$

（2）三次样条函数的一阶导数：

$$S'_j(x) = -\frac{(x_j - x)^2}{2h_j} M_{j-1} + \frac{(x - x_{j-1})^2}{2h_j} M_j + \frac{y_j - y_{j-1}}{h_j} - \frac{M_j - M_{j-1}}{6} h_j \qquad (6.2.2)$$

（3）三次样条函数的二阶导数：

$$S''_j(x) = \frac{x_j - x}{h_j} M_{j-1} + \frac{x - x_{j-1}}{h_j} M_j \qquad (6.2.3)$$

即可求出 $[x_{j-1}, x_j] (j = 1, 2, \cdots, n)$ 区间任意一点的插值结果、一阶导数和二阶导数。

6.2.2 程序设计与数值实验

（1）程序设计

本节的数据文件格式与 3.2 节相同。根据给定的已知数据点，采用三次样条函数对待插结点进行一维插值，并计算一阶导数和二阶导数。编写的程序具体如程序代码 6.2.1 所示。

程序代码 6.2.1 采用三次样条函数计算一维插值、一阶导数和二阶导数的程序代码

```
#include<iostream>
#include<iomanip>
#include<fstream>
using namespace std;
struct points{
    double x;
    double y;
};
//=================================================//
//函数名称：SortAndDelRepeatedPoints()
//函数目的：排序并删除重复的数据点。
//参数说明：xy：已知数据点
//          n：数据点的个数
//=================================================//
void SortAndDelRepeatedPoints(points * xy, int& n)
{
    /////////////////////////////////////////////////
    //用选择排序算法对 X 排序
```

```
    for (int i = 0; i < n - 1; i++)
    {
        int k = i;
        for (int j = i + 1; j < n; j++) if (xy[j].x < xy[k].x) k = j;
        if (k ! = i) swap(xy[i], xy[k]);
    }
    //////////////////////////////////////////////////////////////
    //删除重复的数据点
    for (int i = 0; i < n - 1; i++)
    {
        if (fabs(xy[i].x - xy[i + 1].x) < 1e-6)
        {
            for (int j = i + 1; j < n - 1; j++) xy[j] = xy[j + 1];
            n--; i--;
        }
    }
}
//=================================================//
//函数名称:GetFileName()
//函数目的:读取文件名
//=================================================//
string GetFileName()
{
    cout << endl << endl;
    cout << "           !! ========================== !!" << endl;
    cout << "           !!                             !!" << endl;
    cout << "           !!       请输入插值数据文件名       !!" << endl;
    cout << "           !!                             !!" << endl;
    cout << "           !! ========================== !!" << endl;
    string FileName;
    cin >> FileName;
    return FileName;
}
//=================================================//
//函数名称: LoadData()
//函数目的: 读取数据文件
//参数说明: xy : 已知数据点
//          DNum : 已知数据点个数
//           xyi : 待插数据点
//          INum : 待插数据点个数
//=================================================//
```

```
void LoadData(points * & xy, int& DNum, points * & xyi, int& INum)
{
    //打开数据文件读取数据
    string FileName = GetFileName();
    ifstream infile;
    infile.open(FileName, ios::in);
    if (infile.fail())
    {
        cout << endl << endl;
        cout <<"                    !! ==========================!!"<< endl;
        cout <<"                    !!                          !!"<< endl;
        cout <<"                    !!      此文件格式不对或不存在      !!"<< endl;
        cout <<"                    !!                          !!"<< endl;
        cout <<"                    !! ==========================!!"<< endl;
        //重新输入插值次数
        LoadData(xy, DNum, xyi, INum);
    }
    infile>>DNum;
    if (DNum< 2)
    {
        cout <<"已知数据点个数必须>=2!"<< endl;
        LoadData(xy, DNum, xyi, INum);
    }
    xy = new points[DNum];   //已知点(x, y)
    for (int i = 0; i <DNum; i++) infile >>xy[i].x >>xy[i].y;
    //////////////////////////////////////////////////////////////////
    //读取待插点的个数和 x 坐标
    infile>>INum;
    if (INum< 2)
    {
        cout <<"待插数据点个数必须>=1!"<< endl;
        LoadData(xy, DNum, xyi, INum);
    }
    xyi = new points[INum];   //待插点(xi, yi)
    for (int i = 0; i <INum; i++) infile >>xyi[i].x;
    infile.close();
}
//=============================================================//
//函数名称:OutputFile()
//函数目的:将计算结果输出到文件
//=============================================================//
```

```
void OutputFile(points * xyi, double * dy, double * ddy, const int n)
{
    ////////////////////////////////////////////////////////////////////////////
    //将计算结果输出到文件
    ofstream output;
    output.open("CalResultFile.dat", ios::out);
    output<< setw(10) <<"XI"<< setw(25) <<"YI"<< setw(25)<<"DY"<< setw(25) <<"DDY"
    << endl;
    output<< setiosflags(ios::fixed) << setprecision(5);
    for (int i = 0; i <n; i++)
    {
        output << setw(10) <<xyi[i].x << setw(20) <<xyi[i].y << setw(20)<<dy[i] << setw(20)
        <<ddy[i] << endl;
    }
    output.close();
    ////////////////////////////////////////////////////////////////////////////
    cout<< endl << endl;
    cout<<"        !! ==================================== !!"<< endl;
    cout<<"        !!                程序结束!              !!"<< endl;
    cout<<"        !! ==================================== !!"<< endl;
    cout<<"        !! ------------------------------------ !!"<< endl;
    cout<<"        !!      计算结果保存到文件: CalResultFile.dat   !!"<< endl;
    cout<<"        !! ------------------------------------ !!"<< endl;
    cout<<"        !! ==================================== !!"<< endl;
}
//=============================================================//
//函数名称: spline()
//函数目的: 基于三次样条函数计算一维插值,一阶导数,二阶导数
//参数说明: xy : 已知点的的x、y值
//          m : 已知点的数据个数
//          xyi : 未知点的的x、y值
//           dy : x结点处的一阶导数
//           ddy : x结点处的二阶导数
//           n : 未知点的数据个数
//=============================================================//
void spline(points * xy, int m, points * xyi, double * dy, double * ddy, int n)
{
    double * xyddy = new double[m];
    double * U = new double[m];
    double h0, h1, a, d, L;
    xyddy[0] = 0;
```

```
U[0] = 0.5;// c[0] / 2;
h0 = xy[1].x - xy[0].x;
for (int i = 1; i <m - 1; i++)
{
    h1 = xy[i + 1].x - xy[i].x;
    //左次对角线元素 a
    a = h0 / (h1 + h0);
    //方程右端项
    d = 6 * ((xy[i + 1].y - xy[i].y) / h1 - (xy[i].y - xy[i - 1].y) / h0) / (h1 + h0);
    //AX = LUX = D
    //分解 L, 主对角线元素
    L = 2 - a * U[i - 1];
    //分解 U, 上次对角线
    U[i] = (1 - a) / L;
    //LY = D, 追的过程
    xyddy[i] = (d - a * xyddy[i - 1]) / L;
    h0 = h1;
}
xyddy[m - 1] = -xyddy[m - 2] / (2 - U[m - 2]);
//UX = Y, 赶的过程, 得到中间结点的二阶导数
for (int i = m - 2; i >= 0; i--) xyddy[i] -= U[i] * xyddy[i + 1];
/////////////////////////////////////////////////////////////////////////
//基于三次样条函数计算一维插值, 一阶导数, 二阶导数
for (int j = 0; j <n; j++)
{
    //外延
    if (xyi[j].x <xy[0].x)
    {
        //外延
        xyi[j].y = xy[0].y;
        //一阶导数
        dy[j] = 0;
        //二阶导数
        ddy[j] = 0;
    }
    else if (xyi[j].x >xy[m - 1].x)
    {
        //外延
        xyi[j].y = xy[m - 1].y;
        //一阶导数
        dy[j] = 0;
```

```
            //二阶导数
            ddy[j] = 0;
        }
        else
        {   //内插
            int i = 0;
            while (xyi[j].x >xy[i + 1].x) i = i + 1;
            double h = xy[i + 1].x - xy[i].x;
            double a = xy[i + 1].x - xyi[j].x;
            double b = xyi[j].x - xy[i].x;
            //插值
            xyi[j].y = a * a * a * xyddy[i] / (6 * h);
            xyi[j].y += b * b * b * xyddy[i + 1] / (6 * h);
            xyi[j].y += (xy[i].y / h - xyddy[i] * h / 6) * a;
            xyi[j].y += (xy[i + 1].y / h - xyddy[i + 1] * h / 6) * b;
            //一阶导数
            dy[j] = -a * a * xyddy[i] / (2 * h);
            dy[j] += b * b * xyddy[i + 1] / (2 * h);
            dy[j] += (xy[i + 1].y - xy[i].y) / h;
            dy[j] -= (xyddy[i + 1] - xyddy[i]) * h / 6;
            //二阶导数
            ddy[j] = (a * xyddy[i] + b * xyddy[i + 1]) / h;
        }
    }
    delete[]U; delete[]xyddy;
}
//=================================================================//
//函数名称:CalDerivativeAndInterWithSpline()
//函数目的:调用三次样条函数计算一维插值、一阶导数、二阶导数
//=================================================================//
void CalDerivativeAndInterWithSpline()
{
    int DNum, INum;
    points * xy, * xyi;
    //从文件导入数据
    LoadData(xy, DNum, xyi, INum);
    /////////////////////////////////////////////////////////////////
    //对已知点进行排序,并删除掉重复的点
    SortAndDelRepeatedPoints(xy, DNum);
    if (DNum < 2)
    {
```

```
        cout <<"已知数据点个数必须>=2!"<< endl;
        //释放内存
        delete[ ]xy; delete[ ]xyi;
        //重新调用插值、求导函数
        CalDerivativeAndInterWithSpline();
    }
    double * dy = new double[INum];
    double * ddy = new double[INum];
    /////////////////////////////////////////////////////////////////////////
    //调用三次样条函数计算一维插值、一阶导数、二阶导数
    spline(xy, DNum, xyi, dy, ddy, INum);
    /////////////////////////////////////////////////////////////////////////
    //将计算结果输出到文件
    OutputFile(xyi, dy, ddy, INum);
    /////////////////////////////////////////////////////////////////////////
    //释放内存
    delete[ ]xy; delete[ ]xyi; delete[ ]dy; delete[ ]ddy;
    /////////////////////////////////////////////////////////////////////////
    //重新调用插值、求导函数
    CalDerivativeAndInterWithSpline();
}
//===========================================================//
//函数名称:main()
//===========================================================//
int main()
{
    cout<< endl << endl;
    cout<<"          !! =========================== !!"<< endl;
    cout<<"          !!            基于三次样条插值函数              !!"<< endl;
    cout<<"          !! =========================== !!"<< endl;
    cout<<"          !!        计算离散点的一维插值/一阶导数/二阶导数        !!"<< endl;
    cout<<"          !! ------------------------------------- !!"<< endl;
    cout<<"          !! ------------------------------------- !!"<< endl;
    cout<<"          !! =========================== !!"<< endl;
    //调用插值、求导函数
    CalDerivativeAndInterWithSpline();
    system("pause");
    return 0;
}
```

（2）数值实验

【**例6.2**】 下面基于三次样条函数求导法，计算函数 $f(x) = x^2 e^{-x}$ 在区间 $[0, 12]$ 的一阶导数和二阶导数，采样间隔取为 0.05，计算结果如图 6.2.1 所示。从图中可以看出，采用三次样条函数计算各结点处的一阶导数和二阶导数，计算结果的总体形态与解析公式 [一阶导数：$f'(x) = (2x - x^2)e^{-x}$，二阶导数：$f''(x) = (2 - 4x + x^2)e^{-x}$] 的计算结果基本重合，但在 $x = 0$ 附近的一阶导数和二阶导数仍存在较大误差，这主要是由于三弯矩方程的边界条件（边界结点处的一阶导数）是采用差分结果近似代替的，因此导致了计算结果的偏差。在实际中，利用三次样条函数计算离散点处的一阶导数和二阶导数时，若能给定准确的边界条件，可以得到更好的计算结果；若不能给定准确的边界条件，可尝试与6.1节方法结合计算数值微分。

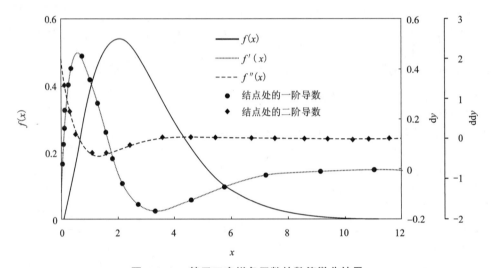

图 6.2.1　基于三次样条函数的数值微分结果

6.3　拟 MQ 函数求导法

6.3.1　求导算法

根据 3.4 节可知拟 MQ 函数为

$$Qf(x) = \frac{1}{2}\left[f_0 + f_n + \frac{f_1 - f_0}{x_1 - x_0}(x - x_0) + \frac{f_{n-1} - f_n}{x_{n-1} - x_n}(x - x_n)\right] +$$
$$\frac{1}{2}\sum_{i=1}^{n-1}\left(\frac{f_{i+1} - f_i}{x_{i+1} - x_i} - \frac{f_i - f_{i-1}}{x_i - x_{i-1}}\right)\varphi_i(x) \tag{6.3.1}$$

对式（6.3.1）求导，得到拟 MQ 函数的一阶导数：

$$Qf'(x) = \frac{1}{2}\left[\frac{f_1 - f_0}{x_1 - x_0} + \frac{f_{n-1} - f_n}{x_{n-1} - x_n} + \sum_{i=1}^{n-1}\left(\frac{f_{i+1} - f_i}{x_{i+1} - x_i} - \frac{f_i - f_{i-1}}{x_i - x_{i-1}}\right)\varphi_i'(x)\right] \tag{6.3.2}$$

其中 $\varphi_i'(x) = \dfrac{x - x_i}{\sqrt{(x - x_i)^2 + s^2}}$。

对式(6.3.2)再求一次导数,即可得到拟 MQ 函数的二阶导数:

$$Qf''(x) = \frac{1}{2} \sum_{i=1}^{n-1} \left(\frac{f_{i+1} - f_i}{x_{i+1} - x_i} - \frac{f_i - f_{i-1}}{x_i - x_{i-1}} \right) \varphi''_i(x) \tag{6.3.3}$$

其中 $\varphi''_i(x) = \dfrac{s^2}{[(x - x_i)^2 + s^2]^{3/2}}$。

6.3.2 程序设计与数值实验

(1)程序设计

根据给定的已知数据点,采用拟 MQ 函数对待插结点进行一维插值,并利用式(6.3.2)和式(6.3.3)分别计算一阶导数和二阶导数,输入和输出的数据文件格式与 6.2 节相同。编写的程序具体如程序代码 6.3.1 所示。

程序代码 6.3.1 采用拟 MQ 函数计算一维插值、一阶导数和二阶导数的程序代码

```
#include<iostream>
#include<iomanip>
#include<fstream>
using namespace std;
struct points {
    double x;
    double y;
};
//=====================================================//
//函数名称:SortAndDelRepeatedPoints()
//函数目的:排序并删除重复的数据点。
//参数说明:xy:已知数据点
//         n:数据点的个数
//=====================================================//
void SortAndDelRepeatedPoints(points * xy, int& n)
{
    ///////////////////////////////////////////////////
    //用选择排序算法对 X 排序
    for (int i = 0; i <n - 1; i++)
    {
        int k = i;
        for (int j = i + 1; j <n; j++) if (xy[j].x <xy[k].x) k = j;
        if (k ! = i)swap(xy[i], xy[k]);
    }
    ///////////////////////////////////////////////////
```

```
        //删除重复的数据点
        for (int i = 0; i < n - 1; i++)
        {
            if (fabs(xy[i].x - xy[i + 1].x) < 1e-6)
            {
                for (int j = i + 1; j < n - 1; j++)xy[j] = xy[j + 1];
                n--; i--;
            }
        }
}
//================================================//
//函数名称:GetFileName()
//函数目的:读取文件名
//================================================//
string GetFileName()
{
    cout<< endl << endl;
    cout<<"                !! ============================!!"<< endl;
    cout<<"                !!                              !!"<< endl;
    cout<<"                !!        请输入插值数据文件名        !!"<< endl;
    cout<<"                !!                              !!"<< endl;
    cout<<"                !! ============================!!"<< endl;
    string FileName;
    cin>> FileName;
    return FileName;
}
//================================================//
//函数名称: LoadData()
//函数目的: 读取数据文件
//参数说明: xy : 已知数据点
//          DNum : 已知数据点个数
//           xyi : 待插数据点
//          INum : 待插数据点个数
//================================================//
void LoadData(points * & xy, int& DNum, points * & xyi, int& INum)
{
    //打开数据文件读取数据
    string FileName = GetFileName();
```

194

```
    ifstream infile;
    infile.open(FileName,ios::in);
    if (infile.fail())
    {
        cout << endl << endl;
        cout <<"               !! ============================!!"<< endl;
        cout <<"               !!                            !!"<< endl;
        cout <<"               !!      此文件格式不对或不存在      !!"<< endl;
        cout <<"               !!                            !!"<< endl;
        cout <<"               !! ============================!!"<< endl;
        //重新输入插值次数
        LoadData(xy, DNum, xyi, INum);
    }
    infile>>DNum;
    if (DNum< 2)
    {
        cout <<"已知数据点个数必须>=2!"<< endl;
        LoadData(xy, DNum, xyi, INum);
    }
    xy = new points[DNum];   //已知点(x,y)
    for (int i = 0; i <DNum; i++) infile >>xy[i].x >>xy[i].y;
    ////////////////////////////////////////////////////////////////
    //读取待插点的个数和 x 坐标
    infile>>INum;
    if (INum< 2)
    {
        cout <<"待插数据点个数必须>=1!"<< endl;
        LoadData(xy, DNum, xyi, INum);
    }
    xyi = new points[INum];   //待插点(xi,yi)
    for (int i = 0; i <INum; i++) infile >>xyi[i].x;
    infile.close();
}
//==============================================================//
//函数名称:OutputFile()
//函数目的:将计算结果输出到文件
//==============================================================//
void OutputFile(points * xyi, double * dy, double * ddy, const int n)
```

```
{
    /////////////////////////////////////////////////////////////////////////
    //将计算结果输出到文件
    ofstream output;
    output.open("CalResultFile.dat", ios::out);
    output<< setw(10) <<"XI"<< setw(25) <<"YI"<< setw(25) <<"DY"
    << setw(25) <<"DDY"<< endl;
    output<< setiosflags(ios::fixed) << setprecision(5);
    for (int i = 0; i <n; i++)
    {
        output << setw(10) <<xyi[i].x << setw(20) <<xyi[i].y << setw(20) <<dy[i]
        << setw(20) <<ddy[i] << endl;
    }
    output.close();
    /////////////////////////////////////////////////////////////////////////
    cout<< endl << endl;
    cout<<"          !! ================================== !!"<< endl;
    cout<<"          !!                 程序结束!                 !!"<< endl;
    cout<<"          !! ================================== !!"<< endl;
    cout<<"          !! ------------------------------------ !!"<< endl;
    cout<<"          !!    计算结果保存到文件: CalResultFile.dat    !!"<< endl;
    cout<<"          !! ------------------------------------ !!"<< endl;
    cout<<"          !! ================================== !!"<< endl;
}
//=========================================================//
//函数名称: PseudoMultiQuadric()
//函数目的: 基于拟 MQ 计算一维插值、一阶导数和二阶导数
//参数说明: xy : 已知点的 x、y 值
//            m : 已知点的数据个数
//             s : 平滑系数
//            xyi : 未知点的 x、y 值
//             dy : x 结点处的一阶导数
//            ddy : x 结点处的二阶导数
//             n : 未知点的数据个数
//=========================================================//
void PseudoMultiQuadric(points * xy, int m, double s, points * xyi, double * dy,
                        double * ddy, int n)
{
```

```
    double xx, fx, dqf, ddqf, fj, dif, dfj, ddfj;
    for (int i = 0; i <n; i++)
    {
        ////////////////////////////////////////////////////////////////////////////////
        //插值
        if (xyi[i].x <xy[0].x)            xx = xy[0].x;
        else if (xyi[i].x >xy[m - 1].x)   xx = xy[m - 1].x;
        else                              xx = xyi[i].x;
        //一维插值
        fx = xy[0].y + xy[m - 1].y;
        fx += (xy[1].y - xy[0].y) * (xx - xy[0].x) / (xy[1].x - xy[0].x);
        fx += (xy[m - 2].y - xy[m - 1].y) * (xx - xy[m - 1].x) / (xy[m - 2].x - xy[m - 1].x);
        //一阶导数
        dqf = (xy[1].y - xy[0].y) / (xy[1].x - xy[0].x);
        dqf += (xy[m - 2].y - xy[m - 1].y) / (xy[m - 2].x - xy[m - 1].x);
        //二阶导数
        ddqf = 0;
        for (int j = 1; j <m - 1; j++)
        {
            //一维插值
            fj = sqrt((xx - xy[j].x) * (xx - xy[j].x) + s * s);
            dif = (xy[j + 1].y - xy[j].y) / (xy[j + 1].x - xy[j].x);
            dif -= (xy[j].y - xy[j - 1].y) / (xy[j].x - xy[j - 1].x);
            fx += dif * fj;
            //一阶导数
            dfj = (xx - xy[j].x) / fj;
            dqf += dif * dfj;
            //二阶导数
            ddfj = s * s / pow(fj, 3);
            ddqf += dif * ddfj;
        }
        xyi[i].y = fx / 2;
        dy[i] = dqf / 2;
        ddy[i] = ddqf / 2;
    }
}
//=====================================================================//
//函数名称:CalDerivativeAndInterWithPseudoMQ()
//函数目的:调用拟 MQ 函数计算一维插值、一阶导数、二阶导数
```

```
//=====================================================================//
void CalDerivativeAndInterWithPseudoMQ()
{
    int DNum, INum;
    points * xy, * xyi;
    //从文件导入数据
    LoadData(xy, DNum, xyi, INum);
    //////////////////////////////////////////////////////////////////
    //对已知点进行排序,并删除掉重复的点
    SortAndDelRepeatedPoints(xy, DNum);
    if (DNum < 2)
    {
        cout <<"已知数据点个数必须>=2!"<< endl;
        //释放内存
        delete[ ]xy; delete[ ]xyi;
        //重新调用插值、求导函数
        CalDerivativeAndInterWithPseudoMQ();
    }
    double * dy = new double[ INum];
    double * ddy = new double[ INum];
    //////////////////////////////////////////////////////////////////
    //调用拟MQ函数计算一维插值、一阶导数、二阶导数
    double h = 0;
    for (int i = 0; i < DNum - 1; i++)
    {
        if (xy[ i + 1].x - xy[ i].x > h)h = xy[ i + 1].x - xy[ i].x;
    }
    double s = h / 5;
    PseudoMultiQuadric(xy, DNum, s, xyi, dy, ddy, INum);
    //////////////////////////////////////////////////////////////////
    //将计算结果输出到文件
    OutputFile(xyi, dy, ddy, INum);
    //////////////////////////////////////////////////////////////////
    //释放内存
    delete[ ]xy; delete[ ]xyi; delete[ ]dy; delete[ ]ddy;
    //////////////////////////////////////////////////////////////////
    //重新调用插值、求导函数
    CalDerivativeAndInterWithPseudoMQ();
}
//=====================================================================//
//函数名称:main()
```

```
//=======================================================//
int main()
{
    cout<< endl << endl;
    cout<<"          !! ========================================= !!"<< endl;
    cout<<"          !!              基于拟 Multi-Quadric 函数          !!"<< endl;
    cout<<"          !! ========================================= !!"<< endl;
    cout<<"          !!        计算离散点的一维插值/一阶导数/二阶导数        !!"<< endl;
    cout<<"          !! --------------------------------------- !!"<< endl;
    cout<<"          !! --------------------------------------- !!"<< endl;
    cout<<"          !! ========================================= !!"<< endl;
    //调用插值、求导函数
    CalDerivativeAndInterWithPseudoMQ();
    system("pause");
    return 0;
}
```

(2)数值实验

【例 6.3】　下面分别利用拟 MQ 函数和三次样条函数,对新疆清河县地下水勘查的直流电测深曲线计算一维插值(fitting curve)、一阶导数(FD)和二阶导数(SD),具体如图 6.3.1 和图 6.3.2 所示。从电测深曲线可以看出,在极距 AB/2 为 90 m 和 125 m 的位置存在微弱的低阻异常,通过对电测深曲线计算一阶导数和二阶导数,使两个位置的弱异常幅度增大,因此,利用数值微分可以提取地球物理原始数据曲线的弱异常信息,但是有一点要注意,若原始曲线存在干扰点,通过数值微分干扰点的异常也将被放大。由于拟 MQ 函数相对原始曲线有一定的平滑,使得图 6.3.1 和图 6.3.2 中一阶导数和二阶导数曲线的幅度有所差别。

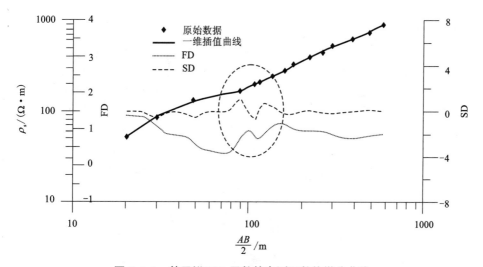

图 6.3.1　基于拟 MQ 函数的电测深数值微分曲线

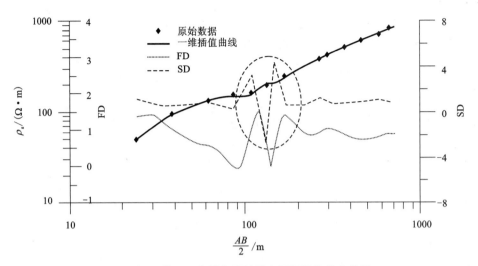

图 6.3.2　基于三次样条函数的电测深数值微分曲线

6.4　平面网格化数据的方向导数

利用第 3 章 3.5 节和 3.6 节介绍的两种二维插值方法，可以将平面离散数据网格化成规则网格的数据，在此基础上可以计算出网格节点上任意方向的一阶或二阶导数，借此分析数据沿导数方向的变化规律，有助于提取平面数据的弱异常信息。

6.4.1　一阶方向导数

图 6.4.1(a) 为计算一阶导数的结点分布图，其中 Z_E，Z_W，Z_S，Z_N 为计算结点 Z 周围的四个属性值，Δx 和 Δy 分别为 x 方向和 y 方向结点间的间距。利用 6.1 节介绍的中心差商公式 (6.1.3)，可近似计算出中心点 Z 处沿 x 和 y 方向的一阶导数：

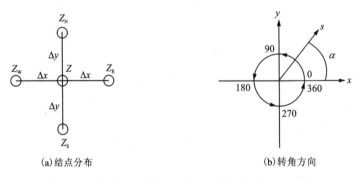

(a)结点分布　　　　　　　　(b)转角方向

图 6.4.1　计算一阶差分的结点分布与转角方向示意图

$$\frac{\mathrm{d}Z}{\mathrm{d}x} \approx \frac{Z_E - Z_W}{2\Delta x}$$

$$\frac{\mathrm{d}Z}{\mathrm{d}y} \approx \frac{Z_N - Z_S}{2\Delta y}$$

对于任意方向 s 的一阶导数可近似表示为

$$\frac{\mathrm{d}Z}{\mathrm{d}s} \approx \frac{Z_\mathrm{E} - Z_\mathrm{W}}{2\Delta x}\cos\alpha + \frac{Z_\mathrm{N} - Z_\mathrm{S}}{2\Delta y}\sin\alpha \tag{6.4.1}$$

其中 $\alpha \in [0, 360]$ 为求导方向与 x 方向的夹角，如图 6.4.1(b) 所示。

6.4.2 二阶方向导数

若函数 $f(x, y)$ 在区间 $x, y \in (-\infty, +\infty)$ 上二阶连续可微，则可以计算其在任意方向 s 的二阶导数：

$$\frac{\mathrm{d}^2 f(x, y)}{\mathrm{d}s^2} = \frac{\mathrm{d}\left[\dfrac{\mathrm{d}f(x, y)}{\mathrm{d}s}\right]}{\mathrm{d}s} = \frac{\mathrm{d}\left[\dfrac{\mathrm{d}f(x, y)}{\mathrm{d}x}\cos\alpha + \dfrac{\mathrm{d}f(x, y)}{\mathrm{d}y}\sin\alpha\right]}{\mathrm{d}s}$$

$$= \frac{\mathrm{d}^2 f(x, y)}{\mathrm{d}x^2}\cos^2\alpha + 2\frac{\mathrm{d}^2 f(x, y)}{\mathrm{d}x\mathrm{d}y}\cos\alpha\sin\alpha + \frac{\mathrm{d}^2 f(x, y)}{\mathrm{d}y^2}\sin^2\alpha$$

$$\tag{6.4.2}$$

图 6.4.2 为计算二阶差分的网格节点分布示意图，若 x 和 y 方向的结点间距分别为 Δx 和 Δy。Z_E, Z_W, Z_S, Z_N, Z_NE, Z_NW, Z_SW, Z_SE 为计算结点 Z 周围的八个属性值。

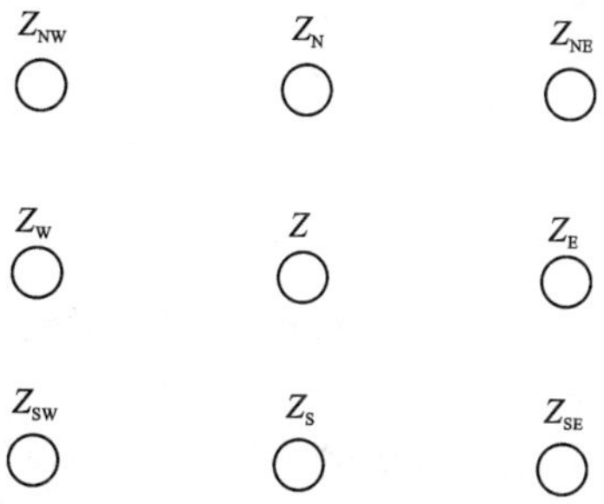

图 6.4.2 计算二阶差分的结点分布图

同理，采用中心差商计算四个方向的二阶导数：

$$\left.\begin{aligned}
\frac{\mathrm{d}^2 Z}{\mathrm{d}x^2} &\approx \frac{Z_\mathrm{E} - 2Z + Z_\mathrm{W}}{\Delta x^2} \\[2mm]
\frac{\mathrm{d}^2 Z}{\mathrm{d}y^2} &\approx \frac{Z_\mathrm{N} - 2Z + Z_\mathrm{S}}{\Delta y^2} \\[2mm]
\frac{\mathrm{d}^2 Z}{\mathrm{d}x\mathrm{d}y} &\approx \frac{Z_\mathrm{NE} - Z_\mathrm{NW} - Z_\mathrm{SE} + Z_\mathrm{SW}}{4\Delta x\Delta y}
\end{aligned}\right\} \tag{6.4.3}$$

将式(6.4.3) 代入式(6.4.2)，即可得到任意方向 s 的二阶导数的近似计算公式：

$$\frac{\mathrm{d}^2 Z}{\mathrm{d}s^2} = \frac{\mathrm{d}^2 Z}{\mathrm{d}x^2}\cos^2\alpha + 2\cdot\frac{\mathrm{d}^2 Z}{\mathrm{d}x\mathrm{d}y}\cos\alpha\sin\alpha + \frac{\mathrm{d}^2 Z}{\mathrm{d}y^2}\sin^2\alpha$$

$$= \frac{Z_\mathrm{E} - 2Z + Z_\mathrm{W}}{\Delta x^2}\cos^2\alpha + \frac{Z_\mathrm{NE} - Z_\mathrm{NW} - Z_\mathrm{SE} + Z_\mathrm{SW}}{2\Delta x\Delta y}\cos\alpha\sin\alpha +$$

$$\frac{Z_\mathrm{N} - 2Z + Z_\mathrm{S}}{\Delta y^2}\sin^2\alpha$$

$$\tag{6.4.4}$$

6.4.3 程序设计与数值实验

（1）程序设计

利用上述一阶方向导数和二阶方向导数的计算方法，根据3.5节或3.6节网格化的数据文件 * . grd，计算网格结点处任意方向的一阶导数和二阶导数，编写的程序具体如程序代码6.4.1所示。

程序代码6.4.1 计算方向导数的程序代码

```cpp
#include<string>
#include<iostream>
#include<iomanip>
#include<fstream>
using namespace std;
//==================================================//
//函数名称:GetFileName()
//函数目的:读取文件名
//==================================================//
string GetFileName()
{
    cout<< endl << endl;
    cout<<"        !! =============================== !!"<< endl;
    cout<<"        !!         计算一阶和二阶方向导数         !!"<< endl;
    cout<<"        !! =============================== !!"<< endl;
    cout<<"        !!          以中心差分代替微分          !!"<< endl;
    cout<<"        !! ------------------------------- !!"<< endl;
    cout<<"        !! ------------------------------- !!"<< endl;
    cout<<"        !! =============================== !!"<< endl;

    cout<< endl << endl;
    cout<<"            !! =========================== !!"<< endl;
    cout<<"            !!                           !!"<< endl;
    cout<<"            !!         请输入插值数据文件名         !!"<< endl;
    cout<<"            !!                           !!"<< endl;
    cout<<"            !! =========================== !!"<< endl;
    string FileName;
    cin>> FileName;
    return FileName;
}
//==================================================//
//函数名称: ReadGridFile()
//函数目的: 读取网格化文件
```

```
//参数说明:  str:读取文件头
//           z:网格结点的属性值
//      xNodesNum:x向网格结点数
//      yNodesNum:y向网格结点数
//        xmin:网格区域的x向最小值
//        xmax:网格区域的x向最大值
//        ymin:网格区域的y向最小值
//        ymax:网格区域的y向最大值
//        zmin:网格属性的最小值
//        zmax:网格属性的最大值
//============================================================//
string ReadGridFile(string& str, double * & z, int& xNodesNum, int& yNodesNum,
                    double& xmin, double& xmax, double& ymin, double& ymax,
                    double& zmin, double& zmax)
{
    //打开网格化文件读取数据
    string FileName = GetFileName();
    ifstream infile;
    infile.open(FileName, ios::in);
    if (infile.fail())
    {
        cout << endl << endl;
        cout <<"              !! ========================= !!"<< endl;
        cout <<"              !!                           !!"<< endl;
        cout <<"              !!          此文件格式不对或不存在          !!"<< endl;
        cout <<"              !!                           !!"<< endl;
        cout <<"              !! ========================= !!"<< endl;
        //重新输入文件网格化
        ReadGridFile(str, z, xNodesNum, yNodesNum, xmin, xmax, ymin, ymax, zmin, zmax);
    }
    infile>>str;
    infile>>xNodesNum>>yNodesNum;
    infile>>xmin>>xmax;
    infile>>ymin>>ymax;
    infile>>zmin>>zmax;
    int GridNodesNum = xNodesNum * yNodesNum;
    z = new double[GridNodesNum];
    for (int i = 0; i < GridNodesNum; i++)infile >>z[i];
    infile.close();
    return FileName;
}
//============================================================//
```

```
//函数名称:InputAngle()
//函数目的:读取方位角
//参数说明:alpha:方位角
//=================================================//
void InputAngle(double &alpha)
{
    //读取方位角
    cout<< endl << endl;
    cout<<"            !! ==================================!!"<< endl;
    cout<<"            !!                                  !!"<< endl;
    cout<<"            !!        输入方向角 alpha: <0-360>  !!"<< endl;
    cout<<"            !! -------------------------------- !!"<< endl;
    cout<<"            !!          x 方向角度为 0 度.       !!"<< endl;
    cout<<"            !!          y 方向角度为 90 度.      !!"<< endl;
    cout<<"            !!                                  !!"<< endl;
    cout<<"            !! ==================================!!"<< endl;
    cin>>alpha;
    if (alpha< 0 || alpha>360) InputAngle(alpha);
}
//=================================================//
//函数名称:InRange()
//函数目的:判别网格节点是否在有效的属性值范围内
//        zmin,zmax 为属性值的范围
//
//        结点的位置关系:
//            znw----zn-----zne
//             |      |       |
//            zw-----zz-----ze
//             |      |       |
//            zsw----zs-----zse
//
//=================================================//
bool InRange(double zmin, double zmax, double zz,
             double ze, double zw, double zs, double zn,
             double zne, double znw, double zsw, double zse)
{
    if (zz<zmin || zz>zmax ||
        ze<zmin || ze>zmax || zw<zmin || zw>zmax ||
        zs<zmin || zs>zmax || zn<zmin || zn>zmax ||
        zne<zmin || zne>zmax || znw<zmin || znw>zmax ||
        zsw<zmin || zsw>zmax || zse<zmin || zse>zmax ) return false;
```

```
        return true;
}
//=========================================================//
//函数名称:CalDirectDerivatives()
//函数目的:计算一阶和二阶方向导数
//=========================================================//
void CalDirectDerivatives()
{
    string str;
    double * z, xmin, xmax, ymin, ymax, zmin, zmax;
    int xNodesNum, yNodesNum;
    string FileName = ReadGridFile(str, z, xNodesNum, yNodesNum, xmin, xmax,
                                   ymin, ymax, zmin, zmax);
    ////////////////////////////////////////////////////////////////////
    //读取角度
    double alpha;
    InputAngle(alpha);
    alpha /= 180;
    ////////////////////////////////////////////////////////////////////
    //计算一阶方向导数和二阶方向导数
    double xd = (xmax - xmin) / (xNodesNum - 1);
    double yd = (ymax - ymin) / (yNodesNum - 1);
    int GridNum = xNodesNum * yNodesNum;
    double * FirDerivatives = new double[GridNum];   //一阶方向导数
    double * SecDerivatives = new double[GridNum];   //二阶方向导数
    for (int i = 0; i < GridNum; i++)
    {
        FirDerivatives[i] = SecDerivatives[i] = DBL_MAX;
    }
    double cosa = cos(alpha);
    double cosas = cosa * cosa;
    double sina = sin(alpha);
    double sinas = sina * sina;
    double cosasina = cosa * sina;
    double xds = xd * xd;
    double xd2 = 2 * xd;
    double yds = yd * yd;
    double yd2 = 2 * yd;
    double xyd2 = 2 * xd * yd;
    double fdmin = DBL_MAX;
    double fdmax = -DBL_MAX;
```

```
double sdmin = DBL_MAX;
double sdmax = -DBL_MAX;

for (int i = 1; i < yNodesNum - 1; i++)
{
    for (int j = 1; j < xNodesNum - 1; j++)
    {
        int ij = i * xNodesNum + j;
        double ze = z[ij + 1];
        double zw = z[ij - 1];
        double zs = z[ij - xNodesNum];
        double zn= z[ij + xNodesNum];
        double zne = z[ij + xNodesNum + 1];
        double znw = z[ij + xNodesNum - 1];
        double zsw = z[ij - xNodesNum - 1];
        double zse = z[ij - xNodesNum + 1];
        if (InRange(zmin, zmax, z[ij], ze, zw, zs, zn, zne, znw, zsw, zse))
        {
            FirDerivatives[ij] = (ze - zw) * cosa / xd2 + (zn - zs) * sina / yd2;
            SecDerivatives[ij] = (ze - 2 * z[ij] + zw) * cosas / xds
                            + (zne - znw - zse + zsw) * cosasina / xyd2
                            + (zn - 2 * z[ij] + zs) * sinas / yds;
            if (FirDerivatives[ij] < fdmin) fdmin = FirDerivatives[ij];
            if (FirDerivatives[ij] > fdmax) fdmax = FirDerivatives[ij];
            if (SecDerivatives[ij] < sdmin) sdmin = SecDerivatives[ij];
            if (SecDerivatives[ij] > sdmax) sdmax = SecDerivatives[ij];
        }
        else
        {
            FirDerivatives[ij] = DBL_MAX;
            SecDerivatives[ij] = DBL_MAX;
        }
    }
}
////////////////////////////////////////////////////////////////////////////////
//获取文件名后缀以前的字符
string strFileName = "";
int i = 0;
while (FileName[i] != ('.'))
{
    strFileName += FileName[i];
```

```
        i++;
    }
/////////////////////////////////////////////////////////////////////////////
//将一阶导数保存到＊.grd文件
char stra[256];
sprintf_s(stra,"% 2.1f", alpha * 180);
string strfd = strFileName +"-"+ stra +"-FD. grd";
ofstream outfd;
outfd. open(strfd, ios::out);
outfd<< str << endl;
outfd<< xNodesNum - 2 << setw(15) << yNodesNum - 2 << endl;
outfd<< xmin + xd << setw(15) << xmax - xd << endl;
outfd<< ymin + yd << setw(15) << ymax - yd << endl;
outfd<< fdmin << setw(15) << fdmax << endl;
int ii = 0;
for (int i = 1; i < yNodesNum - 1; i++)
{
    for (int j = 1; j < xNodesNum - 1; j++)
    {
        int ij = i * xNodesNum + j;
        outfd << FirDerivatives[ij] << setw(20);
        if ((ii + 1) % 10 == 0)outfd << endl;
        ii += 1;
    }
}
outfd. close();
/////////////////////////////////////////////////////////////////////////////
//将二阶导数保存到＊.grd文件
string strsd = strFileName +"-"+ stra +"-SD. grd";
ofstream outsd;
outsd. open(strsd, ios::out);
outsd<< str << endl;
outsd<< xNodesNum - 2 << setw(15) << yNodesNum - 2 << endl;
outsd<< xmin + xd << setw(15) << xmax - xd << endl;
outsd<< ymin + yd << setw(15) << ymax - yd << endl;
outsd<< sdmin << setw(15) << sdmax << endl;
ii = 0;
for (int i = 1; i < yNodesNum - 1; i++)
{
    for (int j = 1; j < xNodesNum - 1; j++)
    {
```

```
            int ij = i * xNodesNum + j;
            outsd << SecDerivatives[ij] << setw(20);
            if ((ii + 1) %  10 == 0)outsd << endl;
            ii += 1;
        }
    }
    outsd.close();
    ///////////////////////////////////////////////////////////////
    cout<< endl << endl;
    cout<<"        !! ================================= !!"<< endl;
    cout<<"        !!               计算结束!            !!"<< endl;
    cout<<"        !! ================================= !!"<< endl;
    cout<<"        !! --------------------------------- !!"<< endl;
    cout<<"        !!     一阶方向导数结果保存文件:"+ strfd          << endl;
    cout<<"        !!     二阶方向导数结果保存文件:"+ strsd          << endl;
    cout<<"        !! --------------------------------- !!"<< endl;
    cout<<"        !! ================================= !!"<< endl;
    delete[]z; delete[]FirDerivatives; delete[]SecDerivatives;
    ///////////////////////////////////////////////////////////////
    //对下一个网格化文件计算方向导数
    CalDirectDerivatives();
}
///////////////////////////////////////////////////////////////
//主函数:main()
int main()
{
    //调用计算方向导数函数
    CalDirectDerivatives();
    return 0;
}
```

（2）数值实验

【例6.4】 以湖南某地高密度电阻率勘查数据为例。图6.4.3(a)为视电阻率经网格化以后绘制的等值线图，x方向和y方向的网格尺度均为2.5 m，从图中可以看出高、低阻异常的分布特征，在电性变化的梯度带处可能为岩性接触带或断层破碎带。沿x方向($0°$)和y方向($90°$)计算一阶和二阶方向导数，结果如图6.4.3(b)~图6.4.3(e)所示，在电性变化的梯度带处一阶和二阶导数呈极大值和零值特征，电性边界异常被较好地提取出来。一阶导数和二阶导数结果相比，二阶导数的分辨率更高。由于一阶导数和二阶导数对噪声反应敏感，因此在计算一阶和二阶方向导数之前，需要先剔除掉原始数据中的突变点以后再进行网格化，然后再对网格化数据作适当平滑处理，这样得到的一阶和二阶方向导数结果会更符合实际情况。

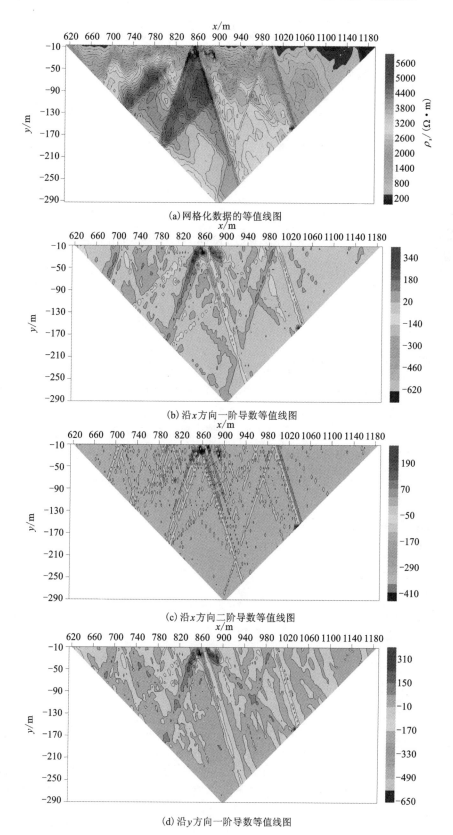

(a) 网格化数据的等值线图

(b) 沿x方向一阶导数等值线图

(c) 沿x方向二阶导数等值线图

(d) 沿y方向一阶导数等值线图

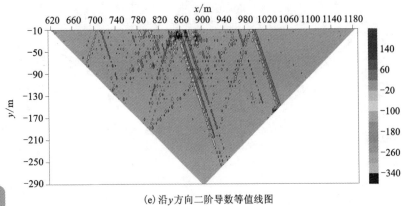

(e)沿y方向二阶导数等值线图

图 6.4.3　针对网格化数据的一阶和二阶方向导数的计算结果

习　题

1. 利用中心差商公式计算 $f(x) = 1/(1 + x^2)$ 在 $x_i = -10 + i \times h$ $(i = 0, 1, \cdots, 100, h = 0.2)$ 处的导数值，并与对应点导数的解析解 $f'(x_i) = -2x_i/(1 + x_i^2)^2$ 作对比，分析数值微分的计算误差。

2、利用三次样条函数求导法、拟 MQ 函数求导法计算函数 $f(x) = \sin x$，$x \in [0, \pi]$ 在 $x_i = i \times h$ $(i = 0, 1, \cdots, 30, h = \pi/30)$ 处的一阶导数和二阶导数，并与解析结果作对比。

3、已知球面函数 $f(x, y) = \sqrt{10000 - x^2 - y^2}$，$x, y \in [-50, 50]$。在 x, y 方向均采用步长 $h = 2$ 离散该球面，即可得到离散点 $(x_i, y_j) = (-50 + i \cdot h, -50 + j \cdot h)$ 及离散点处的函数值 $f(x_i, y_i) = \sqrt{10000 - x_i^2 - y_i^2}$，$i, j = 0, 1, \cdots, 50$。采用 6.4 节方法计算沿 x 方向的一阶导数和二阶导数。

第7章　线性方程组的数值解法

在科学研究和工程计算中，对于三次样条函数和多重二次曲面函数的插值问题、基于最小二乘法的数据拟合问题以及有限元或有限差分法解偏微分方程的边值问题等，解决这些问题往往直接或间接地归结为求解线性代数方程组的问题，因此，线性代数方程组的数值解法是数值计算的重要内容。

对于 n 阶线性代数方程组

$$\begin{bmatrix} a_{11} & a_{12} & \cdots & a_{1n} \\ a_{21} & a_{22} & \cdots & a_{2n} \\ \vdots & \vdots & & \vdots \\ a_{n1} & a_{n2} & \cdots & a_{nn} \end{bmatrix} \begin{bmatrix} x_1 \\ x_2 \\ \vdots \\ x_n \end{bmatrix} = \begin{bmatrix} b_1 \\ b_2 \\ \vdots \\ b_n \end{bmatrix}$$

简记为 $Ax = b$，$A = (a_{ij})_{n \times n}$ 称为方程组的系数矩阵，在科学计算中，矩阵 A 通常为稠密矩阵（即 a_{ij} 为非零元素）或大型稀疏矩阵（即矩阵阶数高且零元素较多）；$b = (b_1, b_2, \cdots, b_n)^T$ 称为方程组的右端向量；$x = (x_1, x_2, \cdots, x_n)^T$ 称为方程组的解向量。

关于线性方程组的数值解法大致可分为两类：直接解法和迭代解法[11]。

（1）直接解法

直接解法是在假设没有舍入误差的前提下，经过有限次算术运算就能求得方程组精确解的方法，然而实际计算中由于受舍入误差的影响，这类方法也只能求得线性方程组的近似解。本章将介绍这类方法中的高斯消去法和三角分解法（杜特利尔分解法、柯朗分解法、乔里斯基分解法），直接解法是求解低阶稠密矩阵和某些大型、稀疏、对称、正定系数矩阵方程组的有效方法。

（2）迭代解法

迭代解法是先给定解的初始近似值，然后按照一定的法则逐步逼近线性方程组精确解的方法。迭代解法具有占用内存少、程序设计简单、原始系数矩阵在计算过程中始终不变等优点，但存在收敛性及收敛速度等相关问题。迭代解法是求解大型、稀疏、对称、正定系数矩阵方程组的重要方法。

7.1　高斯消去法

7.1.1　常规高斯消去法

高斯消去法是最古老的求解线性代数方程组的方法之一，它包括消元和回代过程。下面通过一个简单算例来说明高斯消去法的基本思想，对于 3 阶方程组

$$\begin{bmatrix} 2 & 4 & 6 \\ 3 & 8 & 7 \\ 5 & 7 & 21 \end{bmatrix} \begin{bmatrix} x_1 \\ x_2 \\ x_3 \end{bmatrix} = \begin{bmatrix} 6 \\ 15 \\ 24 \end{bmatrix} \qquad \begin{matrix} (7.1.1) \\ (7.1.2) \\ (7.1.3) \end{matrix}$$

可通过消元和回代过程完成求解。

(1) 消元过程

将方程(7.1.2)和(7.1.3)两端作(7.1.2) − (7.1.1) ∗ 3/2 和(7.1.3) − (7.1.1) ∗ 5/2 运算，得

$$\begin{bmatrix} 2 & 4 & 6 \\ 0 & 2 & -2 \\ 0 & -3 & 6 \end{bmatrix} \begin{bmatrix} x_1 \\ x_2 \\ x_3 \end{bmatrix} = \begin{bmatrix} 6 \\ 6 \\ 9 \end{bmatrix} \qquad \begin{matrix} (7.1.4) \\ (7.1.5) \\ (7.1.6) \end{matrix}$$

再将方程(7.1.6)两端作(7.1.6) − (7.1.5) ∗ (− 3/2) 运算，得

$$\begin{bmatrix} 2 & 4 & 6 \\ 0 & 2 & -2 \\ 0 & 0 & 3 \end{bmatrix} \begin{bmatrix} x_1 \\ x_2 \\ x_3 \end{bmatrix} = \begin{bmatrix} 6 \\ 6 \\ 18 \end{bmatrix} \qquad \begin{matrix} (7.1.7) \\ (7.1.8) \\ (7.1.9) \end{matrix}$$

(2) 回代过程

将上三角方程组自下而上回代求解，可得到：

$$x_3 = 6, \ x_2 = 9, \ x_1 = -33$$

下面讨论 n 阶线性方程组的高斯消去法。一般地，若系数矩阵 A 不是一个上三角矩阵，那么可将 A 通过消元过程化成一个上三角阵(此过程称为消元过程)，再按回代过程对上三角阵自下而上回代求解，即可求出 $Ax = b$ 的解向量。

假设 $a_{ij}^{(k)}$ 和 $b_i^{(k)}$ 分别表示经 k 次消元后 a_{ij} 和 b_i 的值。第一次消元时，若 $a_{11}^{(1)} \neq 0$，计算

$$c_{i1} = \frac{a_{i1}^{(1)}}{a_{11}^{(1)}} \quad (i = 2, 3, \cdots, n)$$

然后，用 $-c_{i1}$ 乘以第一个方程加到第 i 个方程中，这样可消去第 2 到第 n 个方程的未知数 x_1，即有

$$\begin{bmatrix} a_{11}^{(1)} & a_{12}^{(1)} & \cdots & a_{1n}^{(1)} \\ & a_{22}^{(2)} & \cdots & a_{2n}^{(2)} \\ & \vdots & & \vdots \\ & a_{n2}^{(2)} & \cdots & a_{nn}^{(2)} \end{bmatrix} \begin{bmatrix} x_1 \\ x_2 \\ \vdots \\ x_n \end{bmatrix} = \begin{bmatrix} b_1^{(1)} \\ b_2^{(2)} \\ \vdots \\ b_n^{(2)} \end{bmatrix}$$

其中 $a_{ij}^{(2)} = a_{ij}^{(1)} - c_{i1}a_{1j}^{(1)}(i, j = 2, 3, \cdots, n)$，$b_i^{(2)} = b_i^{(1)} - c_{i1}b_1^{(1)}(i = 2, 3, \cdots, n)$。

当第 k 次消元 $2 \leq k \leq n - 1$ 时，设 $k - 1$ 次消元已完成，即有

$$\begin{bmatrix} a_{11}^{(1)} & a_{12}^{(1)} & a_{13}^{(1)} & \cdots & \cdots & a_{1n}^{(1)} \\ & a_{22}^{(2)} & a_{23}^{(2)} & \cdots & \cdots & a_{2n}^{(2)} \\ & & \ddots & \cdots & \cdots & \vdots \\ & & & a_{kk}^{(k)} & \cdots & a_{kn}^{(k)} \\ & & & \vdots & \cdots & \vdots \\ & & & a_{nk}^{(k)} & \cdots & a_{nn}^{(k)} \end{bmatrix} \begin{bmatrix} x_1 \\ x_2 \\ \vdots \\ x_k \\ \vdots \\ x_n \end{bmatrix} = \begin{bmatrix} b_1^{(1)} \\ b_2^{(2)} \\ \vdots \\ b_k^{(k)} \\ \vdots \\ b_n^{(k)} \end{bmatrix}$$

若 $a_{kk}^{(k)} \neq 0$，计算

$$c_{ik} = \frac{a_{ik}^{(k)}}{a_{kk}^{(k)}} \quad (i = k+1, \cdots, n)$$

然后，用 $-c_{ik}$ 乘以第 k 个方程再加到第 i 个方程中，即

$$\begin{cases} a_{ij}^{(k+1)} = a_{ij}^{(k)} - c_{ik}a_{kj}^{(k)} \quad (i, j = k+1, \cdots, n) \\ b_i^{(k+1)} = b_i^{(k)} - c_{ik}b_k^{(k)} \quad (i = k+1, \cdots, n) \end{cases}$$

只要 $a_{kk}^{(k)} \neq 0$，就可继续进行消元，直到经过 $n-1$ 消元后，可得

$$\begin{bmatrix} a_{11}^{(1)} & a_{12}^{(1)} & a_{13}^{(1)} & \cdots & \cdots & a_{1n}^{(1)} \\ & a_{22}^{(2)} & a_{23}^{(2)} & \cdots & \cdots & a_{2n}^{(2)} \\ & & \ddots & \cdots & \cdots & \vdots \\ & & & a_{kk}^{(k)} & \cdots & a_{kn}^{(k)} \\ & & & & \ddots & \vdots \\ & & & & & a_{nn}^{(n)} \end{bmatrix} \begin{bmatrix} x_1 \\ x_2 \\ \vdots \\ x_k \\ \vdots \\ x_n \end{bmatrix} = \begin{bmatrix} b_1^{(1)} \\ b_2^{(2)} \\ \vdots \\ b_k^{(k)} \\ \vdots \\ b_n^{(n)} \end{bmatrix}$$

该上三角方程组与原方程组等价。这种经过 $n-1$ 次消元将原方程组化为上三角方程组的过程称为消元过程。

消元过程结束后，只要 $a_{kk}^{(k)} \neq 0$，对上三角方程组就可以自下而上逐步回代，依次求得解向量 $(x_n, x_{n-1}, \cdots, x_2, x_1)$，即

$$\begin{cases} x_n = \dfrac{b_n^{(n)}}{a_{nn}^{(n)}} \\ x_i = \dfrac{b_i^{(i)} - \sum\limits_{j=i+1}^{n} a_{ij}^{(i)} x_j}{a_{ii}^{(i)}} \quad (i = n-1, \cdots, 2, 1) \end{cases}$$

7.1.2　列选主元高斯消去法

上述高斯消去法的消元过程总是假定 $a_{kk}^{(k)} \neq 0$ 时进行的。当 $a_{kk}^{(k)} = 0$ 时，消元过程无法进行下去，导致高斯消去法解方程组失败。即使 $a_{kk}^{(k)} \neq 0$，但其绝对值很小，用它作除数会导致舍入误差增大，严重影响计算结果的精度，为了克服高斯消去法的局限性，产生了列选主元的高斯消去法。

列选主元高斯消去法是在消元过程中增加选主元的操作：在对第 $k = 1, 2, \cdots, n-1$ 列的消元过程中，从 $a_{kk}^{(k)}, a_{(k+1)k}^{(k)}, \cdots, a_{nk}^{(k)}$ 中选出绝对值最大者 $a_{mk}^{(k)}$，将绝对值最大者所在的第 m 行与第 k 行的对应元素（包括右端项）互换位置，这样绝对值最大者 $a_{mk}^{(k)}$ 被交换到 $a_{kk}^{(k)}$ 的单元中，然后再对第 k 列进行消元，这样可以避免 $a_{kk}^{(k)} = 0$ 或很小的情况。回代过程与高斯消去法相同。

下面给出列选主元高斯消去法的计算步骤：

① 输入方程组的阶数 n、系数矩阵 $\boldsymbol{A}$ 和右端项 $\boldsymbol{b}$。

② 列选主元。对 $k = 1, 2, \cdots, n-1$，，从 $a_{kk}^{(k)}, a_{(k+1)k}^{(k)}, \cdots, a_{nk}^{(k)}$ 中选出绝对值最大者 $a_{mk}^{(k)}$，将第 m 行与第 k 行的对应元素（包括右端项）互换位置，再对第 k 列进行消元操作。

③ 消元过程。对 $k = 1, 2, \cdots, n - 1$，计算：

$$c_{ik} = \frac{a_{ik}^{(k)}}{a_{kk}^{(k)}}$$

$$a_{ij}^{(k+1)} = a_{ij}^{(k)} - c_{ik}a_{kj}^{(k)} \quad (i, j = k + 1, \cdots, n)$$

$$b_i^{(k+1)} = b_i^{(k)} - c_{ik}b_k^{(k)} \quad (i = k + 1, \cdots, n)$$

④ 回代过程。计算：

$$x_n = \frac{b_n^{(n)}}{a_{nn}^{(n)}}$$

$$x_i = \frac{b_i^{(i)} - \sum_{j=i+1}^{n} a_{ij}^{(i)} x_j}{a_{ii}^{(i)}} \quad (i = n - 1, \cdots, 2, 1)$$

根据列选主元高斯消去法的计算步骤编写程序，具体如程序代码 7.1.1 所示。方程组求解结束后，解向量 x 保存在右端项 b 中。

程序代码 7.1.1　列选主元高斯消去法的程序代码

```cpp
#include<cmath>
#include<iostream>
#include<iomanip>
using namespace std;
//=======================================================//
//函数名称:ColGauss()
//函数目的:列选主元高斯消去法解线性方程组
//参数说明：a: 方程组的系数矩阵
//          b: 方程组的右端项
//          n: 方程组的阶数
//=======================================================//
bool ColGauss(double * a, double * b, int n)
{
    for (int i = 0; i <n - 1; i++)
    {
        ///////////////////////////////////////////////////////
        //列选主元
        int l = i;
        double maxaii = fabs(a[i * n + i]);
        for (int j = i + 1; j <n; j++)
        {
            double t = fabs(a[j * n + i]);
            if (t > maxaii) { l = j; maxaii = t; }
        }
        if (maxaii + 1.0 == 1.0)//主元为零
```

```
        {
            cout <<"主元为零,方程求解失败!"<< endl;
            return false;
        }
        else
        {
            if (i ! = l)
            {
                //交换 i 和 l 行的右端项
                swap(b[i], b[l]);
                //交换 i 和 l 行的系数
                for (int j = i; j <n; j++) swap(a[i * n + j], a[l * n + j]);
            }
        }
        /////////////////////////////////////////////////////////////////////////
        //消元过程
        for (int j = i + 1; j <n; j++)
        {
            int p = j * n, q = i * n;
            double c = a[p + i] / a[q + i];
            b[j] -= c * b[i];
            for (int k = i + 1; k <n; k++) a[p + k] -= c * a[q + k];
        }
    }
    /////////////////////////////////////////////////////////////////////////
    //回代过程
    int nn = (n - 1) * n + n - 1;
    if (a[nn] + 1.0 = = 1.0)
    {
        cout <<"主元为零,方程求解失败!"<< endl;
        return false;
    }
    for (int i = n - 1; i >= 0; i--)
    {
        int q = i * n;
        for (int j = i + 1; j <n; j++) b[i] -= a[q + j] * b[j];
        b[i] = b[i] / a[q + i];
    }
    return true;
}
```

7.1.3 全选主元高斯消去法

对于全选主元高斯消去法，在对第 $k(1, 2, \cdots, n-1)$ 列消元时，它是从系数矩阵的右下角 $(n-k+1)$ 阶子阵中选取绝对值最大者 $a_{rc}^{(k)}(k \leqslant r, c \leqslant n)$，然后通过行变换和列变换将 $a_{rc}^{(k)}$ 交换到主元素 $a_{kk}^{(k)}$ 的位置上。在变换过程中，行变换不影响解向量的各未知量的前后次序，但列变换会导致各未知量的前后次序混乱。因此，使用全选主元高斯消去法时，必须在选主元的过程中记录所进行的列变换，以便在方程组求解结束后对各未知量的次序进行恢复。

下面给出全选主元高斯消去法的计算步骤：

① 输入方程组的阶数 n，系数矩阵 $\boldsymbol{A}$ 和右端项 $\boldsymbol{b}$。

② 全选主元。对 $k = 1, 2, \cdots, n-1$，从系数矩阵的右下角方阵 $a_{ij}^{(k)}(k \leqslant i, j \leqslant n)$ 中选出绝对值最大者 $a_{rc}^{(k)}$，然后通过行变换和列变换将 $a_{rc}^{(k)}$ 交换到主元素 $a_{kk}^{(k)}$ 的位置上，接着再对第 k 列进行消元操作；

③ 消元过程。对 $k = 1, 2, \cdots, n-1$，计算：

$$c_{ik} = \frac{a_{ik}^{(k)}}{a_{kk}^{(k)}}$$

$$a_{ij}^{(k+1)} = a_{ij}^{(k)} - c_{ik}a_{kj}^{(k)} \quad (i, j = k+1, \cdots, n)$$

$$b_i^{(k+1)} = b_i^{(k)} - c_{ik}b_k^{(k)} \quad (i = k+1, \cdots, n)$$

④ 回代过程。计算：

$$x_n = \frac{b_n^{(n)}}{a_{nn}^{(n)}}$$

$$x_i = \frac{b_i^{(i)} - \sum_{j=i+1}^{n} a_{ij}^{(i)} x_j}{a_{ii}^{(i)}} \quad (i = n-1, \cdots, 2, 1)$$

⑤ 恢复解向量的次序。

根据全选主元高斯消去法的计算步骤编写程序，具体如程序代码 7.1.2 所示。方程组求解结束后，解向量 $\boldsymbol{x}$ 保存在右端项 $\boldsymbol{b}$ 中。

程序代码 7.1.2 全选主元高斯消去法的程序代码

```
#include<cmath>
#include<iostream>
#include<iomanip>
using namespace std;
//=============================================================//
//函数名称:MainGauss()
//函数目的:全选主元高斯消去法解线性方程组
//参数说明：a:方程组的系数矩阵
//         b:方程组的右端项及解向量
//         n:方程组的阶数
```

```
//=============================================================//
bool MainGauss(double * a, double * b, int n)
{
    int * js = new int[n]; //记录列交换信息
    for (int k = 0; k <n - 1; k++)
    {
        ///////////////////////////////////////////////////////////////////////
        //全选主元-当方程组较大时,比较耗费时间
        double maxaii = fabs(a[k * n + k]);
        int is = k;
        js[k] = k;
        for (int i = k; i <n; i++)
        {
            for (int j = k; j <n; j++)
            {
                double t = fabs(a[i * n + j]);
                if (t > maxaii) { is = i; js[k] = j; maxaii = t; }
            }
        }
        if (maxaii + 1.0 == 1.0)
        {
            cout <<"主元为零,方程求解失败!"<< endl;
            delete[]js;
            return false;
        }
        else
        {
            if (js[k] ! = k)   //列交换
            {
                for (int i = 0; i <n; i++)
                {
                    int p = i * n;
                    swap(a[p + k], a[p + js[k]]);
                }
            }
            if (is ! = k)        //行交换
            {
                for (int j = k; j <n; j++) swap(a[k * n + j], a[is * n + j]);
                swap(b[k], b[is]);
            }
        }
        ///////////////////////////////////////////////////////////////////////
```

```
        // 消元过程
        for (int i = k + 1; i < n; i++)
        {
            int p = k * n, q = i * n;
            double c = a[q + k] / a[p + k];
            b[i] -= c * b[k];
            for (int j = k + 1; j < n; j++) a[q + j] -= c * a[p + j];
        }
    }
    /////////////////////////////////////////////////////////////////
    //回代过程
    int nn = (n - 1) * n + n - 1;
    if (a[nn] + 1.0 == 1.0)
    {
        cout << "主元为零,方程求解失败!" << endl;
        delete[] js;
        return false;
    }
    b[n - 1] /= a[nn];
    for (int i = n - 2; i >= 0; i--)
    {
        int p = i * n;
        for (int j = i + 1; j < n; j++)  b[i] -= a[p + j] * b[j];
        b[i] /= a[p + i];
    }
    /////////////////////////////////////////////////////////////////
    //恢复解的次序
    js[n - 1] = n - 1;
    for (int k = n - 1; k >= 0; k--)
    {
        if (js[k] != k) swap(b[k], b[js[k]]);
    }
    delete[] js;
    return true;
}
```

7.1.4 数值实验

【例 7.1】 下面测试列选主元和全选主元高斯消去法的性能,先采用随机数生成器产生 2000 阶的稠密矩阵 A,若假定准确解均为 1,可计算出方程组的右端项 b,然后,分别采用列选主元和全选主元的高斯消去法求解该方程组,若求得的解向量为 1,则说明程序是正确的。测试选主元高斯消去法的主函数如程序代码 7.1.3 所示。在主频为 4 GHz、内存为 16 GB 的

64 位 PC 机上求解该线性方程组。经测试，两种方法的计算结果与准确解完全一致，说明两者在解该问题上均是稳定的。对于耗费时间，列选主元高斯消去法耗费 4593 ms，全选主元高斯消去法耗费 7485 ms，究其计算效率存在差异的原因：列选主元仅在对角线下方的元素中寻找主元，而全选主元需要在对角线右侧的子矩阵中寻找主元。从计算效率的角度考虑，选主元的高斯消去法比较适合求解规模较小的稠密系数矩阵方程组，理论上全选主元高斯消去法会更稳定一些，但考虑到效率问题，实际中也常常使用列选主元高斯消去法。

程序代码 7.1.3　测试选主元高斯消去法的程序代码

```cpp
#include<iostream>
#include<iomanip>
#include<ctime>
#include<windows.h>
using namespace std;
//主函数
int main()
{
    const int n = 2000;
    const int m = n * n;
    double * a = new double[m];
    double * b = new double[n];
    //随机生成系数矩阵
    srand((int)time(NULL));
    for (int i = 0; i < n; i++)
    {
        b[i] = 0;
        for (int j = 0; j < n; j++)
        {
            double temp = rand() % (m + 1) / (double)(m + 1);
            a[i * n + j] = temp;
            b[i] += temp;
        }
    }
    //解线性方程组
    long t1 = GetTickCount();
    if (MainGauss(a, b, n) == false) cout <<"方程求解失败!"<< endl;
    //if (ColGauss(a, b, n) == false) cout << "方程求解失败!" << endl;
    long t2 = GetTickCount();
    //显示求解结果
```

219

```
cout << endl << endl;

cout << setw(15) <<"-----------------方程组的解-----------------"<< endl;

for (int i = 0; i < n; i++)cout << setw(15) << i << setw(15) << b[i] << endl;

//显示耗费时间

cout <<"耗费时间:"<< t2 - t1 <<" MS"<< endl;

system("pause");

return 0;

}
```

7.2　三角分解法

7.2.1　三角分解法的基本原理

我们知道，高斯消去法是先通过 $n-1$ 次消元过程将 n 阶线性方程组化为等价的上三角方程组，然后再通过回代过程得到方程组的解。下面给出高斯消去法中求得上三角矩阵的一种变形方法 —— 三角分解法[10]。

设 n 阶线性方程组的系数矩阵 A 非奇异，则系数矩阵 A 可分解为两个三角矩阵之积，即

$$A = LU \tag{7.2.1}$$

其中 L 为一个下三角矩阵，U 为一个上三角矩阵。那么，可将方程组 $Ax = b$ 化为

$$LUx = b$$

从而使解 $Ax = b$ 的问题转化为求解两个三角方程组的问题，即

$$Ly = b, \quad Ux = y \tag{7.2.2}$$

这就是三角分解法解线性方程组的基本原理。

从三角分解法的基本原理不难看出，在系数矩阵 A 作 LU 分解过程中，右端项 b 并未作任何变换，因此，三角分解法特别适合于求解系数矩阵 A 相同而右端项 b 有多个的线性方程组，即先将 A 作 LU 分解，并存储 L 和 U，再对不同的右端项 b 分别求解式(7.2.2)，就可求出不同的右端项 b 对应的方程组的解。

矩阵 A 分解为两个矩阵 L 和 U 之积，一般不是唯一的，但若规定了 L 和 U 的形式之后，由矩阵的乘法运算法则可知，这种分解便是唯一的。对于不同形式的 A、L 和 U，存在不同的分解方法。

7.2.2　杜特利尔分解法

若 n 阶线性方程组的系数矩阵 A 非奇异，则系数矩阵 A 可分解为同阶的单位下三角矩阵 L 和同阶的上三角矩阵 U 之积，即

$$
\begin{bmatrix}
a_{11} & a_{12} & \cdots & a_{1n} \\
a_{21} & a_{22} & \cdots & a_{2n} \\
\vdots & \vdots & & \vdots \\
a_{n1} & a_{n2} & \cdots & a_{nn}
\end{bmatrix}
=
\begin{bmatrix}
1 & 0 & \cdots & 0 \\
l_{21} & 1 & \cdots & 0 \\
\vdots & \vdots & & \vdots \\
l_{n1} & l_{n2} & \cdots & 1
\end{bmatrix}
\begin{bmatrix}
u_{11} & u_{12} & \cdots & u_{1n} \\
0 & u_{22} & \cdots & u_{2n} \\
\vdots & \vdots & & \vdots \\
0 & 0 & \cdots & u_{nn}
\end{bmatrix}
$$

这种分解方法称为杜特利尔(Dolittle)分解法。

杜特利尔分解法的分解和回代过程如下：

① 分解过程：

对于 $k = 1, 2, \cdots, n$，计算

对于 $i = k, k + 1, \cdots, n$，计算 U 矩阵的第 k 行元素：

$$u_{ki} = a_{ki} - \sum_{j=1}^{k-1} l_{kj}u_{ji} \tag{7.2.3}$$

对于 $j = k + 1, \cdots, n$，计算 L 矩阵的第 k 列元素：

$$l_{jk} = \left(a_{jk} - \sum_{i=1}^{k-1} l_{ji}u_{ik}\right)/u_{kk} \tag{7.2.4}$$

② 回代过程

求解三角方程 $Ly = b$：

$$y_i = b_i - \sum_{j=1}^{i-1} l_{ij}y_j, \ i = 1, 2, \cdots, n \tag{7.2.5}$$

求解三角方程 $Ux = y$：

$$x_i = \left(y_i - \sum_{j=i+1}^{n} u_{ij}x_j\right)/u_{ii}, \ i = n, n-1, \cdots, 1 \tag{7.2.6}$$

在编程时，回代过程中的数组 x 和 y 可直接用 b 代替，不要开辟额外的存储空间，方程组求解结束后，解向量保存在 b 中。根据杜特利尔分解法编写程序，具体如程序代码 7.2.1 所示。

程序代码7.2.1　杜特利尔分解法的程序代码

```
//==========================================================//
//函数名称:LUDolittle()
//函数目的:采用杜特利尔LU分解法解线性方程组
//参数说明:a:方程系数矩阵
//         b:方程右端项
//         n:方程阶数
//==========================================================//
int LUDolittle(double * a, double * b, const int n)
{
    int i, j, k, in, jn, kn, kk;
    //LU分解
    for (k = 0; k <n; k++)
    {
        //计算U矩阵,保存于a的上三角矩阵
        kn = k * n;
        kk = kn + k;
        for (i = k; i <n; i++)
        {
            for (j = 0; j < k; j++) a[kn + i] -= (a[kn + j] * a[j * n + i]);
        }
```

```
            //计算 L 矩阵,保存于 a 的下三角矩阵
            for (j = k + 1; j <n; j++)
            {
                jn = j * n;
                for (i = 0; i < k; i++)  a[jn + k] -= (a[jn + i] * a[i * n + k]);
                if (a[kk] + 1 == 1)return -1;
                a[jn + k] /= a[kk];
            }
            //Ly = b
            for (j = 0; j < k; j++) b[k] -= a[kn + j] * b[j];
        }
        // Ux = y
        for (i = n - 1; i >= 0; i--)
        {
            in = i * n;
            for (j = i + 1; j <n; j++)b[i] -= a[in + j] * b[j];
            b[i] /= a[in + i];
        }
        return 0;
    }
```

7.2.3 柯朗分解法

若 n 阶线性方程组的系数矩阵 A 非奇异, 则系数矩阵 A 可分解为同阶的下三角矩阵 L 和同阶的单位上三角矩阵 U 之积, 即

$$
\begin{bmatrix} a_{11} & a_{12} & \cdots & a_{1n} \\ a_{21} & a_{22} & \cdots & a_{2n} \\ \vdots & \vdots & & \vdots \\ a_{n1} & a_{n2} & \cdots & a_{nn} \end{bmatrix} = \begin{bmatrix} l_{11} & 0 & \cdots & 0 \\ l_{21} & l_{22} & \cdots & 0 \\ \vdots & \vdots & & \vdots \\ l_{n1} & l_{n2} & \cdots & l_{nn} \end{bmatrix} \begin{bmatrix} 1 & u_{12} & \cdots & u_{1n} \\ 0 & 1 & \cdots & u_{2n} \\ \vdots & \vdots & & \vdots \\ 0 & 0 & \cdots & 1 \end{bmatrix}
$$

这种分解方法称为柯朗(Crout)分解法。

柯朗分解法的分解和回代过程如下:

① 分解过程:

对于 $k = 1, 2, \cdots, n$, 计算

对于 $i = k, k + 1, \cdots, n$, 计算 L 矩阵的第 k 列元素:

$$
l_{ik} = a_{ik} - \sum_{j=1}^{k-1} l_{ij} u_{jk} \tag{7.2.7}
$$

对于 $j = k + 1, \cdots, n$, 计算 U 矩阵的第 k 行元素:

$$
u_{kj} = \left(a_{kj} - \sum_{i=1}^{k-1} l_{ki} u_{ij} \right) / l_{kk} \tag{7.2.8}
$$

② 回代过程

求解三角方程 $Ly = b$：

$$y_i = \left(b_i - \sum_{j=1}^{i-1} l_{ij} y_j \right) / l_{ii}, \ i = 1, 2, \cdots, n \qquad (7.2.9)$$

求解三角方程 $Ux = y$：

$$x_i = y_i - \sum_{j=i+1}^{n} u_{ij} x_j, \ i = n, n-2, \cdots, 1 \qquad (7.2.10)$$

根据柯朗分解法编写程序, 具体如程序代码 7.2.2 所示。

程序代码 7.2.2　科朗分解法的程序代码

```
//================================================//
//函数名称:LUCrout()
//函数目的:采用科朗 LU 分解法解线性方程组
//参数说明：a: 方程系数矩阵
//          b: 方程右端项
//          n: 方程阶数
//================================================//
int LUCrout(double * a, double * b, int n)
{
    int i, j, k, in, kn, kk;
    //LU 分解
    for ( k = 0; k <n; k++)
    {
        //计算 L 矩阵,元素置于 a 的下三角矩阵
        for ( i = k; i <n; i++)
        {
            in = i * n;
            for (j = 0; j < k; j++) a[in + k] -= (a[in + j] * a[j * n + k]);
        }
        //计算 U 矩阵,元素置于 a 的上三角矩阵
        kn = k * n;
        kk = kn + k;
        for (j = k + 1; j <n; j++)
        {
            for (i = 0; i < k; i++)   a[kn + j] -= (a[kn + i] * a[i * n + j]);
            if (a[kk] + 1 == 1)return -1;
                a[kn + j] /= a[kn + k];
        }
    }
    ////////////////////////////////////////////////////
    //Ly=b
    for (k = 0; k <n; k++)
```

```
{
    kn = k * n;
    for (j = 0; j < k; j++) b[k] -= a[kn + j] * b[j];
    b[k] /= a[kn + k];
}
//Ux = y
for (k = n - 1; k >= 0; k--)
{
    for (j = k + 1; j <n; j++)b[k] -= a[k * n + j] * b[j];
}
return 0;
}
```

7.2.4 乔里斯基分解法

在科学和工程计算中, 许多问题常常归结为求解对称正定的线性代数方程组 $Ax = b$。若系数矩阵 A 对称正定, 则 A 可唯一地分解为 $A = LL^T$, 即

$$\begin{bmatrix} a_{11} & a_{12} & \cdots & a_{1n} \\ a_{21} & a_{22} & \cdots & a_{2n} \\ \vdots & \vdots & & \vdots \\ a_{n1} & a_{n2} & \cdots & a_{nn} \end{bmatrix} = \begin{bmatrix} l_{11} & 0 & \cdots & 0 \\ l_{21} & l_{22} & \cdots & 0 \\ \vdots & \vdots & & \vdots \\ l_{n1} & l_{n2} & \cdots & l_{nn} \end{bmatrix} \begin{bmatrix} l_{11} & l_{12} & \cdots & l_{1n} \\ 0 & l_{22} & \cdots & l_{2n} \\ \vdots & \vdots & & \vdots \\ 0 & 0 & \cdots & l_{nn} \end{bmatrix}$$

其中 $a_{ij} = a_{ji}$, $l_{ij} = l_{ji}(i, j = 1, 2, \cdots, n)$。这种分解方法称为乔里斯基(Cholesky)分解法, 亦称平方根法[12]。

乔里斯基分解法的分解和回代过程如下:

① 分解过程:

对 $i = 1, 2, \cdots, n$, 计算下三角矩阵 L 的元素

$$l_{ii} = \sqrt{a_{ii} - \sum_{j=1}^{i-1} l_{ij}^2} \tag{7.2.11}$$

$$l_{ji} = \left(a_{ji} - \sum_{k=1}^{i-1} l_{jk}l_{ik}\right)/l_{ii}, j = i + 1, i + 2, \cdots, n \tag{7.2.12}$$

② 回代过程

求解三角方程 $Ly = b$:

$$y_i = \left(b_i - \sum_{j=1}^{i-1} l_{ij}y_j\right)/l_{ii}, i = 1, 2, \cdots, n \tag{7.2.13}$$

求解三角方程 $L^T x = y$:

$$x_i = \left(y_i - \sum_{j=i+1}^{n} l_{ji}x_j\right)/l_{ii}, i = n, n - 1, \cdots, 1 \tag{7.2.14}$$

基于乔里斯基分解法编写求解对称线性方程组的程序, 具体如程序代码 7.2.3 所示。

程序代码7.2.3 乔里斯基分解法的程序代码

```cpp
#include<cmath>
//=================================================//
//函数名称:LLT()
//函数目的:用乔里斯基法 LLT 解对称线性方程组
//参数说明：a: 方程系数矩阵
//          b: 方程右端项
//          n: 方程阶数
//=================================================//
int LLTA(double * a, double * b, const int n)
{
    int i, j, k, in, ii, jn, ij, ji;
    //分解
    for (i = 0; i <n; i++)
    {
        in = i * n;
        ii = in + i;
        for (j = 0; j < i; j++)
        {
            ij = in + j;
            a[ii] -= a[ij] * a[ij];
        }
        if (a[ii] <= 0) return -1;
        a[ii] = sqrt(a[ii]);
        for (j = i + 1; j <n; j++)
        {
            jn = j * n;
            ji = jn + i;
            for (k = 0; k < i; k++) a[ji] -= a[k * n + j] * a[in + k];
            a[ji] /= a[ii];
        }
    }
    //Ly = b
    for (i = 0; i <n; i++)
    {
        in = i * n;
        for (j = 0; j < i; j++) b[i] -= a[in + j] * b[j];
        b[i] /= a[i * n + i];
    }
    //LTx = y;
    for (i = n - 1; i >= 0; i--)
    {
```

```
        for (j = i + 1; j < n; j++) b[i] -= a[j * n + i] * b[j];
        b[i] /= a[i * n + i];
    }
}
```

7.2.5　改进的乔里斯基分解法

乔里斯基分解法在矩阵分解的过程中，对角线元素的求取需要作开方运算，会增加矩阵分解的计算量，还有可能扩大误差，甚至由于误差积累而破坏矩阵的正定性。因此，实际中将对称、正定的系数矩阵 A 作如下分解

$$
\begin{bmatrix}
a_{11} & a_{12} & \cdots & a_{1n} \\
a_{21} & a_{22} & \cdots & a_{2n} \\
\vdots & \vdots & & \vdots \\
a_{n1} & a_{n2} & \cdots & a_{nn}
\end{bmatrix}
=
\begin{bmatrix}
1 & 0 & \cdots & 0 \\
l_{21} & 1 & \cdots & 0 \\
\vdots & \vdots & & \vdots \\
l_{n1} & l_{n2} & \cdots & 1
\end{bmatrix}
\begin{bmatrix}
u_{11} & u_{12} & \cdots & u_{1n} \\
0 & u_{22} & \cdots & u_{2n} \\
\vdots & \vdots & & \vdots \\
0 & 0 & \cdots & u_{nn}
\end{bmatrix}
$$

$$
=
\begin{bmatrix}
1 & 0 & \cdots & 0 \\
l_{21} & 1 & \cdots & 0 \\
\vdots & \vdots & & \vdots \\
l_{n1} & l_{n2} & \cdots & 1
\end{bmatrix}
\begin{bmatrix}
d_1 & 0 & \cdots & 0 \\
0 & d_2 & \cdots & 0 \\
\vdots & \vdots & & \vdots \\
0 & 0 & \cdots & d_n
\end{bmatrix}
\begin{bmatrix}
1 & l_{12} & \cdots & l_{1n} \\
0 & 1 & \cdots & l_{2n} \\
\vdots & \vdots & & \vdots \\
0 & 0 & \cdots & 1
\end{bmatrix}
= LDL^{\mathrm{T}}
$$

其中 L 为单位下三角矩阵，$a_{ij} = a_{ji}$，$l_{ij} = l_{ji}(i, j = 1, 2, \cdots, n)$，这种分解方法称为改进的乔里斯基分解法。其分解公式为

$$
\begin{cases}
\text{对于 } i = 1, 2, \cdots, n, \text{ 计算} \\
\quad d_i = a_{ii} - \sum_{k=1}^{i-1} d_k l_{ik} l_{ik} \\
\qquad \text{对于 } j = i + 1, i + 2, \cdots, n, \text{ 计算} \\
\qquad l_{ji} = \left(a_{ji} - \sum_{k=1}^{j-1} d_k l_{ik} l_{jk} \right) \Big/ d_i
\end{cases}
\tag{7.2.15a}
$$

或

$$
\begin{cases}
\text{对于 } i = 1, 2, \cdots, n, \text{ 计算} \\
\qquad \text{对于 } j = 1, 2, \cdots, i - 1, \text{ 计算} \\
\qquad l_{ij} = \left(a_{ij} - \sum_{k=1}^{j-1} d_k l_{ik} l_{jk} \right) \Big/ d_j \\
\quad d_i = a_{ii} - \sum_{k=1}^{i-1} d_k l_{ik} l_{ik}
\end{cases}
\tag{7.2.15b}
$$

从式(7.2.15b)中可以看出，计算 l_{ij} 和 d_i 时，只用到了对应位置的 a_{ij} 和 a_{ii}，继续计算时已不再用 a_{ij} 和 a_{ii} 元素，因此 l_{ij} 和 d_i 一经算出，即可占据 a_{ij} 和 a_{ii} 的位置。另外，式(7.2.15b)虽然避免了开方运算，但计算 l_{ij} 时由于求和符号中每一个元素都是由三个数相乘得到，运算量与 LU 分解的计算量相当，即需要 $n^3/3 + \Theta(n^2)$ 次计算。为了减少重复运算，引入辅助量 u_{ij}

$= l_{ij}d_j$，并将分解和回代过程整理如下[12]：

① 分解过程：

$$d_1 = a_{11}$$

对于 $i = 2, 3, \cdots, n, j = 1, 2, \cdots, i - 1$，计算

$$\begin{cases} u_{ij} = a_{ij} - \displaystyle\sum_{k=1}^{j-1} u_{ik}l_{jk} \\ l_{ij} = u_{ij}/d_j \end{cases} \qquad (7.2.16)$$

$$d_i = a_{ii} - \sum_{k=1}^{i-1} u_{ik}l_{ik}$$

不难看出，这组公式所需的乘除法运算量约为 $n^3/6 + \Theta(n^2)$ 次，而且不需要开方运算。

② 回代过程

求解三角方程 $\boldsymbol{Ly} = \boldsymbol{b}$：

$$y_i = b_i - \sum_{j=1}^{i-1} l_{ij}y_j, \; i = 1, 2, \cdots, n \qquad (7.2.17)$$

求解三角方程 $\boldsymbol{DL}^{\mathrm{T}}\boldsymbol{x} = \boldsymbol{y}$：

$$x_i = y_i/d_i - \sum_{j=i+1}^{n-1} l_{ji}x_j, \; i = n, n-1, \cdots, 1 \qquad (7.2.18)$$

基于改进的乔里斯基分解法，采用以下三种思路设计程序：

① 若不引入辅助量，直接按式(7.2.15b)编写程序，下三角矩阵 $\boldsymbol{L}$ 的元素存于 $\boldsymbol{A}$ 的下三角矩阵中，对角阵 $\boldsymbol{D}$ 的元素置于 $\boldsymbol{A}$ 的对角线位置；

② 若引入辅助量 $u_{ij} = l_{ij}d_j$，并将辅助量元素置于系数矩阵 $\boldsymbol{A}$ 的上三角矩阵中，下三角矩阵 $\boldsymbol{L}$ 的元素存于 $\boldsymbol{A}$ 的下三角矩阵中，对角阵 $\boldsymbol{D}$ 的元素置于 $\boldsymbol{A}$ 的对角线位置；

③ 若引入辅助量 $u_{ij} = l_{ij}d_j$，并将辅助量存于一维临时数组中，下三角矩阵 $\boldsymbol{L}$ 的元素存于 $\boldsymbol{A}$ 的下三角矩阵中，分解后的对角线元素存于一维数组 $\boldsymbol{D}$ 中，由于矩阵 $\boldsymbol{A}$ 的对称性，使得矩阵 $\boldsymbol{A}$ 的对角线及上三角矩阵元素没有被破坏。

采用上述三种思路编写求解对称线性方程组的程序代码分别为 LDLTA、LDLTB 和 LDLTC，具体如程序代码 7.2.4 所示。

程序代码 7.2.4　改进的乔里斯基分解法的程序代码

```
//==================================================//
//函数名称:LDLTA()
//函数目的:用改进的乔里斯基法 LDLT 解对称线性方程组
//参数说明：a: 方程系数矩阵
//          b: 方程右端项
//          n: 方程阶数
//==================================================//
int LDLTA(double * a, double * b, int n)
{
    int i, j, k, in, ii, ij, jn;
```

```
    //分解过程
    for (i = 1; i <n; i++)
    {
        in = i * n;
        ii = in + i;
        for (j = 0; j <= i; j++)
        {
            //Uij = aij - ajk * aik * akk
            ij = in + j;
            jn = j * n;
            for (k = 0; k < j; k++)a[ij] -= a[jn + k] * a[in + k] * a[k * n + k];
            if (i == j)break;
            //Lij = Uij / aii
            if (a[ii] + 1.0 == 1.0)return -1;
            a[ij] /= a[ii];
        }
    }
    //Ly = b
    for (i = 0; i <n; i++)
    {
        in = i * n;
        for (j = 0; j < i; j++)b[i] -= a[in + j] * b[j];
    }
    //DLTx = y
    for (i = n - 1; i >= 0; i--)
    {
        b[i] /= a[i * n + i];
        for (j = i + 1; j <n; j++)b[i] -= a[j * n + i] * b[j];
    }
    return 0;
}
//======================================================//
//函数名称:LDLTB()
//函数目的:用改进的乔里斯基法 LDLT 解对称线性方程组
//参数说明：a: 方程系数矩阵
//          b: 方程右端项
//          n: 方程阶数
//======================================================//
int LDLTB(double * a, double * b, int n)
{
    int i, j, k, in, ii, jn, ij, ji;
    //分解过程
```

```
    for (i = 1; i < n; i++)
    {
        in = i * n;
        ii = in + i;
        for (j = 0; j < i; j++)
        {
            jn = j * n;
            ij = in + j;
            ji = jn + i;
            //Uji
            for (k = 0; k < j; k++)a[ji] -= a[k * n + i] * a[jn + k];
            if (a[jn + j] + 1.0 == 1.0)return -1;
            //lij = uji / dj
            a[ij] = a[ji] / a[jn + j];
            //di
            a[ii] -= a[ji] * a[ij];
        }
    }
    //Ly = b
    for (i = 0; i < n; i++)
    {
        in = i * n;
        for (j = 0; j < i; j++)b[i] -= a[in + j] * b[j];
    }
    //DLTx = y
    for (i = n - 1; i >= 0; i--)
    {
        b[i] /= a[i * n + i];
        for (j = i + 1; j < n; j++)b[i] -= a[j * n + i] * b[j];
    }
    return 0;
}
//=========================================================//
//函数名称:LDLTC()
//函数目的:用改进的乔里斯基法 LDLT 解对称线性方程组
//参数说明: a: 方程系数矩阵
//          b: 方程右端项
//          n: 方程阶数
//=========================================================//
int LDLTC(double * a, double * b, int n)
{
    int i, j, k, in, jn, ij;
```

```
double * t = new double[n], sum;
double * d = new double[n];
//分解过程
d[0] =a[0];
for (i = 1; i <n; i++)
{
    in = i * n;
    sum = a[in + i];
    for (j = 0; j < i; j++)
    {
        jn = j * n;
        ij = in + j;
        //tji = aji - sum(tki * ljk)
        t[j] = a[jn + i];
        for (k = 0; k < j; k++)t[j] -= t[k] * a[jn + k];
        //lij = tji / dj
        if (d[j] + 1.0 == 1.0)return -1;
        a[ij] = t[j] / d[j];
        //di
        sum -= t[j] * a[ij];
    }
    d[i] = sum;
}
delete[]t;
//Ly = b
for (i = 1; i <n; i++)
{
    in = i *n;
    for (j = 0; j < i; j++)b[i] -= a[in + j] * b[j];
}
//DLTx = y
for (int i = n - 1; i >= 0; i--)
{
    b[i] /= d[i];
    for (j = i + 1; j <n; j++)b[i] -= a[j * n + i] * b[j];
}
delete[]d;
return 0;
}
```

7.2.6　数值实验

【例 7.2】　采用随机数(0~1 之间)生成器构建 5000 阶对称正定线性方程组，主程序如
程序代码 7.2.5 所示。

程序代码 7.2.5　测试三角分解法的主程序

```
#include<iostream>
#include<cmath>
#include<iomanip>
#include<windows.h>
using namespace std;
//主函数
int main()
{
    const int n = 5000;
    const int m = n * n;
    double * a = new double[m];
    double * b = new double[n];
    //随机生成系数矩阵
    for (int i = 0; i < n; i++)b[i] = n;
    //aij,bi
    for (int i = 0; i < n; i++)
    {
        for (int j = 0; j <= i; j++)
        {
            double temp = rand() %  m / (double)(m + 1);
            if (i == j)a[i * n + j] = n;
            else
            {
                a[i * n + j] = temp;
                b[i] += temp;
                a[j * n + i] = temp;
                b[j] += temp;
            }
        }
    }
    //调用分解法解线性方程组
    long t1 = GetTickCount();
```

```
    int flag;
//  flag = LUCrout(a, b, n);
//  flag = LDDolittle(a, b, n);
//  flag = LLT(a, b, n);
    flag = LDLTA(a, b, n);
//  flag = LDLTB(a, b, n);
//  flag = LDLTC(a, b, n);
    if (flag < 0)
    {
        cout <<"方程分解失败!"<< endl;
        return flag;
    }
    long t2 = GetTickCount();
    //显示耗费时间
    cout<<"耗费时间:"<< t2 - t1 <<" MS"<< endl << endl;
    cout<<"解向量 X:"<< endl;
    for (int i = 0; i < n; i++)cout << b[i] << setw(5);
    system("pause");
    return 0;
}
```

在不考虑系数矩阵对称的情况下采用杜特利尔分解法、科朗分解法解该方程组，以及在考虑系数矩阵对称的情况下采用乔里斯基分解法和改进的乔里斯基分解法解该方程组。在主频为4GHz、内存为16GB的64位PC机上，对比各算法程序代码的计算效率，具体如表7.2.1所示。从表中可以看出，在不考虑系数矩阵对称的情况下，杜特利尔和科朗分解法的计算量相当，但几乎是考虑系数矩阵对称情况下的2倍。改进的乔里斯基法与乔里斯基法的计算量相当，但实际计算中发现，若减小对角线元素的值，使系数矩阵不是对角占优的，改进的乔里斯基法仍然可以得到准确解，但乔里斯基法因涉及开方运算会导致精度损失，进而存在求解失败的情况。另外，式(7.2.16)与式(7.2.15)相比，计算量没有明显减少，而引入临时数组可以使计算量明显减少，这主要是由于将辅助量元素置于系数矩阵 **A** 的上三角矩阵时，计算元素索引耗费了较多时间。

表7.2.1　各分解算法的耗费时间

分解算法	LUDolittle	LUCrout	LLT	LDLTA	LDLTB	LDLTC
耗费时间/s	214	230	116	109	106	34

7.3 追赶法

7.3.1 算法原理与实现过程

对于三次样条插值问题,需要求解三对角线性方程组

$$Ax = \begin{bmatrix} b_1 & c_1 & & & & \\ a_2 & b_2 & c_2 & & & \\ & \ddots & \ddots & \ddots & & \\ & & a_{n-1} & b_{n-1} & c_{n-1} & \\ & & & a_n & b_n \end{bmatrix} \begin{bmatrix} x_1 \\ x_2 \\ \vdots \\ x_{n-1} \\ x_n \end{bmatrix} = \begin{bmatrix} d_1 \\ d_2 \\ \vdots \\ d_{n-1} \\ d_n \end{bmatrix} \qquad (7.3.1)$$

将式(7.3.1)的三对角矩阵作科朗分解:

$$A = LU = \begin{bmatrix} l_1 & & & & & \\ m_2 & l_2 & & & & \\ & m_3 & l_3 & & & \\ & & \ddots & \ddots & & \\ & & & m_{n-1} & l_{n-1} & \\ & & & & m_n & l_n \end{bmatrix} \begin{bmatrix} 1 & u_1 & & & & \\ & 1 & u_2 & & & \\ & & 1 & u_3 & & \\ & & & \ddots & \ddots & \\ & & & & 1 & u_{n-1} \\ & & & & & 1 \end{bmatrix} \qquad (7.3.2)$$

方程式(7.3.1)的分解和回代过程如下[2]:

① 分解过程

$$\begin{cases} l_1 = b_1, \ u_1 = c_1/l_1 \\ m_i = a_i, \ i = 2, 3, \cdots, n \\ l_i = b_i - m_i u_{i-1}, \ i = 2, 3, \cdots, n \\ u_i = c_i/l_i, \ i = 2, 3, \cdots, n-1 \end{cases} \qquad (7.3.4)$$

② 回代过程

求解三角方程 $Ly = d$,称为"追"的过程。

$$\begin{aligned} y_1 &= d_1/l_1 \\ y_i &= (d_i - m_i y_{i-1})/l_i, \ i = 2, 3, \cdots, n \end{aligned} \qquad (7.3.5)$$

求解三角方程 $Ux = y$,称为"赶"的过程。

$$\begin{aligned} x_n &= y_n \\ x_i &= y_i - u_i x_{i+1}, \ i = n-1, n-2, \cdots, 1 \end{aligned} \qquad (7.3.6)$$

基于追赶法编写求解三对角线性方程组的程序,具体如程序代码 7.3.1 所示。

程序代码 7.3.1 追赶法的程序代码

```
//=============================================================//
//函数名称:TriCrout()
//函数目的:求解三对角线性方程组
```

```
//参数说明：a: 下次对角线
//          b: 主对角线
//          c: 上次对角线
//          d: 右端项
//          n: 方程阶数
//=================================================================//
void TriCrout(double * a, double * b, double * c, double * d, int n)
{
    double beta = b[0];
    d[0] = d[0] / beta;
    for (int i = 1; i < n; i++)
    {
        //分解过程
        c[i - 1] = c[i - 1] / beta;
        beta = b[i] - a[i] * c[i - 1];
        //追
        d[i] = (d[i] - a[i] * d[i - 1]) / beta;
    }
    //赶
    for (int i = n - 2; i >= 0; i--)d[i] -= c[i] * d[i + 1];
}
```

7.3.2 数值实验

【例7.3】 采用追赶法求解三对角方程

$$\begin{bmatrix} 136 & 90 & & \\ 90 & 98 & -68 & \\ & -68 & 132 & 46 \\ & & 46 & 177 \end{bmatrix} \begin{bmatrix} x_1 \\ x_2 \\ x_3 \\ x_4 \end{bmatrix} = \begin{bmatrix} 226 \\ 120 \\ 110 \\ 223 \end{bmatrix}$$

调用 TriCrout 函数的主程序如程序代码 7.3.2 所示。在实际中，三对角系数矩阵是主对角占优的，无需选主元就可以得到准确解。

程序代码 7.3.2　测试追赶法的主程序

```
#include<iostream>
#include<iomanip>
#include<fstream>
#include<cmath>
using namespace std;
//主函数
int main()
```

```
{
    ///////////////////////////////////////////////////////////////
    //初始化三对角矩阵 a/b/c 和有端项 d
    const int n = 4;
    double a[n] = { 0, 90, -68, 46 };      //系数 a
    double b[n] = { 136, 98, 132, 177 };   //系数 b
    double c[n] = { 90, -68, 46, 0 };      //系数 c
    double d[n] = { 226, 120, 110, 223 };  //右端项
    ///////////////////////////////////////////////////////////////
    //调用 TriCrout
    TriCrout(a, b, c, d, n);
    ///////////////////////////////////////////////////////////////
    cout<< endl<<"求解三对角方程:"<< endl;
    cout<< endl << endl <<"方程组的解:"<< endl;
    for (int i = 0; i < n; i++) cout << setw(10) << d[i] << endl;
    ///////////////////////////////////////////////////////////////
    system("pause");
    return 0;
}
```

7.4 一维变带宽压缩存储的乔里斯基分解法

在地球物理场数值模拟中，最终归结为求解大型、稀疏、对称、正定线性方程组。对于此类线性方程组，常采用一维变带宽压缩存储的乔里斯基分解法[13]。

7.4.1 一维变带宽压缩存储格式

一维变带宽压缩存储格式是用两个一维数组存储系数矩阵的元素和索引信息，存储格式如下：

GA[M]：实型数组，按顺序存储下三角矩阵中每行第一个非零元素到对角线为止的元素，M 为元素总数。

ID[N]：整型数组，存储对角线元素在 GA 中的索引，N 为方程阶数。

下面举例说明一维变带宽压缩存储格式，对于 5 × 5 阶的稀疏对称系数矩阵：

$$A = \begin{pmatrix} \mathbf{2.0} & 1.0 & 3.0 & 0.0 & 0.0 \\ \mathbf{1.0} & \mathbf{4.0} & 0.0 & 5.0 & 7.0 \\ \mathbf{3.0} & 0.0 & \mathbf{6.0} & 0.0 & 0.0 \\ 0.0 & \mathbf{5.0} & 0.0 & \mathbf{8.0} & 9.0 \\ 0.0 & \mathbf{7.0} & 0.0 & \mathbf{9.0} & \mathbf{10.0} \end{pmatrix}_{5\times 5} \tag{7.4.1}$$

采用数组 GA 按顺序存储下三角矩阵中加粗字体的元素，由于系数矩阵的对称性，即可用这些元素表示整个矩阵；采用数组 ID 存储对角线元素在 GA 中的索引，若采用 C++ 语言编

程，首索引从 0 开始。具体如下：

　　GA[13] = {**2.0**, 1.0, **4.0**, 3.0, 0.0, **6.0**, 5.0, 0.0, **8.0**, 7.0, 0.0, 9.0, **10.0**}

　　ID[5] = {0, 2, 5, 8, 12}

　　为了采用乔里斯基分解法分解压缩存储的数组 GA，需要确定系数矩阵 A、数组 GA、数组 ID 之间的关系，具体归纳如下：

　　① 矩阵 A 的下三角矩阵中存储的元素总数：

$$NP = \text{ID}[n-1] + 1, \ n\ \text{为方程阶数}$$

　　② 利用数组 ID 可确定系数矩阵 A 中的元素到数组 GA 中元素的对应关系：

$$A_{ij} \Leftrightarrow \text{GA}(N), \ N = \text{ID}[i] - i + j$$

　　③ 利用数组 ID 可确定数组 GA 每行存储的元素个数：

$$\begin{cases} R_0 = \text{ID}[0]\ , \ i = 0 \\ R_i = \text{ID}[i] - \text{ID}[i-1], \ i > 0 \end{cases}$$

　　④ 利用数组 ID 可确定数组 GA 每行元素的起始列号：

$$C_i = i - R_i + 1 = \text{ID}[i-1] - \text{ID}[i] + i + 1$$

7.4.2　一维变带宽存储的乔里斯基分解法

　　利用矩阵 A 的对称性和稀疏性对 A 的下三角部分按行变带宽压缩存储，将式(7.2.15b)稍加修改即可得到变带宽存储的乔里斯基分解法的递推公式。具体分解和回代过程如下：

　　① 分解过程

$$\begin{cases} l_{ij} = \left(a_{ij} - \sum_{k=\max(C_i, C_j)}^{j-1} d_k l_{ik} l_{jk}\right) / d_j, \ j = C_i, \ C_{i+1}, \ \cdots, \ i-1 \\ d_i = a_{ii} - \sum_{k=C_i}^{i-1} d_k l_{ik} l_{ik}, \ i = 1, 2, \cdots, n \end{cases} \qquad (7.4.2)$$

　　② 回代过程

　　求解三角方程 $LDy = b$：

$$y_i = \left(b_i - \sum_{j=C_i}^{i-1} l_{ij} y_j\right) / l_{ii}, \ i = 1, 2, \cdots, n \qquad (7.4.3)$$

　　求解三角方程 $L^T x = y$：

$$x_i = y_i - \sum_{j=C_i}^{i-1} l_{ji} x_j, \ i = n, n-2, \cdots, 1 \qquad (7.4.4)$$

　　基于变带宽存储的乔里斯基法编写求解稀疏对称线性方程组的程序，具体如程序代码7.4.1 所示，其中函数 SLDLTA 是根据式(7.4.2)~式(7.4.4)的递推公式编写的，而函数 SLDLTB 是在 SLDLTA 基础上通过引入辅助数组，使得分解一个下三角元素不再需要三次乘法，进而可有效减少计算时间。相比 7.2.5 节的算法和程序，本节内容在地球物理场数值模拟中经常用到，特别是方程组右端项较多时，在耗费内存和计算效率方面更具优势。

程序代码7.4.1 一维变带宽存储的乔里斯基分解法的程序代码

```
//========================================================//
//函数名称: SLDLTA()
//函数目的: 一维变带宽存储的乔里斯基分解法解稀疏对称线性方程组
//参数说明: GA: 存放方程组系数矩阵
//          ID: 对角线元素的索引
//          B: 存放方程组的右端项
//          n: 方程组的阶数
//          m: 右端项的组数
//========================================================//
intSLDLTA(double * GA, int * ID, double * B, int n, int m)
{
    int i, j, k, i0, j0, mi, mj, mij, ij, kn;
    //Crout 分解-LDLT
    for (i = 0; i <n; i++)
    {
        if (i ! = 0)
        {
            i0 = ID[i] - i;
            mi = ID[i - 1] - i0 + 1;
            for (j = mi; j <= i; j++)
            {
                j0 = ID[j] - j;
                mj = j > 0 ? ID[j - 1] - j0 + 1 : 0;
                mij = mj > mi ? mj : mi;
                ij = i0 + j;
                //aij = aij - aik * akk * ajk
                for (k = mij; k < j; k++)GA[ij] -= GA[i0 + k] * GA[ID[k]] * GA[j0 + k];
                if (j == i)break;
                //Ly = b
                for (k = 0; k <m; k++)
                {
                    kn = k * n;
                    B[kn + i] -= GA[ij] * B[kn + j];
                }
                //Lij
                GA[ij] /= GA[ID[j]];
            }
        }
        if (GA[ID[i]] + 1 == 1)return -1;
        for (j = 0; j <m; j++)B[j * n + i] /= GA[ID[i]];
    }
```

```
////////////////////////////////////////////////////////////////////////////////
//LTx = y
for (i = n - 1; i >= 0; i--)
{
    i0 = ID[i] - i;
    for (j = ID[i - 1] - i0 + 1; j < i; j++)
    {
        for (k = 0; k < m; k++)
        {
            kn = k * n;
            B[kn + j] -= GA[i0 + j] * B[kn + i];
        }
    }
}
return 0;
}
int LDLTB(double * GA, int * ID, double * B, int n, int m)
{
    int i, j, k, i0, j0, mi, mj, mij, ij, kn;
    double * t = new double[n];
    for (i = 0; i < n; i++)
    {
        if (i > 0)
        {
            i0 = ID[i] - i;
            mi = ID[i - 1] - i0 + 1;
            for (j = mi; j < i; j++)
            {
                j0 = ID[j] - j;
                mj = j > 0 ? ID[j - 1] - j0 + 1 : 0;
                mij = mj > mi ? mj : mi;
                ij = i0 + j;
                //tji = aij - sum(tik * ljk)
                t[j] = GA[ij];
                for (k = mij; k < j; k++)t[j] -= t[k] * GA[j0 + k];
                //Ly = b
                for (k = 0; k < m; k++)
                {
                    kn = k * n;
                    B[kn + i] -= t[j] * B[kn + j];
                }
                //lij
```

```
                GA[ij] = t[j] / GA[ID[j]];
                //di
                GA[ID[i]] -= t[j] * GA[ij];
            }
        }
        if (GA[ID[i]] + 1 == 1)return -1;
        for (j = 0; j <m; j++)B[j * n + i] /= GA[ID[i]];
    }
    delete[]t;
    /////////////////////////////////////////////////////////////////
    //LTx = y
    for (i = n - 1; i > 0; i--)
    {

        i0 = ID[i] - i;
        for (j = ID[i - 1] - i0 + 1; j < i; j++)
        {
            for (k = 0; k <m; k++)
            {
                kn = k * n;
                B[kn + j] -= GA[i0 + j] * B[kn + i];
            }
        }

    }
    return 0;
}
```

7.4.3　数值实验

【例 7.4】　采用函数 SLDLTA 和 SLDLTB 求解下面的对称稀疏线性方程组。主程序如程序代码 7.4.2 所示，两个右端项的准确解分别为 1，2，…，6 和 2，4，…，12。

$$\begin{bmatrix} 4.5 & 0.2 & -1.3 & 0.0 & 0.0 & 0.0 \\ 0.2 & 5.3 & 0.0 & 0.0 & 0.0 & 0.0 \\ -1.3 & 0.0 & 10.2 & 5.1 & 0.0 & -1.7 \\ 0.0 & 0.0 & 5.1 & 8.4 & 0.0 & 0.0 \\ 0.0 & 0.0 & 0.0 & 0.0 & 0.6 & 0.0 \\ 0.0 & 0.0 & -1.7 & 0.0 & 0.0 & 3.1 \end{bmatrix} \begin{bmatrix} x_1 \\ x_2 \\ x_3 \\ x_4 \\ x_5 \\ x_6 \end{bmatrix} = \begin{bmatrix} 1.0 \\ 10.8 \\ 39.5 \\ 48.9 \\ 3.0 \\ 13.5 \end{bmatrix} \begin{bmatrix} 2.0 \\ 21.6 \\ 79.0 \\ 97.8 \\ 6.0 \\ 27.0 \end{bmatrix}$$

程序代码 7.4.2 【例 7.4】的主程序

```cpp
#include<iostream>
#include<cmath>
#include<iomanip>
#include<windows.h>
using namespace std;
int main()
{
    const int n = 6, m = 2;
    //系数矩阵元素个数
    const int np = 13;
    double a[np] = { 4.5, 0.2, 5.3, -1.3, 0, 10.2, 5.1, 8.4, 0.6, -1.7, 0.0, 0.0, 3.1 };
    double b[m * n] = { 1.0, 10.8, 39.5, 48.9, 3.0,13.5, 2.0, 21.6, 79, 97.8, 6.0, 27.0 };
    int ID[n] = { 0, 2, 5, 7, 8, 12 };
    long t1 = GetTickCount();
    //调用分解法解线性方程组
    int flag;
    flag = SLDLTA(a, ID, b, n, m);
    //flag = SLDLTB(a, ID, b, n, m);
    if (flag < 0)
    {
        cout <<"方程分解失败!"<< endl;
        return -1;
    }
    long t2 = GetTickCount();
    //显示耗费时间
    cout<<"耗费时间:"<< t2 - t1 <<" MS"<< endl << endl;
    cout<<"解向量 x:"<< endl;
    for (int i = 0; i < n; i++)
    {
        cout << setw(15);
        for (int j = 0; j < m; j++)cout << b[i * m + j] << setw(15);
        cout << endl;
    }
    delete[]a; delete[]b; delete[]ID;
    system("pause");
    return 0;
}
```

【例 7.5】 采用随机数(0 和 1 之间)生成器构建 5000 阶对称正定线性方程组,基于一维变带宽存储格式存储下三角矩阵元素,主程序如程序代码 7.4.3 所示。在主频为 4 GHz、内存为 16 GB 的 64 位 PC 机上测试 SLDLTA 和 SLDLTB 函数,相比而言,前者相对节省内存,但求解需要95 s的计算时间，而后者多占用40 kB的内存，但耗费时间仅需31 s，计算效率明显提高，可以看出，这是一个典型的时间和内存不能同时兼顾的例子，但后者内存增加得不多，实际应用中可以考虑使用后者。

程序代码7.4.3 【例7.5】的主程序

```cpp
#include<iostream>
#include<cmath>
#include<iomanip>
#include<windows.h>
using namespace std;
int main()
{
    const int n = 5000, m = 1;
    const int np = (n + 1) * n / 2;
    double * a = new double[np];
    double * b = new double[n];
    int * ID = new int[n];
    ID[0] = 0;
    for (int i = 1; i < n; i++)ID[i] = ID[i - 1] + i + 1;
    //随机生成系数矩阵
    for (int i = 0; i < n; i++)b[i] = n;
    //aij,bi
    int ii = 0;
    for (int i = 0; i < n; i++)
    {
    for (int j = 0; j <= i; j++)
        {
            double temp = rand() % np / (double)(np + 1);
            if (i == j)a[ID[i]] = n;
            else
            {
                a[ii] = temp;
                b[i] += temp;
                b[j] += temp;
            }
            ii += 1;
        }
    }
    //解线性方程组
    long t1 = GetTickCount();
    int flag;
    flag = SLDLTA(a, ID, b, n, m);
```

```
    //flag = SLDLTB(a, ID, b, n, m);
    if (flag < 0)
    {
        cout <<"方程分解失败!"<< endl;
        return -1;
    }
    long t2 = GetTickCount();
    //显示耗费时间
    cout<<"耗费时间:"<< t2 - t1 <<" MS"<< endl << endl;
    cout<<"解向量 x:"<< endl;
    for (int i = 0; i < n; i++)cout << b[i] << setw(5);
    delete[]a; delete[]b; delete[]ID;
    system("pause");
    return 0;
}
```

7.5 共轭梯度法

共轭梯度法是(conjugate gradient method, 简称 CG)最初是由计算数学家 Hestenes 和几何学家 Stiefel 于 1952 年提出的, 他们的文章"Method of conjugate gradients for solving linear systems"被认为是共轭梯度法的奠基性文章。共轭梯度法是求解大型线性方程组和非线性优化问题最有效的方法之一。

7.5.1 基本概念

(1)对称正定矩阵: 若矩阵 $A = A^{\mathrm{T}}$, 由矩阵 A 和向量 $x = (x_1, x_2, \cdots, x_n)^{\mathrm{T}}$ 可以构造一个二次函数 $F(x) = x^{\mathrm{T}} Ax$, 如果对于任意的 x, 有 $F(x) \geqslant 0$ 成立, 并且只有当 $x = (0, 0, \cdots, 0)^{\mathrm{T}}$ 时, 才有 $F(x) = 0$, 则称矩阵 A 为对称正定矩阵。

二次函数 $F(x) = x^{\mathrm{T}} Ax$ 也可以写成向量内积的形式, 即: $F(x) = (x, Ax)$。

(2) 向量的正交: 设两个互异的向量 $x = (x_1, x_2, \cdots, x_n)^{\mathrm{T}}$ 和 $y = (y_1, y_2, \cdots, y_n)^{\mathrm{T}}$, 如果它们的内积为零, 即 $(x, y) = 0$, 则称向量 x 和 y 是正交的。

(3) 共轭变换: 对于两个任意向量 x 和 y, 如果矩阵 A 与 B 满足 $(x, Ay) = (Bx, y)$, 则称 B 为 A 的共轭变换。如果 $B = A$, 则称 A 是自共轭的。根据向量内积的定义, 对称矩阵是自共轭的, 即 $(x, Ay) = (Ax, y)$。如果向量 x 和 y 满足 $(x, Ay) = (Ax, y) = 0$, 则称向量 x 和 y 与 A 共轭正交。

7.5.2 共轭梯度法的推导过程

如果线性代数方程组 $Ax = b$ 的系数矩阵 A 是对称正定的, 则共轭梯度法求解方程组的基本思想为:

对于任意一个初始向量 $x = (0, 0, \cdots, 0)^{\mathrm{T}}$, 依次构造一组与 A 共轭正交的向量 $\{p^{(i)}\}$ 以

及系数 α_i，经过迭代公式

$$\boldsymbol{x}^{(i+1)} = \boldsymbol{x}^{(i)} + \alpha_i \boldsymbol{p}^{(i)}, \ i = 0, \ 1, \ \cdots \tag{7.5.1}$$

计算得到的序列

$$\boldsymbol{x}^{(0)}, \ \boldsymbol{x}^{(1)}, \ \cdots, \ \boldsymbol{x}^{(i)}, \ \cdots$$

逐渐收敛于方程组的准确解 $\boldsymbol{x}^*$。

由此可知，共轭梯度法的关键是如何根据系数矩阵 $\boldsymbol{A}$ 的对称正定性，逐渐构造与 $\boldsymbol{A}$ 共轭正交的向量 $\boldsymbol{p}^{(i)}$ 及系数 α_i[5]。

（1）构造 α_i

假设 $\boldsymbol{x}^*$ 为方程组的精确解。现构造一个二次函数

$$F(\boldsymbol{x}) = [\boldsymbol{A}(\boldsymbol{x}^* - \boldsymbol{x}), \ (\boldsymbol{x}^* - \boldsymbol{x})]$$

显然，由 $\boldsymbol{A}$ 的对称正定性，有 $F(\boldsymbol{x}) \geqslant 0$，并且只有当 $\boldsymbol{x} = \boldsymbol{x}^*$ 时，才有 $F(\boldsymbol{x}) = 0$，此时 $\boldsymbol{x}$ 即为方程组的准确解。

现在用 $i + 1$ 次的迭代值

$$\boldsymbol{x}^{(i+1)} = \boldsymbol{x}^{(i)} + \alpha_i \boldsymbol{p}^{(i)}$$

来代替 $\boldsymbol{x}$，则有

$$F[\boldsymbol{x}^{(i)} + \alpha_i \boldsymbol{p}^{(i)}] = [\boldsymbol{A}(\boldsymbol{x}^* - \boldsymbol{x}^{(i)} - \alpha_i \boldsymbol{p}^{(i)}), \ (\boldsymbol{x}^* - \boldsymbol{x}^{(i)} - \alpha_i \boldsymbol{p}^{(i)})]$$

利用 $\boldsymbol{A}$ 自共轭的性质和内积交换律：

$$[\boldsymbol{p}_i, \ \boldsymbol{A}(\boldsymbol{x}^* - \boldsymbol{x}^{(i)})] = [\boldsymbol{A}(\boldsymbol{x}^* - \boldsymbol{x}^{(i)}), \ \boldsymbol{p}^{(i)}] = [\boldsymbol{A}\boldsymbol{p}^{(i)}, \ (\boldsymbol{x}^* - \boldsymbol{x}^{(i)})]$$

可得

$$F[\boldsymbol{x}^{(i)} + \alpha_i \boldsymbol{p}^{(i)}] = F[\boldsymbol{x}^{(i)}] - 2\alpha_i [\boldsymbol{p}^{(i)}, \ \boldsymbol{A}(\boldsymbol{x}^* - \boldsymbol{x}^{(i)})] + \alpha_i^2 [\boldsymbol{p}^{(i)}, \ \boldsymbol{A}\boldsymbol{p}^{(i)}]$$

如果令

$$\boldsymbol{r}^{(i)} = \boldsymbol{A}[\boldsymbol{x}^* - \boldsymbol{x}^{(i)}]$$

为残差向量或梯度向量。其中 $[\boldsymbol{x}^* - \boldsymbol{x}^{(i)}]$ 是第 i 次迭代值与精确解的误差向量。显然有

$$\boldsymbol{r}^{(i)} = \boldsymbol{A}[\boldsymbol{x}^* - \boldsymbol{x}^{(i)}] = \boldsymbol{A}\boldsymbol{x}^* - \boldsymbol{A}\boldsymbol{x}^{(i)} = \boldsymbol{b} - \boldsymbol{A}\boldsymbol{x}^{(i)}$$

则上述所构造的二次函数变为

$$F[\boldsymbol{x}^{(i)} + \alpha_i \boldsymbol{p}^{(i)}] = F[\boldsymbol{x}^{(i)}] - 2\alpha_i [\boldsymbol{p}^{(i)}, \ \boldsymbol{r}^{(i)}] + \alpha_i^2 [\boldsymbol{p}^{(i)}, \ \boldsymbol{A}\boldsymbol{p}^{(i)}]$$

要使 $F[\boldsymbol{x}^{(i)} + \alpha_i \boldsymbol{p}^{(i)}]$ 达到极小值，则 α_i 应满足如下条件：

$$\frac{\partial F[\boldsymbol{x}^{(i)} + \alpha_i \boldsymbol{p}^{(i)}]}{\partial \alpha_i} = 0$$

由此解出

$$\alpha_i = \frac{[\boldsymbol{p}^{(i)}, \ \boldsymbol{r}^{(i)}]}{[\boldsymbol{p}^{(i)}, \ \boldsymbol{A}\boldsymbol{p}^{(i)}]} \tag{7.5.2}$$

其中残差向量 $\boldsymbol{r}^{(i)}$ 为

$$\begin{aligned} \boldsymbol{r}^{(i)} &= \boldsymbol{b} - \boldsymbol{A}\boldsymbol{x}^{(i)} = \boldsymbol{b} - \boldsymbol{A}[\boldsymbol{x}^{(i-1)} + \alpha_{i-1}\boldsymbol{p}^{(i-1)}] \\ &= [\boldsymbol{b} - \boldsymbol{A}\boldsymbol{x}^{(i-1)}] - \alpha_{i-1}\boldsymbol{A}\boldsymbol{p}^{(i-1)} = \boldsymbol{r}^{(i-1)} - \alpha_{i-1}\boldsymbol{A}\boldsymbol{p}^{(i-1)} \end{aligned} \tag{7.5.3}$$

（2）构造共轭向量组 $\boldsymbol{p}_i$

假设已经产生与 $\boldsymbol{A}$ 共轭正交的向量 $\boldsymbol{p}^{(0)}, \ \boldsymbol{p}^{(1)}, \ \cdots, \ \boldsymbol{p}^{(i-1)}$，根据式(7.5.2)可以计算出 α_0, $\alpha_1, \ \cdots, \ \alpha_{i-1}$。根据给定的初值 $\boldsymbol{x}_0$ 以及迭代公式 $\boldsymbol{x}^{(i+1)} = \boldsymbol{x}^{(i)} + \alpha_i \boldsymbol{p}^{(i)}$ 可以计算得到近似解序列

$\boldsymbol{x}^{(0)}$，$\boldsymbol{x}^{(1)}$，$\cdots$，$\boldsymbol{x}^{(i)}$。并且根据 $\boldsymbol{r}^{(i)} = \boldsymbol{b} - \boldsymbol{A}\boldsymbol{x}^{(i)}$ 可进一步计算得到残差向量序列 $\boldsymbol{r}^{(0)}$，$\boldsymbol{r}^{(1)}$，$\cdots$，$\boldsymbol{r}^{(i)}$。

为了构造 $\boldsymbol{p}^{(i)}$，可以通过 $\boldsymbol{p}^{(0)}$，$\boldsymbol{p}^{(1)}$，$\cdots$，$\boldsymbol{p}^{(i-1)}$ 及 $\boldsymbol{r}^{(i)}$ 的线性组合得到。不妨假设

$$\boldsymbol{p}^{(i)} = \alpha_0 \boldsymbol{p}^{(0)} + \alpha_1 \boldsymbol{p}^{(1)} + \cdots + \alpha_{i-1} \boldsymbol{p}^{(i-1)} + \boldsymbol{r}^{(i)} \tag{7.5.4}$$

根据向量 $\boldsymbol{p}^{(0)}$，$\boldsymbol{p}^{(1)}$，$\cdots$，$\boldsymbol{p}^{(i-1)}$ 和 $\boldsymbol{p}^{(i)}$ 的共轭正交性，依次求解系数 α_0，α_1，$\cdots$，α_{i-1}。即根据

$$[\boldsymbol{A}\boldsymbol{p}^{(i)}, \boldsymbol{p}^{(0)}] = \alpha_0 [\boldsymbol{A}\boldsymbol{p}^{(0)}, \boldsymbol{p}^{(0)}] + \alpha_1 [\boldsymbol{A}\boldsymbol{p}^{(1)}, \boldsymbol{p}^{(0)}] + \cdots + \alpha_{i-1}[\boldsymbol{A}\boldsymbol{p}^{(i-1)}, \boldsymbol{p}^{(0)}] + [\boldsymbol{A}\boldsymbol{r}^{(i)}, \boldsymbol{p}^{(0)}] = 0$$

可以解出

$$\alpha_0 = -\frac{[\boldsymbol{A}\boldsymbol{r}^{(i)}, \boldsymbol{p}^{(0)}]}{[\boldsymbol{A}\boldsymbol{p}^{(0)}, \boldsymbol{p}^{(0)}]}$$

依此类推，可以解出

$$\alpha_1 = -\frac{[\boldsymbol{A}\boldsymbol{r}^{(i)}, \boldsymbol{p}^{(1)}]}{[\boldsymbol{A}\boldsymbol{p}^{(1)}, \boldsymbol{p}^{(1)}]}, \quad \cdots, \quad \alpha_{i-1} = -\frac{[\boldsymbol{A}\boldsymbol{r}^{(i)}, \boldsymbol{p}^{(i-1)}]}{[\boldsymbol{A}\boldsymbol{p}^{(i-1)}, \boldsymbol{p}^{(i-1)}]}$$

将 α_0，α_1，$\cdots$，α_{i-1} 代入式(7.5.3)，可得

$$\boldsymbol{p}^{(i)} = \boldsymbol{r}^{(i)} - \left\{ \frac{[\boldsymbol{A}\boldsymbol{r}^{(i)}, \boldsymbol{p}^{(0)}]}{[\boldsymbol{A}\boldsymbol{p}^{(0)}, \boldsymbol{p}^{(0)}]}\boldsymbol{p}^{(0)} + \frac{[\boldsymbol{A}\boldsymbol{r}^{(i)}, \boldsymbol{p}^{(1)}]}{[\boldsymbol{A}\boldsymbol{p}^{(1)}, \boldsymbol{p}^{(1)}]}\boldsymbol{p}^{(1)} + \cdots + \frac{[\boldsymbol{A}\boldsymbol{r}^{(i)}, \boldsymbol{p}^{(i-1)}]}{[\boldsymbol{A}\boldsymbol{p}^{(i-1)}, \boldsymbol{p}^{(i-1)}]}\boldsymbol{p}^{(i-1)} \right\} \tag{7.5.5}$$

根据式(7.5.4)，则有

$$\boldsymbol{A}\boldsymbol{p}^{(i-1)} = \frac{\boldsymbol{r}^{(i-1)} - \boldsymbol{r}^{(i)}}{\alpha_{i-1}} \tag{7.5.6}$$

因此

$$[\boldsymbol{A}\boldsymbol{r}^{(i)}, \boldsymbol{p}^{(j)}] = [\boldsymbol{r}^{(i)}, \boldsymbol{A}\boldsymbol{p}^{(j)}] = [\boldsymbol{r}^{(i)}, \frac{\boldsymbol{r}^{(j)} - \boldsymbol{r}^{(j+1)}}{\alpha_j}] = \frac{1}{\alpha_j}\{[\boldsymbol{r}^{(i)}, \boldsymbol{r}^{(j)}] - [\boldsymbol{r}^{(i)}, \boldsymbol{r}^{(j+1)}]\}$$

由向量组 $\{\boldsymbol{p}^{(i)}\}$ 与 $\boldsymbol{A}$ 共轭正交，可以证明残差向量组 $\{\boldsymbol{r}^{(i)}\}$ 为互相正交。由此可得，当 $j < i - 1$ 时，有

$$[\boldsymbol{A}\boldsymbol{r}^{(i)}, \boldsymbol{p}^{(j)}] = 0$$

由此可以看出，在式(7.5.5) 右端的括号中，除了最后一项不为零外，前 $i - 1$ 个向量均为零。因此，可以得到

$$\boldsymbol{p}^{(i)} = \boldsymbol{r}^{(i)} - \frac{[\boldsymbol{A}\boldsymbol{r}^{(i)}, \boldsymbol{p}^{(i-1)}]}{[\boldsymbol{A}\boldsymbol{p}^{(i-1)}, \boldsymbol{p}^{(i-1)}]}\boldsymbol{p}^{(i-1)}$$

若令

$$\beta_{i-1} = -\frac{[\boldsymbol{A}\boldsymbol{r}^{(i)}, \boldsymbol{p}^{(i-1)}]}{[\boldsymbol{A}\boldsymbol{p}^{(i-1)}, \boldsymbol{p}^{(i-1)}]} \tag{7.5.7}$$

即可给出 $\boldsymbol{A}$ 共轭正交向量 $\boldsymbol{p}^{(i)}$ 的计算公式

$$\boldsymbol{p}^{(i)} = \boldsymbol{r}^{(i)} + \beta_{i-1}\boldsymbol{p}^{(i-1)} \tag{7.5.8}$$

下面对式(7.5.2) 作进一步简化，根据

$$[\boldsymbol{p}^{(i)}, \boldsymbol{r}^{(i)}] = [\boldsymbol{r}^{(i)} + \beta_{i-1}\boldsymbol{p}^{(i-1)}, \boldsymbol{r}^{(i)}] = [\boldsymbol{r}^{(i)}, \boldsymbol{r}^{(i)}]$$

则式(7.5.2) 可简化为

$$\alpha_i = \frac{[\boldsymbol{p}^{(i)}, \boldsymbol{r}^{(i)}]}{[\boldsymbol{p}^{(i)}, \boldsymbol{A}\boldsymbol{p}^{(i)}]} = \frac{[\boldsymbol{r}^{(i)}, \boldsymbol{r}^{(i)}]}{[\boldsymbol{p}^{(i)}, \boldsymbol{A}\boldsymbol{p}^{(i)}]} \tag{7.5.9}$$

下面根据式(7.5.6)对式(7.5.7)作进一步简化,有

$$\beta_i = -\frac{[\boldsymbol{Ar}^{(i+1)}, \boldsymbol{p}^{(i)}]}{[\boldsymbol{Ap}^{(i)}, \boldsymbol{p}^{(i)}]} = -\frac{[\boldsymbol{r}^{(i+1)}, \boldsymbol{Ap}^{(i)}]}{[\boldsymbol{Ap}^{(i)}, \boldsymbol{p}^{(i)}]} = -\frac{\{\boldsymbol{r}^{(i+1)}, [\boldsymbol{r}^{(i)} - \boldsymbol{r}^{(i+1)}]/\alpha_i\}}{[\boldsymbol{r}^{(i)} + \beta_{i-1}\boldsymbol{p}^{(i-1)}, \boldsymbol{Ap}^{(i)}]}$$

$$= \frac{[\boldsymbol{r}^{(i+1)}, \boldsymbol{r}^{(i+1)}]}{\alpha_i[\boldsymbol{r}^{(i)}, \boldsymbol{Ap}^{(i)}]} = \frac{[\boldsymbol{r}^{(i+1)}, \boldsymbol{r}^{(i+1)}]}{[\boldsymbol{r}^{(i)}, \boldsymbol{r}^{(i)}]} \qquad (7.5.10)$$

(3) 共轭梯度法的迭代公式

综合式(7.5.1)、式(7.5.3)、式(7.5.8)、式(7.5.9)和式(7.5.10),可以给出 FR(Fletcher& Reeves)共轭梯度法的迭代公式:

① 置初值:$\boldsymbol{x}^{(0)}$,$\boldsymbol{r}^{(0)} = \boldsymbol{b} - \boldsymbol{Ax}^{(0)}$,$\boldsymbol{p}^{(0)} = \boldsymbol{r}^{(0)}$。

② 开始迭代过程:

$$a_i = \frac{[\boldsymbol{r}^{(i)}, \boldsymbol{r}^{(i)}]}{[\boldsymbol{p}^{(i)}, \boldsymbol{Ap}^{(i)}]} \qquad (7.5.11a)$$

$$\boldsymbol{x}^{(i+1)} = \boldsymbol{x}^{(i)} + \alpha_i \boldsymbol{p}^{(i)} \qquad (7.5.11b)$$

$$\boldsymbol{r}^{(i+1)} = \boldsymbol{r}^{(i)} - \alpha_i \boldsymbol{Ap}^{(i)} \qquad (7.5.11c)$$

$$\beta_i = \frac{[\boldsymbol{r}^{(i+1)}, \boldsymbol{r}^{(i+1)}]}{[\boldsymbol{r}^{(i)}, \boldsymbol{r}^{(i)}]} \qquad (7.5.11d)$$

$$\boldsymbol{p}^{(i+1)} = \boldsymbol{r}^{(i+1)} + \beta_i \boldsymbol{p}^{(i)} \qquad (7.5.11e)$$

$$i = 0, 1, 2, \cdots$$

③ 判断是否满足收敛标准$[\boldsymbol{r}^{(i+1)}, \boldsymbol{r}^{(i+1)}] < \varepsilon$。若不满足,重复步骤②,直至达到收敛标准,迭代过程结束。

对于高阶对称正定线性方程组,利用共轭梯度法通常只需要比阶数小的迭代次数,就能得到满足精度要求的解。

7.6 对称超松弛预条件共轭梯度法

在地球物理场数值模拟过程中,很多问题最终归结为求解大型稀疏对称线性方程组,可以采用7.4节介绍的一维变带宽存储乔里斯基分解法和本节介绍的预条件共轭梯度法 (preconditioned conjugate gradient method,简记为 PCG)。预条件共轭梯度法是解大型、稀疏、对称、正定系数矩阵线性方程组最有效的方法之一,目前,预条件共轭梯度法的种类较多,如 SSORCG、ICCG、ILUCG 等[14]。

7.6.1 预条件的基本思想

在共轭梯度法中,引入预条件矩阵是为了降低系数矩阵的条件数,以加快方程迭代求解的收敛速度。

对于线性方程组:

$$\boldsymbol{Ax} = \boldsymbol{b} \qquad (7.6.1)$$

其中 $\boldsymbol{A}$ 为对称矩阵,$\boldsymbol{x}$ 为解向量,$\boldsymbol{b}$ 为右端项。设预条件矩阵 $\boldsymbol{M}$ 为 $\boldsymbol{A}$ 的一个近似分解,即

$$\boldsymbol{M} = \boldsymbol{LL}^{\mathrm{T}} \cong \boldsymbol{A} \qquad (7.6.2)$$

其中 $\boldsymbol{L}$ 为 $\boldsymbol{A}$ 的下三角矩阵,则可将方程(7.6.1)变换为:

$$M^{-1}Ax = M^{-1}b \tag{7.6.3}$$

设 $F = M^{-1}A$，$d = M^{-1}b$，有：

$$Fx = d \tag{7.6.4}$$

可通过解方程组(7.6.4)代替解方程组(7.6.1)。

事实上，通过粗略估计可知：

$$F = M^{-1}A \cong (L^{-T}L^{-1})(LL^{T}) = I(单位矩阵)$$

因此，当 LL^{T} 越近似于 A 的完全分解时，F 越接近 I，F 的条件数就越接近于条件数的最小值1，从而达到了降低条件数的目的。

7.6.2 稀疏矩阵的压缩存储格式

下面介绍两种广泛地应用于预条件共轭梯度法的存储格式[8]。

(1)行压缩存储格式(compressed sparse row，简称 CSR)：是以行为单位，顺序存储系数矩阵中的非零元素，是目前较流行的稀疏矩阵压缩存储方法之一。CSR 格式是用三个一维数组来存储系数矩阵的非零元素和索引信息，CSR 存储格式如下：

GA[M]：实型数组，按行顺序存储系数矩阵中的非零元素，M 为非零元素个数；

JA[M]：整型数组，存储非零元素在系数矩阵中的列号，与 GA 中的元素一一对应；

IA[N]：整型数组，N 为方程的阶数，存放每行对角线元素在 GA 中的索引。

下面举例说明 CSR 存储格式，对于稀疏、对称的系数矩阵：

$$A = \begin{pmatrix} 2.0 & 1.0 & 3.0 & & \\ 1.0 & 4.0 & & 5.0 & 7.0 \\ 3.0 & & 6.0 & & \\ & 5.0 & & 8.0 & 9.0 \\ & 7.0 & & 9.0 & 10.0 \end{pmatrix}_{5 \times 5} \tag{7.6.5}$$

可以只存储下三角矩阵中的非零元素，数组 GA、JA、IA 中的元素如表 7.6.1 所示。

表 7.6.1　CSR 压缩存储格式

i	0	1	2	3	4	5	6	7	8	9
GA	2.0	1.0	4.0	3.0	6.0	5.0	8.0	7.0	9.0	10.0
JA	0	0	1	0	2	1	3	1	3	4
IA	0	2	4	6	9					

根据这三个数组可以获得以下信息：

①GA 的元素个数 M 等于 IA[$n-1$] + 1；

②IA[$i-1$] + 1 ~ IA[i] 是第 i 行非零元素的索引范围；

③JA[i] 是 GA[i] 元素所在的列号，两数组等长度，元素一一对应。

(2)修正的行压缩存储格式(modified sparse row，简称 MSR)：是将 CSR 格式的三元组表示法修改为二元组表示法，即用两个一维数组存储系数矩阵的非零元素和索引信息，对于式(7.6.5)，MSR 存储格式如表 7.6.2 所示。

表 7.6.2 MSR 压缩存储格式

i	0	1	2	3	4	5	6	7	8	9	10
GA	2.0	4.0	6.0	8.0	10.0	X	1.0	3.0	5.0	7.0	9.0
IJA	6	6	7	8	9	11	0	0	1	1	3

根据这两个数组可以获得以下信息：

① $GA[i]$ $(i = 0, 1, \cdots, n-1)$ 是矩阵 A 的对角线元素，$GA[n]$ 为任意值，从 $GA[n+1]$ 开始是非对角线的非零元素，同一行元素按列号从小到大排列；

② $IJA[0] = n + 1$，即 $IJA[0] - 1$ 等于矩阵 A 的阶数 n，$IJA[n] - 1$ 等于下三角矩阵中非零元素的个数；

③ $IJA[i+1] - IJA[i]$ $(i = 0, 1, \cdots, n-1)$ 是第 i 行非对角线非零元素的个数；

④ $IJA[i]$ 是 $GA[i]$ $(i = n+1, n+2, \cdots, IJA[n])$ 元素所在的列号。

7.6.3 对称超松弛预条件共轭梯度算法

对于稀疏、对称矩阵 A，可分解为[15]：

$$A = L + D + L^T \tag{7.6.6}$$

其对称超松弛预条件矩阵定义为：

$$M = \frac{1}{(2-\omega)}\left(\frac{D}{\omega} + L\right)\left(\frac{D}{\omega}\right)^{-1}\left(\frac{D}{\omega} + L\right)^T \tag{7.6.7}$$

其中 L 为下三角矩阵，D 为对角阵，ω 为超松弛因子 $(1 \leq \omega < 2)$，$\omega = 1.5$。根据 7.5 节标准共轭梯度法的迭代过程，可以推导出对称超松弛预条件共轭梯度法的迭代过程：

① 置初值：$x^{(0)}$，$r^{(0)} = b - Ax^{(0)}$，$p^{(0)} = h^{(0)} = M^{-1}r^{(0)}$。

② 开始迭代过程：

$$\alpha_i = \frac{[r^{(i)}, h^{(i)}]}{[p^{(i)}, Ap^{(i)}]} \tag{7.6.8a}$$

$$x^{(i+1)} = x^{(i)} + \alpha_i p^{(i)} \tag{7.6.8b}$$

$$r^{(i+1)} = r^{(i)} - \alpha_i Ap^{(i)} \tag{7.6.8c}$$

$$h^{(i+1)} = M^{-1}r^{(i+1)} \tag{7.6.8d}$$

$$\beta_i = \frac{[r^{(i+1)}, h^{(i+1)}]}{[r^{(i)}, h^{(i)}]} \tag{7.6.8e}$$

$$p^{(i+1)} = h^{(i+1)} + \beta_i p^{(i)} \tag{7.6.8f}$$

$$i = 0, 1, 2, \cdots$$

其中 $[\cdot, \cdot]$ 表示内积；i 表示迭代序号；r 和 p 分别表示梯度和共轭方向向量；h 为临时向量；α_i 和 β_i 为标量，分别表示 x 和 p 的修正因子。在计算过程中，不必存储预条件矩阵 M。对于方程 $h^{(i+1)} = M^{-1}r^{(i+1)}$ 无需直接求逆，而是将其转化为方程组 $Mh^{(i+1)} = r^{(i+1)}$，然后经顺代和回代过程得到 $h^{(i+1)}$，由于顺代和回代过程仅涉及少数非零元素的相乘、相加，所以仅需要很少的计算量。

③ 判断是否满足收敛标准 $[r^{(i+1)}, r^{(i+1)}]/[r^{(0)}, r^{(0)}] < \varepsilon$。若不满足，重复步骤②，直

至达到收敛标准，迭代过程结束。

　　下面根据对称超松弛预条件共轭梯度法，编写求解大型、稀疏、对称、正定矩阵线性方程组的 C++程序，具体如程序代码 7.6.1 所示，其中下三角系数矩阵的非零元素按 CSR 格式存储。

程序代码 7.6.1　对称超松弛预条件共轭梯度法的程序代码

```cpp
#include<iostream>
#include<iomanip>
#include<cmath>
#include<windows.h>
using namespace std;
#define REAL double
//=========================================================//
//函数名称: FBSSOR()
//函数目的: 顺代和回代过程 h = m- * g => m * h = g;
//参数说明: ia: 记录对角线元素在 a 中的索引
//          ja: 记录下三角矩阵中各非零元素的列号
//          a: 系数矩阵
//          x: 解向量
//          n: 方程阶数
//=========================================================//
void FBSSOR(int * ia, int * ja, REAL * a, REAL * x, int n)
{
    int i, j, ibgn, iend;
    REAL w = 1.5, wx; //松弛因子
    /////////////////////////////////////////////////////////
    //顺代过程
    for (i = 0; i <n; i++)//行
    {
        ibgn = i > 0 ? ia[i - 1] + 1 : 0;  //行首索引
        iend = ia[i];                      //行尾索引
        for (j = ibgn; j < iend; j++)x[i] -= a[j] * x[ja[j]];
        x[i] *= w / a[iend];
    }
    /////////////////////////////////////////////////////////
    //回代过程
    for (i = n - 1; i >= 0; i--)//行
    {
        ibgn = i > 0 ? ia[i - 1] + 1 : 0; //行首索引
        iend = ia[i];                     //行尾索引
```

```
            wx = w * x[i];
            for (j = ibgn; j< iend; j++)x[ ja[j]] -= a[j] * wx / a[ia[ja[j]]];
        }
}
//=============================================================//
//函数名称: AMP()
//函数目的: 矩阵与向量的乘积 H = AP
//参数说明: ia: 记录对角线元素在 a 中的索引
//          ja: 记录下三角矩阵中各非零元素的列号
//           a: 系数矩阵
//           h: 返回值
//           p: 待乘向量
//           n: 方程阶数
//=============================================================//
void AMP(int * ia, int * ja, REAL * a, REAL * p, REAL * h, int n)
{
    int i, j, ibgn, iend;
    for (i = 0; i <n; i++)
    {
        ibgn = i > 0 ? ia[i - 1] + 1 : 0;    //行首索引
        iend = ia[i];                        //行尾索引
        h[i] = a[iend] * p[i];
        for (j = ibgn; j < iend; j++)
        {
            h[i] += a[j] * p[ja[j]]; //Al * D
            h[ja[j]] += a[j] * p[i]; //Au * D
        }
    }
}
//=============================================================//
//函数名称: SSORCG()
//函数目的: 对称超松弛预条件共轭梯度法解稀疏对称正定线性方程组
//参数说明: ia: 存储对角线元素在 a 中的索引
//          ja: 存储下三角矩阵中各非零元素的列号
//           a: 存储下三角矩阵每行的非零元素
//           x: 解向量
//           b: 右端向量
//           n: 方程阶数
//=============================================================//
void SSORCG(REAL * a, int * ia, int * ja, REAL * x, REAL * b, int n)
```

```
{
    int i, iter;
    double EPS = 1.0e-15;           //终止条件
    REAL g0 = 0, g1, g2, alpha, beta;
    ///////////////////////////////////////////////////////////////////
    REAL * h = new REAL[n];         //中间向量
    REAL * g = new REAL[n];         //梯度向量
    REAL * p = new REAL[n];         //共轭方向向量
    ///////////////////////////////////////////////////////////////////
    //初值
    for (i = 0; i < n; i++)
    {
        x[i] = 0;           //解向量初值
        g[i] = b[i];        //共轭梯度向量初值
        h[i] = g[i];        //中间向量
    }
    //h = m- * g => m * h = g;
    FBSSOR(ia, ja, a, h, n);
    for (i = 0; i < n; i++)
    {
        p[i] = h[i];        //共轭方向向量初值
        g0 += g[i] * h[i];
    }
    g1 = g0;
    ///////////////////////////////////////////////////////////////////
    //开始迭代
    cout<<"收敛残差 r:"<< endl;
    iter = 1;
    while (iter <= n)
    {
        //(p, a * p) = (p, h);
        //h = a * p
        AMP(ia, ja, a, p, h, n);
        g2 = 0;
        for (i = 0; i < n; i++)g2 += h[i] * p[i];
        //alpha = (g, h) / (p, a * p) = g1 / g2;
        alpha = g1 / g2;
        //x = x + alpha * p
        //g = g - alpha * a * p = g - alpha * h;
        for (i = 0; i < n; i++)
```

```
        {
            x[i] += alpha * p[i];
            g[i] -= alpha * h[i];
            h[i] = g[i];
        }
        //h = m- * g => m * h = g;
        FBSSOR(ia, ja, a, h, n);
        //beta = [g(k+1), h(k+1)] / [g(k), h(k)] = g2 / g1;
        g2 = 0;
        for (i = 0; i <n; i++)g2 += g[i] * h[i];
        //退出
        cout << iter << setw(12) << g2 / g0 << endl;
        if (g2 / g0 < EPS ) break;
        beta = g2 / g1;
        g1 = g2;
        for (i = 0; i <n; i++)p[i] = h[i] + beta * p[i];
        iter += 1;
    }
    delete[ ]h; delete[ ]g; delete[ ]p;
}
```

7.6.4　数值实验

【例 7.6】　为便于使用 SSORCG 函数求解大型、稀疏、对称、正定系数矩阵线性方程组，下面给出调用 SSORCG 函数的示例，对于方程

$$\begin{bmatrix} 1.1 & 0.0 & 0.0 & 0.0 & 0.0 & 0.0 \\ 0.0 & 2.5 & 2.2 & 7.6 & 0.0 & 0.0 \\ 0.0 & 2.2 & 4.0 & 0.0 & 9.2 & 5.3 \\ 0.0 & 7.6 & 0.0 & 1.3 & 0.0 & 0.0 \\ 0.0 & 0.0 & 9.2 & 0.0 & 3.4 & 0.0 \\ 0.0 & 0.0 & 5.3 & 0.0 & 0.0 & 1.6 \end{bmatrix} \begin{bmatrix} x_1 \\ x_2 \\ x_3 \\ x_4 \\ x_5 \\ x_6 \end{bmatrix} = \begin{bmatrix} 1.1 \\ 12.3 \\ 20.7 \\ 8.9 \\ 12.6 \\ 6.9 \end{bmatrix}$$

编写主程序如程序代码 7.6.2 所示，其中数组 a 用于存储下三角矩阵中的非零元素；数组 b 用于存储方程组右端项元素；数组 ia 用于存储对角线元素在数组 a 中的索引；数组 ja 用于存储数组 a 中各元素所在的列号。

对于本例，迭代 5 次可以得到精确解，而对于大型、稀疏、对称、正定系数矩阵线性方程组，以相对方程阶数很少的迭代次数就可得到满足精度要求的数值解。在地球物理数值模拟中，由于 SSORCG 占用内存少、收敛速度快而被广泛使用，实际应用时可根据精度要求，重新设置迭代终止条件 ε 和最大迭代次数。

程序代码 7.6.2　调用 SSORCG 函数的主程序

```
int main()
{
    const int n = 6;
    const int m = 10;
    ////////////////////////////////////////////////////////////////
    //方程系数
    double a[m] = { 1.1, 2.5, 2.2, 4.0, 7.6, 1.3, 9.2, 3.4, 5.3, 1.6 };
    double b[n] = { 1.1, 12.3, 20.7, 8.9, 12.6, 6.9 }, x[n];
    int ia[n] = { 0, 1, 3, 5, 7, 9 };
    int ja[m] = { 0, 1, 1, 2, 1, 3, 2, 4, 2, 5 };
    ////////////////////////////////////////////////////////////////
    //解线性方程组
    SSORCG(a, ia, ja, x, b, n);
    ////////////////////////////////////////////////////////////////
    cout<<"解向量 x:"<< endl;
    for (int i = 0; i < n; i++) cout << i << setw(15) << x[i] << endl;
    ////////////////////////////////////////////////////////////////
    system("pause");
    return 0;
}
```

7.7　不完全乔里斯基预条件共轭梯度法

7.7.1　不完全乔里斯基分解

不完全乔里斯基分解的基本思想是以分解前后系数矩阵仍保持原有的稀疏特征为基础的，定义包含非零元素的指标集 S：

$$S = \{ (i, j) \,|\, a_{ij} \neq 0 \}$$

将稀疏系数矩阵 A 作不完全 LDL^T 分解，即

$$A = \overline{L}\,\overline{D}\,\overline{L}^T + E = M + E \tag{7.7.1}$$

其中 $\overline{L}$ 是与 A 稀疏性一致的下三角矩阵，$\overline{D}$ 为对角阵，E 为误差矩阵，$M = \overline{L}\,\overline{D}\,\overline{L}^T$ 为预条件矩阵。

下面给出作不完全 LDL^T 分解的高斯消去法[16]：

```
For i = 1, ···, n−1
    For k = 1, ···, i−1 and (i, k) ∈ S
        c = a_{ik}/a_{kk}
        For j = k+1, ···, n and (i, j) ∈ S
            a_{ij} = a_{ij}−c · a_{kj}
        End
    End
End
```

7.7.2　不完全乔里斯基预条件共轭梯度算法

对于 n 阶线性方程组

$$Ax = b$$

其中 A 为稀疏对称正定矩阵。首先对 A 矩阵作不完全乔里斯基分解，得到预条件矩阵

$$M = \overline{L}\,\overline{D}\,\overline{L}^{\mathrm{T}}$$

然后再采用预条件共轭梯度算法求解该线性方程组，具体算法如下：

① 置初值：$x^{(0)}$，$r^{(0)} = b − Ax^{(0)}$，$p^{(0)} = h^{(0)} = M^{-1}r^{(0)}$。

② 开始迭代过程：

$$\alpha_i = \frac{[r^{(i)}, h^{(i)}]}{[p^{(i)}, Ap^{(i)}]} \tag{7.7.2a}$$

$$x^{(i+1)} = x^{(i)} + \alpha_i p^{(i)} \tag{7.7.2b}$$

$$r^{(i+1)} = r^{(i)} − \alpha_i Ap^{(i)} \tag{7.7.2c}$$

$$h^{(i+1)} = M^{-1}r^{(i+1)} \tag{7.7.2d}$$

$$\beta_i = \frac{[r^{(i+1)}, h^{(i+1)}]}{[r^{(i)}, h^{(i)}]} \tag{7.7.2e}$$

$$p^{(i+1)} = h^{(i+1)} + \beta_i p^{(i)} \tag{7.7.2f}$$

$$i = 0, 1, 2, \cdots$$

③ 判断是否满足收敛标准 $[r^{(i+1)}, r^{(i+1)}]/[r^{(0)}, r^{(0)}] < \varepsilon$。若不满足，重复步骤 ②，直至达到收敛标准，迭代过程结束。

该迭代过程与对称超松弛预条件共轭梯度法的迭代过程是一致的，由于预条件矩阵不同，所以仅回代过程 $h^{(i+1)} = M^{-1}r^{(i+1)}$ 略有差别。另外，不完全乔里斯基分解的方法较多，耗时和预条件效果各异[13]。

下面根据不完全乔里斯基预条件共轭梯度法，编写求解大型、稀疏、对称、正定线性方程组的 C++ 程序，具体如程序代码 7.7.1 所示，其中下三角系数矩阵的非零元素按 CSR 格式存储。

程序代码 7.7.1　基于不完全乔里斯基分解的预条件共轭梯度法的程序代码

```
#include<iostream>
#include<iomanip>
#include<cmath>
```

```cpp
#include<windows.h>
using namespace std;
#define REAL double
//=========================================================//
//函数名称: ICCMP()
//函数目的: 对对称稀疏矩阵作不完全乔里斯基分解
//参数说明: ia: 记录对角线元素在 a 中的索引
//          ja: 记录下三角矩阵中各非零元素的列号
//          s: 存放分解的下三角矩阵 L 和对角阵 D
//          n: 方程阶数
//=========================================================//
int ICCMP(REAL * s, int * ia, int * ja, int n)
{
    int i, j, k, l, ibgn, iend, jbgn, jend, kend;
    REAL ca;
    for (i = 0; i < n; i++)
    {
        ibgn = i > 0 ? ia[i - 1] + 1 : 0;
        iend = ia[i];
        for (k = ibgn; k < iend; k++)
        {
            kend = ia[ja[k]];
            if ( s[kend] + 1.0 == 1.0 )return -1;
            ca = s[k] / s[kend];
            for (j = k + 1; j <= iend; j++)
            {
                jbgn = ia[ja[j] - 1] + 1;
                if (ja[jbgn] > ja[k]) continue;
                jend = ia[ja[j]];
                for (l = jbgn; l <= jend; l++)
                {
                    if (ja[l] ! = ja[k]) continue;
                    s[j] -= ca * s[l];
                    break;
                }
            }
        }
    }
    return 0;
}
//=========================================================//
```

```
//函数名称: BKSB()
//函数目的: 顺代和回代过程 h = m- * g => m * h = g;
//参数说明: ia: 记录对角线元素在 a 中的索引
//          ja: 记录下三角矩阵中各非零元素的列号
//           a: 存放分解的下三角矩阵 L 和对角阵 D
//           x: 解向量
//           n: 方程阶数
//=========================================================//
void BKSB(REAL * a, REAL * h, int * ia, int * ja, int n)
{
    int i, k, ibgn, iend;
    /////////////////////////////////////////////////////////
    //顺代过程
    for (i = 0; i <n; i++)
    {
        ibgn = i > 0 ? ia[i - 1] + 1 : 0;
        iend = ia[i];
        for (k = ibgn; k < iend; k++)
        {
            h[i] -= a[k] * h[ja[k]] / a[ia[ja[k]]];
        }
    }
    /////////////////////////////////////////////////////////
    //回代过程
    for (i = n - 1; i >= 0; i--)
    {
        ibgn = i > 0 ? ia[i - 1] + 1 : 0;
        iend = ia[i];
        h[i] /= a[iend];
        for (k = ibgn; k < iend; k++)
        {
            h[ja[k]] -= a[k] * h[i];
        }
    }
}
//=========================================================//
//函数名称: AMP()
//函数目的: 矩阵与向量的乘积 H = AP
//参数说明: ia: 记录对角线元素在 a 中的索引
//          ja: 记录下三角矩阵中各非零元素的列号
//           a: 系数矩阵
```

```
//          h : 返回值
//          p : 待乘向量
//          n : 方程阶数
//===============================================================//
void AMP(REAL * a, REAL * p, REAL * h, int * ia, int * ja, int n)
{
    int i, j, ibgn, iend;
    for (i = 0; i < n; i++)
    {
        ibgn = i > 0 ? ia[i - 1] + 1 : 0;
        iend = ia[i];
        h[i] = p[i] * a[iend];
        for (j = ibgn; j < iend; j++)
        {
            h[i] += a[j] * p[ja[j]]; //Al * D
            h[ja[j]] += a[j] * p[i]; //Au * D
        }
    }
}
//===============================================================//
//函数名称: ICCG()
//函数目的: 不完全乔里斯基预条件共轭梯度法解稀疏对称正定线性方程组
//参数说明: ia : 存储对角线元素在 a 中的索引
//          ja : 存储下三角矩阵中各非零元素的列号
//          a : 存储下三角矩阵每行的非零元素
//          x : 解向量
//          b : 右端向量
//          n : 方程阶数
//===============================================================//
int ICCG(REAL * a, int * ia, int * ja, REAL * x, REAL * b, int n)
{
    int i, m = ia[n - 1] + 1; //a 中元素个数
    REAL * s = new REAL[m];
    for (i = 0; i < m; i++) s[i] = a[i];
    ///////////////////////////////////////////////////////////////
    //IC 分解
    if (ICCMP(s, ia, ja, n) < 0) return -1;
    ///////////////////////////////////////////////////////////////
    const REAL eps = 1.e-15;
    REAL gh1, gh2, alpha, beta, r1, r2;
```

```
REAL * p = new REAL[n];
REAL * g = new REAL[n];
REAL * h = new REAL[n];
r1 = 0;
for (i = 0; i <n; i++)
{
    x[i] = 0;           //解向量初值
    g[i] = b[i];        //共轭梯度向量初值
    h[i] = g[i];        //中间向量
    r1 += h[i] * h[i];
}
//h = m- * g => m * h = g;
BKSB(s, h, ia, ja, n);
gh1 = 0;
for (i = 0; i <n; i++)
{
    p[i] = h[i];        //共轭方向向量初值
    gh1 += g[i] * h[i];
}
///////////////////////////////////////////////////////////////////////
cout<<"收敛残差 r:"<< endl;
int iter = 1;
while (iter <= n)
{
    gh2 = 0;
    AMP(a, p, h, ia, ja, n);

    for (i = 0; i <n; i++)gh2 += p[i] * h[i];
    alpha = gh1 / gh2;
    r2 = 0;
    for (i = 0; i <n; i++)
    {
        x[i] += alpha * p[i];
        g[i] -= alpha * h[i];
        h[i] = g[i];
        r2 += h[i] * h[i];
    }
    cout << iter << setw(15) << r2 / r1 << endl;
    if (r2 / r1 < eps)break;
    //h = m- * g => m * h = g;
    BKSB(s, h, ia, ja, n);
```

```
        gh2 = 0;
        for (i = 0; i <n; i++)gh2 += g[i] * h[i];
        beta = gh2 / gh1;
        gh1 = gh2;
        for (i = 0; i <n; i++)p[i] = h[i] + beta * p[i];
        iter++;
    }
    /////////////////////////////////////////////////////////////////
    delete[ ]p; delete[ ]g; delete[ ]h; delete[ ]s;
    return 0;
}
```

7.7.3　数值实验

【**例 7.7**】　以 7.6 节的算例(主函数相同)测试 ICCG 函数,同样迭代 5 次得到精确解。在三维地球物理数值模拟中,ICCG 算法的收敛效率略高于 SSORCG 算法,但 ICCG 占用内存约为 SSORCG 的 2 倍,并且当系数矩阵病态程度较高时,存在求解失败的情况。

7.8　稳定双共轭梯度法

稳定双共轭梯度法(BiCGStab)是 van der Vorst 于 1992 年提出的一种改进的双共轭梯度法(BiCG),适合于求解非对称线性方程组,与双共轭梯度法相比,它具有更加快速和平滑的收敛性,该算法被广泛地应用于地球物理数值模拟中,特别是引入预条件的稳定双共轭梯度算法。

7.8.1　稳定双共轭梯度算法

对于 n 阶线性方程组

$$Ax = b$$

其中 A 为非对称系数矩阵。下面直接给出求解该线性方程组的稳定双共轭梯度算法[17]:

① 置初值: $x^{(0)}$, $r^{(0)} = b - Ax^{(0)}$, $p^{(0)} = r^* = r^{(0)}$。

② 开始迭代过程:

$$\alpha_i = \frac{[r^{(i)}, r^*]}{[Ap^{(i)}, r^*]} \tag{7.8.1a}$$

$$s^{(i)} = r^{(i)} - \alpha_i Ap^{(i)} \tag{7.8.1b}$$

$$\omega_i = \frac{[As^{(i)}, s^{(i)}]}{[As^{(i)}, As^{(i)}]} \tag{7.8.1c}$$

$$x^{(i+1)} = x^{(i)} + \alpha_i p^{(i)} + \omega_i s^{(i)} \tag{7.8.1d}$$

$$r^{(i+1)} = s^{(i)} - \omega_i As^{(i)} \tag{7.8.1e}$$

$$\beta_i = \frac{[\boldsymbol{r}^{(i+1)}, \boldsymbol{r}^*]}{[\boldsymbol{r}^{(i)}, \boldsymbol{r}^*]} \times \frac{\alpha_i}{\omega_i} \tag{7.8.1f}$$

$$\boldsymbol{p}^{(i+1)} = \boldsymbol{r}^{(i+1)} + \beta_i [\boldsymbol{p}^{(i)} - \omega_i \boldsymbol{A} \boldsymbol{p}^{(i)}] \tag{7.8.1g}$$

$$i = 0, 1, 2, \cdots$$

③ 判断是否满足收敛标准 $[\boldsymbol{r}^{(i+1)}, \boldsymbol{r}^{(i+1)}]/[\boldsymbol{r}^{(0)}, \boldsymbol{r}^{(0)}] < \varepsilon$。若不满足，重复步骤②，直至达到收敛标准，迭代过程结束。

根据式(7.8.1a)~式(7.8.1g)编写稳定双共轭梯度算法的 C++程序，具体如程序代码7.8.1 所示。

程序代码 7.8.1　稳定双共轭梯度法的程序代码

```cpp
#include<iostream>
#include<cmath>
#include<iomanip>
using namespace std;
//===============================================//
//函数名称:BiCGStab()
//函数目的:稳定双共轭梯度法求解对称或非对称线性方程组
//参数说明：a: 方程组的系数矩阵 n * n
//          b: 方程右端项
//          x: 解向量
//          n: 方程阶数
//===============================================//
void BiCGStab(double * a, double * x, double * b, int n)
{
    const double eps = 1.0e-30;     //终止条件
    ///////////////////////////////////////////////////
    //给向量赋初值
    double * r = new double[n];
    double * p = new double[n];
    double * ap = new double[n];
    double * s = new double[n];
    double * as = new double[n];
    double alpha, omega, beta, sum1, sum2, r1, r2;
    ///////////////////////////////////////////////////
    //初始化参数
    r1 = 0;
    for (int i = 0; i <n; i++)
    {
        x[i] = 0;
```

```
        r[i] = b[i];
        p[i] = r[i];
        r1 = b[i] * b[i];
    }
    //ap
    for (int i = 0; i <n; i++)
    {
        ap[i] = 0;
        for (int j = 0; j <n; j++)ap[i] += a[i * n + j] * p[j];
    }
    ///////////////////////////////////////////////////////////////////////////////
    //开始迭代
    int k = 1;
    while (k <n)
    {
        sum1 = sum2 = 0;
        for (int i = 0; i <n; i++)
        {
            sum1 += r[i] * b[i];
            sum2 += ap[i] * b[i];
        }
        alpha = sum1 / sum2;
        for (int i = 0; i <n; i++) s[i] = r[i] - alpha * ap[i];
        sum1 = sum2 = 0;
        for (int i = 0; i <n; i++)
        {
            as[i] = 0;
            for (int j = 0; j <n; j++) as[i] += a[i * n + j] * s[j];
            sum1 +=   as[i] *s[i];
            sum2 += as[i] * as[i];
        }
        omega = sum1 / sum2;
        sum1 = sum2 = 0;
        for (int i = 0; i <n; i++)
        {
            x[i] += (alpha * p[i] + omega * s[i]);
            sum1 += r[i] * b[i];
            r[i] = s[i] - omega * as[i];
            sum2 += r[i] * b[i];
            r2 = r[i] * r[i];
```

```
          }
       if (r2 / r1 < eps)break;
       cout << k << ends << r2 / r1 << endl;
       beta = (sum2 / sum1) * (alpha / omega);
       for (int i = 0; i <n; i++)p[i] = r[i] + beta * (p[i] - omega * ap[i]);
       k = k + 1;
     }
   delete[]r; delete[]p; delete[]ap; delete[]s; delete[]as;
}
```

7.8.2　数值实验

【例7.8】　采用随机数(0 和 1 之间)生成器构建 5000 阶非对称正定线性方程组,主程序如程序代码 7.8.2 所示。程序中系数矩阵的主对角元素为:

$$a_{ii} = c \cdot \sum_{j=r}^{n} a_{ij}$$

其中 c 为主对角线元素的调整系数。在主频为 4GHz、内存为 16GB 的 64 位 PC 机上测试 BiCGStab 函数,迭代终止条件设置为 1×10^{-30},通过改变主对角线调整系数 c 来观察稳定双共轭梯度算法的迭代次数和耗费时间,具体如程序代码 7.8.1 所示。从表中可以看出,随着主对角元素调整系数的逐渐减小,迭代次数和耗费时间呈增大趋势,总体而言,稳定双共轭梯度算法的收敛速度是比较快的。如果对系数矩阵作预条件处理,稳定双共轭梯度算法的收敛性将会进一步提高。

程序代码 7.8.2　测试稳定双共轭梯度算法的主程序

```
#include<windows.h>
#define n 5000
int main()
{
    static double a[n * n], b[n], x[n];
    const double cf = 0.01;
    //随机生成系数矩阵
    //aij,bi
    for (int i = 0; i < n; i++)
    {
        double sum = 0;
        for (int j = 0; j < n; j++)
        {
            double temp = rand() % n / (double)(n + 1);
            if (i ! = j)
            {
```

```
                a[i * n + j] = temp;
                sum += temp;
            }
        }
        a[i * n + i] = sum * cf;
        b[i] = sum + sum * cf;
    }
    long t1 = GetTickCount();        //获得计算前的时间
    //调用共轭梯度函数
    BiCGStab(a, x, b, n);
    long t2 = GetTickCount();        //获得计算后的时间
    cout<< endl;
    cout<<"耗费时间:"<< t2 - t1 <<"MS"<< endl;
    /////////////////////////////////////////////////////////////////////
    double rms = 0;
    for (int i = 0; i < n; i++)rms += (1 - x[i]) * (1 - x[i]);
    rms = double(sqrt(rms / n));
    for (int i = 0; i < n; i++)
    {
        cout << x[i] << setw(10);
        if ((i + 1) % 5 == 0)cout << endl;
    }
    cout<< endl;
    cout<<"平均均方误差:"<< rms << endl;
    system("pause");
    return 0;
}
```

表 7.8.1   稳定双共轭梯度法的测试结果

调整系数 c	0.05	0.04	0.03	0.02	0.01
迭代次数	14	16	20	26	136
耗费时间/ms	437	562	656	782	3954

7.9   阻尼最小二乘共轭梯度法

地球物理反演是地球物理正演的逆过程,最终也将归结为求解线性代数方程组,但反演方程与正演方程的系数矩阵不同,它不再呈对称、正定和稀疏特征,而通常表现为病态、稠密和非对称等特点,采用 7.5 节介绍的共轭梯度法不能直接求解这类方程组。而且由于这类方程的病态程度非常严重(条件数较大),在求解过程中需要引入阻尼因子降低方程的病态程度[15]。

7.9.1　阻尼最小二乘共轭梯度算法

对于线性反演方程 $Gx = b$，其中 G 为稠密的系数矩阵，x 为解向量，b 为右端项。在最小二乘意义下构造函数

$$\boldsymbol{\varPhi}(x) = \parallel Gx - b \parallel_2^2 + \lambda \parallel Ix \parallel_2^2 \qquad (7.9.1)$$

然后对 $\boldsymbol{\varPhi}(x)$ 取极小，并令 $\partial \boldsymbol{\varPhi}(x)/\partial x = 0$，可得

$$(G^{\mathrm{T}}G + \lambda I)x = G^{\mathrm{T}}b \qquad (7.9.2)$$

该方程即为阻尼最小二乘线性反演方程，其中 λ 为阻尼因子，I 为单位矩阵。由于系数矩阵 $(G^{\mathrm{T}}G + \lambda I)$ 具有对称性，则可以利用 7.5 节介绍的共轭梯度法求解方程(7.9.2)。下面先列出 FR 共轭梯度法求解对称线性方程组 $Ax = b$ 的迭代过程：

① 置初值：$x^{(0)}$，$r^{(0)} = b - Ax^{(0)}$，$p^{(0)} = r^{(0)}$。

② 开始迭代过程：

$$a_i = [r^{(i)}, r^{(i)}]/[p^{(i)}, Ap^{(i)}] \qquad (7.9.3a)$$

$$x^{(i+1)} = x^{(i)} + \alpha_i p^{(i)} \qquad (7.9.3b)$$

$$r^{(i+1)} = r^{(i)} - \alpha_i Ap^{(i)} \qquad (7.9.3c)$$

$$\beta_i = [r^{(i+1)}, r^{(i+1)}]/[r^{(i)}, r^{(i)}] \qquad (7.9.3d)$$

$$p^{(i+1)} = r^{(i+1)} + \beta_i p^{(i)} \qquad (7.9.3e)$$

其中 A 为对称正定矩阵，x 为解向量，b 为右端项。i 为迭代序号，r 为梯度或残差向量，p 为共轭方向向量，α_i 和 β_i 为标量，分别为 x 和 p 的修正因子。

下面根据式(7.9.3a) ~ 式(7.9.3e) 推导求解方程(7.9.2) 的共轭梯度法的迭代过程：

首先根据

$$[p^{(i)}, (G^{\mathrm{T}}G + \lambda I)p^{(i)}] = [Gp^{(i)}, Gp^{(i)}] + [p^{(i)}, \lambda I p^{(i)}] \qquad (7.9.4)$$

$$r^{(i)} = G^{\mathrm{T}}b - (G^{\mathrm{T}}G + \lambda I)x^{(i)} = G^{\mathrm{T}}[b - Gx^{(i)}] - \lambda I x^{(i)}$$

再根据 $x^{(i+1)} = x^{(i)} + \alpha_i p^{(i)}$，则上式有

$$r^{(i)} = G^{\mathrm{T}}[b - Gx^{(i-1)} - a_{i-1}Gp^{(i-1)}] - \lambda I x^{(i)}$$

若令

$$\begin{cases} h^{(0)} = b - Gx^{(0)} \\ h^{(i)} = h^{(i-1)} - a_{i-1}Gp^{(i-1)}, \ i \geqslant 1 \end{cases} \qquad (7.9.5)$$

则

$$r^{(i)} = G^{\mathrm{T}}h^{(i)} - \lambda I x^{(i)} \qquad (7.9.6)$$

综合式(7.9.4) ~ 式(7.9.6)，即得阻尼最小二乘共轭梯度法的迭代过程：

① 置初值：$x^{(0)}$，$h^{(0)} = b - Gx^{(0)}$，$r^{(0)} = p^{(0)} = G^{\mathrm{T}}h^{(0)}$。

② 开始迭代过程：

$$a_i = [r^{(i)}, r^{(i)}]/\{[Gp^{(i)}, Gp^{(i)}] + [p^{(i)}, \lambda I p^{(i)}]\} \qquad (7.9.7a)$$

$$x^{(i+1)} = x^{(i)} + \alpha_i p^{(i)} \qquad (7.9.7b)$$

$$h^{(i+1)} = h^{(i)} - a_i Gp^{(i)} \qquad (7.9.7c)$$

$$r^{(i+1)} = G^{\mathrm{T}}h^{(i+1)} - \lambda I x^{(i)} \qquad (7.9.7d)$$

$$\beta_i = [r^{(i+1)}, r^{(i+1)}]/[r^{(i)}, r^{(i)}] \qquad (7.9.7e)$$

$$p^{(i+1)} = r^{(i+1)} + \beta_i p^{(i)} \tag{7.9.7f}$$

$$i = 0, 1, 2, \cdots$$

③判断是否满足收敛标准 $[r^{(i+1)}, r^{(i+1)}] < \varepsilon$。若不满足，重复步骤②，直至达到收敛标准，迭代过程结束。

根据阻尼最小二乘共轭梯度法的迭代过程编写 C++程序，具体如程序代码 7.9.1 所示。

程序代码 7.9.1　阻尼最小二乘共轭梯度法的程序代码

```cpp
#include<iostream>
#include<iomanip>
using namespace std;
//====================================================================//
//函数名称:LSCG()
//函数目的:利用最小二乘共轭梯度法解非对称病态线性方程组
//参数说明: a: 方程组的系数矩阵 m >= n
//          b: 方程右端项
//          x: 解向量
//          m: 矩阵行数
//          n: 矩阵列数
//====================================================================//
void LSCG(double * A, double * x, double * b, const int m, const int n)
{
    int i, j, k;
    double eps = 1.0e-30;        //终止条件
    double damp = 1.0e-12;       //阻尼因子
    double g1 = 0, g2, alpha, beta;
    /////////////////////////////////////////////////////////////////
    //给向量赋初值
    double * h = new double[m];
    double * g = new double[n];
    double * p = new double[n];
    double * Ap = new double[m];
    /////////////////////////////////////////////////////////////////
    //初始化参数
    for (i = 0; i <m; i++) h[i] = b[i]; //h(0)
    for (i = 0; i <n; i++)
    {
        g[i] = 0;                    //g(0)
        for (j = 0; j <m; j++) g[i] += A[j * n + i] * h[j];  //At * h(0)
        p[i] = g[i];                 //p(0)
        x[i] = 0.0;                  //x(0)
```

```cpp
            g1 += g[i] * g[i];           //g(0) * g(0)
    }
    ////////////////////////////////////////////////////////////////////////////
    //开始迭代
    k = 1;
    while (k <n)
    {
        g2 = 0;
        //(p, d * p)
        for (i = 0; i <n; i++)g2 += p[i] * p[i] * damp;
        //A * P
        for (i = 0; i <m; i++)
        {
            Ap[i] = 0;
            for (j = 0; j <n; j++) Ap[i] += A[i * n + j] * p[j];
            g2 += Ap[i] * Ap[i];
        }
        if (g2 <= eps) break;
        //alpha = (g, g) / [(Ap, Ap) + (p, dp)]
        alpha = g1 / g2;
        //x(j+1) = x(j) +alpha * p(j)
        for (i = 0; i <n; i++)x[i] += alpha * p[i];
        //h(j+1) = h(j) -alpha * A * p
        for (i = 0; i <m; i++)h[i] -= alpha * Ap[i];
        g2 = 0;
        for (i = 0; i <n; i++)
        {
            //g(j+1) = AT * h-y(j+1)
            //y(j+1) = d * x(j+1)
            g[i] = -damp * x[i];
            //AT * h
            for (j = 0; j <m; j++) g[i] += A[j * n + i] * h[j];
            //[g(j+1), g(j+1)]
            g2 += g[i] * g[i];
        }
        //terminate iter
        if (g2 < eps) break;
        cout << k << setw(15) << g2 << endl;
        //beta = (g(j+1), g(j+1))/(g(j), g(j))
        beta = g2 / g1;
        g1 = g2;
```

```
    //p(j+1)=g(j+1)+beta*p(j)
    for (i = 0; i <n; i++) p[i] = g[i] + beta * p[i];
    k = k + 1;
}
delete[]h; delete[]g; delete[]p; delete[]Ap;
}
```

7.9.2　数值实验

【例7.9】　对于病态程度较高的希尔伯特(Hilbert)系数矩阵方程组:

$$Ax = b \qquad (7.9.8)$$

其中矩阵 A 和右端项 b 的元素分别为

$$a_{ij} = \frac{1}{i+j-1}, \ b_i = \sum_{j=1}^{m} a_{ij}, \ i = 1, 2, \cdots, m, \ j = 1, 2, \cdots, n \qquad (7.9.9)$$

式中 i, j 分别为矩阵 A 的行号和列号,并且要求行数 m 大于或等于列数 n,方程组的真解为1。当矩阵 A 的阶数在 10 ~ 100 变化时,其条件数高达 10^8 ~ 10^{19} 数量级,可见其病态程度是相当严重的。

为测试阻尼最小二乘共轭梯度法的性能,在主频为 4 GHz、内存为 16 GB 的 64 位 PC 机上利用它求解 5000 阶希尔伯特系数矩阵方程组,主程序如程序代码 7.9.2 所示。计算结果采用平均均方误差

$$RMS = \sqrt{(I-x)^{\mathrm{T}}(I-x)/n} \qquad (7.9.10)$$

进行评价。经计算发现,数值解的平均均方误差小于 10^{-3},耗费时间约 14 s,迭代次数为 72 次。相比而言,如果采用前面介绍的全选主元高斯消去法或三角分解法求解希尔伯特系数矩阵方程组,当方程阶数稍微大一点时(比如 100 阶),将会因为方程条件数过大而导致错误的计算结果。

另外,在地球物理反演中使用该程序代码时,需要根据实际情况合理设置阻尼因子和迭代终止条件,通常比本算例设置的值要大,例如阻尼因子为 0.01、终止条件为 10^{-6}。

程序代码 7.9.2　测试阻尼最小二乘共轭梯度算法的主程序

```
#include<iostream>
#include<iomanip>
#include<cmath>
#include<windows.h>
using namespace std;
//主函数
int main()
{
    const int m = 5000, n = 5000;//m > n;
    static double a[m * n], b[m], x[n];
```

```
//Hilbert 系数矩阵
for (int i = 0; i < m; i++)
{
    b[i] = 0.0;
    for (int j = 0; j < n; j++)
    {
        a[i * n + j] = 1.0 / (i + j + 1);
        b[i] += a[i * n + j];
    }
}
/////////////////////////////////////////////////////////////////
long t1 = GetTickCount();
//解线性方程
cout<<"迭代收敛误差:"<<endl;
LSCG(a, x, b, m, n);
long t2 = GetTickCount();
double diff = t2 - t1;
/////////////////////////////////////////////////////////////////
double rms = 0;
for (int i = 0; i < n; i++)rms += (1 - x[i]) * (1 - x[i]);
rms = sqrt(rms / n);
cout<< setw(10);
for (int i = 0; i < n; i++)
{
    cout << x[i] << setw(10);
    if ((i + 1) % 7 == 0)cout << endl;
}
cout<< endl << endl;
cout<<"平均均方误差:"<< rms << endl;
cout<<"耗费时间(MS):"<< diff << endl << endl;
/////////////////////////////////////////////////////////////////
system("pause");
return 0;
}
```

7.10 奇异值分解法

地球物理反演问题通常为大型、多元、非线性函数的极值问题，从耗费时间和占用内存的角度考虑，目前没有可行且有效的方法直接求解这类问题，而是通过泰勒级数展开并略去二次以上的高次项（即非线性问题线性化），最终将非线性问题归结为求解线性方程组的问题，这类方程被称为线性反演方程，它通常具有病态、稠密和非对称的特点。奇异值分解算法是求解病态线性方程组最有效的方法之一，在地球物理反演中占有重要的地位。

7.10.1　奇异值分解定理与广义逆

下面先了解一些基本定义和定理[18]。

（1）奇异值

对于任意 $m \times n$ 阶矩阵 A，设 $A^T A$ 有 r 个大于零的特征值 $\lambda_i(i = 1, 2, \cdots, r)$，则 $s_i = \sqrt{\lambda_i}(i = 1, 2, \cdots, r)$ 称为 A 的 r 个奇异值，且 $s_1 \geqslant s_2 \geqslant \cdots \geqslant s_r$。

（2）Penrose 奇异值分解定理

设 A 为 $m \times n$ 阶任意矩阵，且 $\mathrm{rank}(A) = r$，则必然存在一个 $m \times m$ 阶正交矩阵 U 和一个 $n \times n$ 阶正交矩阵 V，使得

$$A = USV^T \tag{7.10.1}$$

其中 S 为 $m \times n$ 阶对角阵，即

$$S = \begin{bmatrix} \Sigma & 0 \\ 0 & 0 \end{bmatrix}_{m \times n}, \quad \Sigma = \begin{bmatrix} s_1 & & & \\ & s_2 & & \\ & & \ddots & \\ & & & s_r \end{bmatrix}_{r \times r}$$

其中 $s_i(i = 1, 2, \cdots, r)$ 为 A 的 r 个奇异值。式(7.10.1)被称为矩阵 A 的奇异值分解。应当指出 $\{s_i\}$ 是一个非增序列，即 $s_1 \geqslant s_2 \geqslant \cdots \geqslant s_r$，它是奇异值分解的一个重要特征。

根据 Penrose 奇异值分解定理，可以得到矩阵 A 的广义逆 G。由于 U 和 V 均为正交矩阵，即有

$$U^T U = UU^T = I, \quad V^T V = VV^T = I, \quad U^T = U^{-1}, \quad V^T = V^{-1}$$

所以，G 可以表示成

$$G = VS^{-1}U^T \tag{7.10.2}$$

而对于方程 $Ax = b$，其解可以表示成

$$x = Gb = VS^{-1}U^T b \tag{7.10.3}$$

式中

$$S^{-1} = \begin{bmatrix} \Sigma^{-1} & 0 \\ 0 & 0 \end{bmatrix}_{m \times n}, \quad \Sigma^{-1} = \begin{bmatrix} \frac{1}{s_1} & & & \\ & \frac{1}{s_2} & & \\ & & \ddots & \\ & & & \frac{1}{s_r} \end{bmatrix}_{r \times r}$$

（3）Lanczos 奇异值分解定理

设 A 为 $m \times n$ 阶任意矩阵，且 $\mathrm{rank}(A) = r$，则 A 可分解为

$$A = U_p S_p V_p^T$$

其中 U_p 为 $A^T A$ 的 $p(p \leqslant r)$ 个最大特征值对应的特征向量组成的 $m \times p$ 阶半正交矩阵，V_p 为 $A^T A$ 的 $p(p \leqslant r)$ 个最大特征值对应的特征向量组成的 $n \times p$ 阶半正交矩阵，S_p 为对角阵，其

元素为由大到小依次排列的 A^TA 的 p 个最大特征值的平方根。

根据 Lanczos 奇异值分解定理，可以得到矩阵 A 的广义逆 G

$$G = V_p S_p^{-1} U_p^T \qquad (7.10.4)$$

因而方程 $Ax = b$ 的解可以表示成

$$x = Gb = V_p S_p^{-1} U_p^T b \qquad (7.10.5)$$

其中 $S_p^- = \begin{bmatrix} \frac{1}{s_1} & & & \\ & \frac{1}{s_2} & & \\ & & \ddots & \\ & & & \frac{1}{s_p} \end{bmatrix}_{p \times p}$

比较 Penrose 分解和 Lanczos 分解定理，不难看出，后者是将 U、V 和 S 分成两个部分，假设 A^TA 有 p 个非零特征值，则

$$U = \begin{bmatrix} U_p & U_0 \end{bmatrix}, V = \begin{bmatrix} V_p & V_0 \end{bmatrix},$$

$$S_p = \begin{bmatrix} \Sigma_p & 0 \\ 0 & 0 \end{bmatrix}_{m \times n}$$

这时 U_0 和 V_0 是与零特征值对应的特征向量组成的矩阵，而 U_p 和 V_p 是 U 和 V 的一部分，它们已不再是正交矩阵，而是半正交矩阵，即满足

$$U_p^T U_p = I, U_p U_p^T \neq I, V_p^T V_p = I, V_p V_p^T \neq I$$

从而有

$$A = \begin{bmatrix} U_p & U_0 \end{bmatrix} \begin{bmatrix} \Sigma_p & 0 \\ 0 & 0 \end{bmatrix} \begin{bmatrix} V_p^T \\ V_0^T \end{bmatrix} = U_p S_p V_p^T$$

上式表明，只要用 U_p 和 V_p 空间就能构成 A，Lanczos 形象地称 U_0、V_0 为"盲点"，它们未被算子 A"照亮"。

Lanczos 奇异值分解定理为我们在实际计算中对小奇异值进行处理提供了重要依据。

(4) 广义逆

设 A 为 $m \times n$ 阶任意矩阵，对于 $n \times m$ 阶 G 矩阵满足以下四个条件

①$AGA = A$

证明：$AGA = (USV^T)(VS^-U^T)(USV^T) = USS^-SV^T = USV^T = A$

②$GAG = G$

证明：$GAG = (VS^-U^T)(USV^T)(VS^-U^T) = VS^-SS^-U^T = VS^-U^T = G$

③$(GA)^T = GA$

证明：$(GA)^T = (VS^-U^TUSV^T)^T = (VV^T)^T = V^TV = VS^-U^TUSV^T = GA$

④$(AG)^T = AG$

证明：$(AG)^T = (USV^TVS^-U^T)^T = (UU^T)^T = U^TU = USV^TVS^-U^T = AG$

则称矩阵 G 为矩阵 A 的 Moore - Penrose 广义逆，记为 A^+。

（5）条件数

根据矩阵理论，方程的病态程度用矩阵的条件数来表示，矩阵 A 的条件数可表示为：

$$\tau(A) = \frac{s_{\max}}{s_{\min}}$$

即矩阵 A 的最大奇异值与最小奇异值之比。条件数 $\tau(A)$ 越大，方程的病态程度越严重，越难得到精确解。

7.10.2　病态方程组的广义逆解法

对于病态线性方程组：

$$Ax = b \tag{7.10.6}$$

其中系数矩阵 $A \in R^{m \times n}$ 且 $m \geqslant n$，解向量 $x \in R^n$，右端项 $b \in R^m$。

对矩阵 A 作奇异值分解：

$$A = USV^{\mathrm{T}} = \sum_{i=1}^{n} u_i s_i v_i^{\mathrm{T}} \tag{7.10.7}$$

其中左矩阵 $U = (u_1, u_2, \cdots, u_n)$ 且 $U \in R^{m \times n}$，右矩阵 $V = (v_1, v_2, \cdots, v_n)$ 且 $V \in R^{n \times n}$，对角阵 $S = \mathrm{diag}(s_1, s_2, \cdots, s_n)$。则解向量 x 为

$$x = A^+ b = VS^+ U^{\mathrm{T}} b = \sum_{i=1}^{\mathrm{rank}(A)} \frac{u_i^{\mathrm{T}} b}{s_i} v_i \tag{7.10.8}$$

其中 A^+ 为矩阵 A 的广义逆，S^+ 为 S 的逆。

从式（7.10.8）可以看出，当奇异值 s_i 随 i 的增加逐渐趋于零时，若对奇异值不作任何处理，则奇异值分解法与高斯消去法和 LU 分解法一样，求解结果将出现较大偏差。在这种情况下，需要采取相应方法削弱小奇异值的影响。通过引入阻尼项将式（7.10.8）改写为[15]

$$x = \sum_{i=1}^{\mathrm{rank}(A)} \frac{s_i^2}{s_i^2 + \lambda^2} \frac{u_i^{\mathrm{T}} b}{s_i} v_i = \sum_{i=1}^{\mathrm{rank}(A)} f_i \frac{u_i^{\mathrm{T}} b}{s_i} v_i \tag{7.10.9}$$

其中 $f_i = s_i^2 / (s_i^2 + \lambda^2)$ 称为滤波系数，λ 为阻尼因子。当 $s_i \gg \lambda$ 时，$f_i \approx 1$，解向量则越接近真解；当 $s_i \ll \lambda$ 时，$f_i \approx 0$，使小奇异值的影响被压制。通过合理选择阻尼因子 λ，可大大提高奇异值分解法求解病态方程组的精度。

7.10.3　广义交叉验证法

下面介绍一种自适应计算阻尼因子的方法——广义交叉验证法（generalized cross-validation，简称 GCV），它是美国斯坦福大学著名计算数学家 Golub 教授于 1979 年提出的，其思想源于统计学，当从向量 b 中去掉一个分量 b_i 后，则由此产生的新模型解也能较好地预测 b 中被去掉的分量 b_i。基于这一思想，Golub 给出了关于参数 λ 的广义交叉验证函数

$$\mathrm{GCV}(\lambda) = \frac{\| b - Ax_\lambda \|_2^2}{\{ \mathrm{tr}[I - A(A^{\mathrm{T}}A + \lambda^2 I)^{-1} A^{\mathrm{T}}] \}^2} \tag{7.10.10}$$

其中 tr 表示方阵的迹，即方阵对角线元素的和。利用广义交叉验证函数确定"最佳"的阻尼因子 λ，也就是寻找使 $\mathrm{GCV}(\lambda)$ 函数达到极小时的 λ 值。广义交叉验证函数的分子为最小二乘解的残差，比较容易计算，但直接计算分母是比较困难的，并且计算量比较大，但根据矩阵 A

的奇异值分解形式(7.10.7),可方便地求出迹估计

$$\mathrm{tr}\left[\boldsymbol{I} - \boldsymbol{A}(\boldsymbol{A}^{\mathrm{T}}\boldsymbol{A} + \lambda^2\boldsymbol{I})^{-1}\boldsymbol{A}^{\mathrm{T}}\right] = m - n + \sum_{i=1}^{n}\frac{\lambda^2}{s_i^2 + \lambda^2} \tag{7.10.11}$$

通过给定一系列 λ 值,可计算出与 λ 对应的 $\mathrm{GCV}(\lambda)$ 函数值,并将 $\mathrm{GCV}(\lambda)$ 取极小时的 λ 值作为"最佳"阻尼因子。

7.10.4　程序设计与数值实验

(1)程序设计

对任意矩阵 $\boldsymbol{A}$ 作 SVD 变换,可将其分解成 $\boldsymbol{U}$, $\boldsymbol{S}$, $\boldsymbol{V}$ 矩阵,这里省略了奇异值分解所采用的 Householder 正交变换、Givens 旋转变换以及带位移的 QR 分解等算法的实现过程,而是直接采用著名数值计算学家 Forsythe 等人提供的程序 svdcmp,根据使用经验,有充足的理由表明,该程序是非常稳定的,出现失误是极为例外的情况。这里根据奇异值分解得到的 $\boldsymbol{U}$、$\boldsymbol{S}$、$\boldsymbol{V}$ 矩阵,编写引入自适应计算阻尼因子的回代程序 svdbksb。下面给出奇异值分解法求解病态方程的 C++程序,具体如程序代码 7.10.1 所示。

程序代码 7.10.1　奇异值分解法解线性方程组的程序代码

```
#include<cmath>
#include<iostream>
#include<iomanip>
#include<fstream>
#include<windows.h>
using namespace std;
#define sign(u,v) ( (v) >= 0.0 ? fabs(u) : -fabs(u) )
#define REAL double
/////////////////////////////////////////////////////////
template<class T>
void Allocate2DArray(T * *& x, int rows, int cols)
{
    //创建行指针
    x = new T * [rows];
    //为每一行分配空间
    for (int i = 0; i <rows; i++)x[i] = new T[cols];
}
template<class T>
void Delete2DArray(T * *& x, int rows)
{
    //释放每一行所分配的空间
    for (int i = 0; i <rows; i++)delete[]x[i];
    //释放行指针
    delete[]x;
```

```
}
REAL radius(REAL u, REAL v)
{
    REAL w;
    u = fabs(u);
    v = fabs(v);
    if (u>v)
    {
        w = v / u;
        return (u * sqrt(1 + w * w));
    }
    else
    {
        if (v)
        {
            w = u / v;
            return (v * sqrt(1 + w * w));
        }
        else return 0.0;
    }
}
//======================================================//
//函数名称:svdcmp()
//函数目的:对矩阵 A[m][n]进行奇异值解 A = U W Vt
//函数参数: a: 系数矩阵(m >= n)
//          m: 系数矩阵的行数
//          n: 系数矩阵的列数
//          w: 奇异值矩阵——n * n 阶对角矩阵
//          v: n * n 阶正交矩阵
//======================================================//
int svdcmp(REAL ** a, int m, int n, REAL * w, REAL ** v)
{
    int flag, i, its, j, jj, k, l, nm, nm1 = n - 1, mm1 = m - 1;
    REAL c, f, h, s, x, y, z;
    REAL anorm = 0.0, g = 0.0, scale = 0.0;
    REAL * rv1 = new REAL[n];
    if (m<n) return -1;
    //基于豪斯霍尔德变换进行矩阵双对角化
    for (i = 0; i <n; i++)
    {
        l = i + 1;
```

```
        rv1[i] = scale * g;
        g = s = scale = 0.0;
        if (i < m)
        {
            for (k = i; k < m; k++) scale += fabs(a[k][i]);
            if (scale)
            {
                for (k = i; k < m; k++)
                {
                    a[k][i] /= scale;
                    s += a[k][i] * a[k][i];
                }
                f = a[i][i];
                g = -sign(sqrt(s), f);
                h = f * g - s;
                a[i][i] = f - g;
                if (i ! = nm1)
                {
                    for (j = 1; j < n; j++)
                    {
                        s = 0.0;
                        for (k = i; k < m; k++) s += a[k][i] * a[k][j];
                        f = s / h;
                        for (k = i; k < m; k++) a[k][j] += f * a[k][i];
                    }
                }
                for (k = i; k < m; k++) a[k][i] *= scale;
            }
        }
        w[i] = scale * g;
        g = s = scale = 0;
        if (i < m && i ! = nm1)
        {
            for (k = 1; k < n; k++) scale += fabs(a[i][k]);
            if (scale)
            {
                for (k = 1; k < n; k++)
                {
                    a[i][k] /= scale;
                    s += a[i][k] * a[i][k];
                }
            }
```

```
                    f = a[i][1];
                    g = -sign(sqrt(s), f);
                    h = f * g - s;
                    a[i][1] = f - g;
                    for (k = 1; k <n; k++)rv1[k] = a[i][k] / h;
                    if (i ! = mm1)
                    {
                        for (j = 1; j <m; j++)
                        {
                            s = 0.0;
                            for (k = 1; k <n; k++)s += a[j][k] * a[i][k];
                            for (k = 1; k <n; k++)a[j][k] += s * rv1[k];
                        }
                    }
                    for (k = 1; k <n; k++)a[i][k] *= scale;
                }
            }
        anorm = max(anorm, (fabs(w[i]) + fabs(rv1[i])));
    }
    //右变换
    for (i = n - 1; i >= 0; i--)
    {
        if (i < nm1)
        {
            if (g)
            {
                for (j = 1; j <n; j++)v[j][i] = (a[i][j] / a[i][1]) / g;
                for (j = 1; j <n; j++)
                {
                    s = 0;
                    for (k = 1; k <n; k++)s += a[i][k] * v[k][j];
                    for (k = 1; k <n; k++)v[k][j] += s * v[k][i];
                }
            }
            for (j = 1; j <n; j++)v[i][j] = v[j][i] = 0.0;
        }
        v[i][i] = 1.0;
        g = rv1[i];
        l = i;
    }
    //左变换
```

```
    for (i = n - 1; i >= 0; i--)
    {
        l = i + 1;
        g = w[i];
        if (i < nm1)
        {
            for (j = l; j < n; j++)a[i][j] = 0.0;
        }
        if (g)
        {
            g = 1.0 / g;
            if (i ! = nm1)
            {
                for (j = l; j < n; j++)
                {
                    s = 0.0;
                    for (k = l; k < m; k++)s += a[k][i] * a[k][j];
                    f = (s / a[i][i]) * g;
                    for (k = i; k < m; k++)a[k][j] += f * a[k][i];
                }
            }
            for (j = i; j < m; j++)a[j][i] *= g;
        }
        else
        {
            for (j = i; j < m; j++)a[j][i] = 0.0;
        }
        ++a[i][i];
    }
    //双对角矩阵对角化
    for (k = n - 1; k >= 0; k--)
    {
        for (its = 0; its < 30; its++)
        {
            flag = 1;
            for (l = k; l >= 0; l--)
            {
                nm = l - 1;
                if (fabs(rv1[l]) + anorm == anorm)
                {
                    flag = 0;
```

```
                    break;
        }
        if (fabs(w[nm]) + anorm = = anorm)break;
    }
    if (flag)
    {
        c = 0.0;
        s = 1.0;
        for (i = 1; i <= k; i++)
        {
            f = s * rv1[i];
            if (fabs(f) + anorm ! = anorm)
            {
                g = w[i];
                h = radius(f, g);
                w[i] = h;
                h = 1 / h;
                c = g * h;
                s = (-f * h);
                for (j = 0; j <m; j++)
                {
                    y = a[j][nm];
                    z = a[j][i];
                    a[j][nm] = y * c + z * s;
                    a[j][i] = z * c - y * s;
                }
            }
        }
    }
    z = w[k];
    if (1 = = k)
    {
        if (z < 0.0)
        {
            w[k] = -z;
            for (j = 0; j <n; j++)v[j][k] = (-v[j][k]);
        }
        break;
    }
    if (its = = 29)return -1;
    //以底 2x2 镜像移位
```

```
        x = w[1];
        nm = k - 1;
        y = w[nm];
        g = rv1[nm];
        h = rv1[k];
        f = ((y - z) * (y + z) + (g - h) * (g + h)) / (2 * h * y);
        g = radius(f, 1.0);
        //QR 变换
        f = ((x - z) * (x + z) + h * ((y / (f + sign(g, f))) - h)) / x;
        c = s = 1.0;
        for (j = 1; j <= nm; j++)
        {
            i = j + 1;
            g = rv1[i];
            y = w[i];
            h = s * g;
            g = c * g;
            z = radius(f, h);
            rv1[j] = z;
            c = f / z;
            s = h / z;
            f = x * c + g * s;
            g = g * c - x * s;
            h = y * s;
            y = y * c;
            for (jj = 0; jj <n; jj++)
            {
                x = v[jj][j];
                z = v[jj][i];
                v[jj][j] = x * c + z * s;
                v[jj][i] = z * c - x * s;
            }
            z = radius(f, h);
            w[j] = z;
            if (z)
            {
                z = 1 / z;
                c = f * z;
                s = h * z;
            }
            f = (c * g) + (s * y);
```

```
                    x = (c * y) - (s * g);
                    for (jj = 0; jj <m; jj++)
                    {
                        y = a[jj][j];
                        z = a[jj][i];
                        a[jj][j] = y * c + z * s;
                        a[jj][i] = z * c - y * s;
                    }
                }
                rv1[l] = 0.0;
                rv1[k] = f;
                w[k] = x;
            }
        }
    delete[]rv1;
    return 0;
}
//=======================================================//
//函数名称: svdbksb()
//函数目的: 采用奇异值分解法解线性方程组: Ax = b  =>  UWVtx = b  =>  x = VUtb/w
//函数参数: a: 存储分解后的 u 矩阵
//            v: 分解后的 v 矩阵
//            w: 分解后的对角矩阵
//            m: 系数矩阵的行数
//            n: 系数矩阵的列数
//            b: 方程右端项
//            x: 解向量
//         damp: 阻尼因子
//           ub: 临时数组
//=======================================================//
void svdbksb(REAL * * a, REAL * * v, REAL * w, int m, int n, REAL * b,
            REAL * x, REAL damp, REAL * ub)
{
    int i, j;
    //<U, b>
    for (j = 0; j <n; j++)
    {
        ub[j] = 0.0;
        for (i = 0; i <m; i++)ub[j] += a[i][j] * b[i];
        //引入阻尼因子
        ub[j] *= w[j] / (w[j] * w[j] + damp * damp);
```

```
    }
    //V(UT.b/W)
    for (i = 0; i <n; i++)
    {
        x[i] = 0.0;
        for (j = 0; j <n; j++)x[i] += v[i][j] * ub[j];
    }
}
//=============================================================//
//函数名称: svd()
//函数目的: 采用奇异值分解法解病态线性方程组
//函数参数: a: 系数矩阵(行数大于等于列数)
//          m: 系数矩阵的行数
//          n: 系数矩阵的列数
//          b: 方程右端项
//          x: 解向量
//=============================================================//
int svd(REAL ** a, int m, int n, REAL * b, REAL * x)
{
    int i, j, k;
    REAL mingcv = DBL_MAX, optidamp, gcv, r, s;
    REAL * w = new REAL[n];
    REAL ** v;
    Allocate2DArray<REAL>(v, n, n);
    const int nlamd = 20;
    REAL * lamd = new REAL[nlamd];
    REAL * vx = new REAL[n];
    /////////////////////////////////////////////////////////////
    //奇异值分解
    if (svdcmp(a, m, n, w, v) == -1) return -1;
    /////////////////////////////////////////////////////////////
    //广义交叉验证方法寻找最优阻尼
    //阻尼因子序列-解决实际问题时需要根据情况构造合理的阻尼序列
    lamd[0] = 1;
    for (i = 1; i < nlamd; i++) lamd[i] = lamd[i - 1] / 5;
    //寻找最优阻尼
    for (i = 0; i < nlamd; i++)
    {
        r = m - n;
        for (j = 0; j <n; j++)
        {
```

```
                s = lamd[i] * lamd[i];
                r += s / (w[j] * w[j] + s);
            }
        gcv = r * r;
        svdbksb(a, v, w, m, n, b, x, lamd[i], vx);
        //v'  xlamd
        for (j = 0; j < n; j++)
        {
            s = 0.0;
            for (k = 0; k < n; k++) s += v[k][j] * x[k];
            vx[j] = s * w[j];
        }
        r = 0;
        for (j = 0; j < m; j++)
        {
            s = 0.0;
            for (int k = 0; k < n; k++) s += a[j][k] * vx[k];
            s = b[j] - s;
            r += s * s;
        }
        gcv = r / gcv;
        if (gcv < mingcv)
        {
            if (mingcv - gcv < 1e-25)
            {
                optidamp = lamd[i];
                break;
            }
            mingcv = gcv;
            optidamp = lamd[i];
        }
    }
    //根据最优阻尼计算最优解
    svdbksb(a, v, w, m, n, b, x, optidamp, vx);
    ////////////////////////////////////////////////////////////////////////////
    delete[]w;delete[]lamd;  delete[]vx;
    Delete2DArray<REAL>(v, n);
    return 0;
}
```

（2）数值实验

【例 7.10】 为测试奇异值分解法求解病态方程的性能，利用它求解希尔伯特系数矩阵方程组，主程序如程序代码 7.10.2 所示。

程序代码 7.10.2 测试奇异值分解算法的主程序

```
//主函数
int main()
{
    int m = 1000;
    int n = 1000;
    //分配内存二维数组
    REAL ** a;
    Allocate2DArray<REAL>(a, m, n);
    REAL * b = new REAL[m];
    REAL * x = new REAL[n];
    //Hilbert 系数矩阵
    for (int i = 0; i < m; i++)
    {
        REAL sum = 0;
        for (int j = 0; j < n; j++)
        {
            a[i][j] = 1.0 / (i + j + 1);
            sum += a[i][j];
        }
        b[i] = sum;
    }
    //解线性方程组
    long t1 = GetTickCount();
    if (svd(a, m, n, b, x) < 0)
    {
        cout <<"奇异值分解失败!"<< endl;
        return -1;
    }
    long t2 = GetTickCount();
    cout<<"解向量 x:"<< endl;
    REAL sum = 0;
    cout<< setw(12);
    for (int i = 0; i < n; i++)
    {
        cout << x[i] << setw(12);
        if ((i + 1) % 6 == 0)cout << endl;
        sum += (1 - x[i]) * (1 - x[i]);
    }
```

```
        cout<< endl << endl;
        cout<<"======平均均方误差======="<< endl;
        cout<< sqrt(sum / n) << endl;
        cout<< endl << endl;
        cout<<"======耗费时间======="<< endl;
        cout<< t2 - t1 <<"MS"<< endl;
        //////////////////////////////////////////////////////////////
        Delete2DArray<REAL>(a, n); delete[ ]b;delete[ ]x;
        system("pause");
        return 0;
}
```

在求解过程中，先将希尔伯特系数矩阵 A 作奇异值分解得到 U，S，V 矩阵，然后采用广义交叉验证法确定"最佳"阻尼因子，最后将"最佳"阻尼因子代入式(7.10.9)，即可求得病态方程的"最优"解。

在测试过程中，采用以下方式构建阻尼因子序列：

$$\lambda_i = \frac{1}{5^i}, \ i = 0, 1, \cdots, 19$$

阻尼因子 λ_i 在 $1 \sim 10^{-14}$ 变化。对于不同阶希尔伯特系数矩阵方程组的求解，广义交叉验证函数 $GCV(\lambda)$ 的曲线形态大致如图 7.10.1 所示，可以看出，$GCV(\lambda)$ 函数在极小值附近曲线变化平缓，这就容易导致确定的"最佳"阻尼因子有时不是最佳的。在本例中，当 $GCV(\lambda)$ 函数曲线取得极小值时，确定的"最佳"阻尼因子约为 10^{-11}。

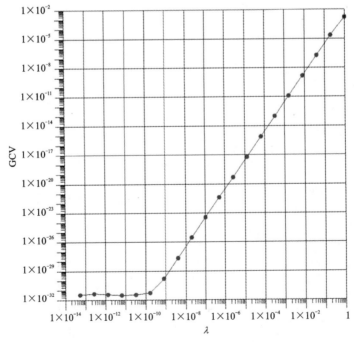

图 7.10.1　广义交叉验证函数曲线

在主频为 4 GHz、内存为 16 GB 的 64 位 PC 机上，采用奇异值分解法求解不同阶数的希尔伯特系数矩阵方程组，求解精度和耗费时间情况如表 7.10.1 所示。从表中可以看出，若能确定"最佳"阻尼因子，奇异值分解法的求解精度是非常高的，但耗费时间则随方程阶数的增加呈指数增大，其中大部分时间主要耗费在分解过程上，回代过程占用时间很少。

表 7.10.1 奇异值分解法的测试结果统计表

方程组的阶数	500	1000	2000	5000
平均均方误差	6.1×10^{-6}	6.4×10^{-6}	6.1×10^{-6}	5.9×10^{-6}
耗费时间/s	1.0	9.3	129.1	2634.7

在地球物理反演中，当反演问题规模不是很大时(比如模型参数小于1000)，从求解精度的角度考虑，奇异值分解法是解病态方程的首选方法之一。另外，如何确定最优阻尼因子一直是地球物理反演的研究热点，但没有哪一种求解方法可以适用于各种反演问题。

习 题

1. 用列选主元和全选主元高斯消去法、杜特利尔和科朗分解法、稳定双共轭梯度法求解线性代数方程组

$$\begin{bmatrix} 1 & -4 & 6 & -5 \\ -5 & 21 & -33 & 32 \\ 6 & -26 & 43 & -48 \\ 5 & -24 & 45 & -64 \end{bmatrix} \begin{bmatrix} x_1 \\ x_2 \\ x_3 \\ x_4 \end{bmatrix} = \begin{bmatrix} 8 \\ -32 \\ 25 \\ -10 \end{bmatrix}$$

2. 用乔里斯基分解法、改进的乔里斯基分解法、一维变带宽乔里斯基分解法、对称超松弛预条件共轭梯度法、不完全乔里斯基预条件共轭梯度法求解线性代数方程组

$$\begin{bmatrix} 1 & 2 & 1 & -3 \\ 2 & 5 & 0 & -5 \\ 1 & 0 & 14 & 1 \\ -3 & -5 & 1 & 15 \end{bmatrix} \begin{bmatrix} x_1 \\ x_2 \\ x_3 \\ x_4 \end{bmatrix} = \begin{bmatrix} 1 \\ 2 \\ 16 \\ 8 \end{bmatrix}$$

3. 用追赶法求解三对角线性代数方程组

$$\begin{bmatrix} 4 & -1 & & & \\ -1 & 4 & -1 & & \\ & -1 & 4 & -1 & \\ & & -1 & 4 & -1 \\ & & & -1 & 4 \end{bmatrix} \begin{bmatrix} x_1 \\ x_2 \\ x_3 \\ x_4 \\ x_5 \end{bmatrix} = \begin{bmatrix} 100 \\ 200 \\ 200 \\ 200 \\ 100 \end{bmatrix}$$

4. 用阻尼最小二乘共轭梯度法和奇异值分解法求解超定线性代数方程组

$$
\begin{bmatrix}
1 & 1/2 & 1/3 & 1/4 \\
1/2 & 1/3 & 1/4 & 1/5 \\
1/3 & 1/4 & 1/5 & 1/6 \\
1/4 & 1/5 & 1/6 & 1/7 \\
1/5 & 1/6 & 1/7 & 1/8 \\
1/6 & 1/7 & 1/8 & 1/9
\end{bmatrix}
\begin{bmatrix}
x_1 \\ x_2 \\ x_3 \\ x_4
\end{bmatrix}
=
\begin{bmatrix}
15 \\ 14 \\ 13 \\ 12 \\ 11 \\ 10
\end{bmatrix}
$$

参考文献

［1］李祺. 物探数值方法导论［M］. 北京：地质出版社，1991.

［2］沈剑华. 数值计算基础［M］. 上海：同济大学出版社，1999

［3］王能超. 数值计算简明教程［M］. 北京：高等教育出版社，1984.

［4］徐萃薇. 计算方法引论［M］. 北京：高等教育出版社，1985.

［5］徐士良. 数值方法与计算机实现［M］. 北京：清华大学出版社，2009.

［6］吴开腾，覃燕梅，张莉，等. 数值计算方法及其程序实现［M］. 北京：科学出版社，2015.

［7］严蔚敏，吴伟民. 数据结构［M］. 北京：清华大学出版社，1997.

［8］William H. Press, Saul A. Teukolsky, William F. Vetterling, et al. Numerical Recipes：The Art of Scientific Computing［M］. Cambridge University Press, 1992.

［9］吴宗敏. 散乱数据拟合的模型、方法和理论［M］. 2版. 北京：科学出版社，2016.

［10］恰汗·合孜尔. 实用计算机数值计算方法及程序设计（C语言版）［M］. 北京：清华大学出版社，2007.

［11］虋莹. 数值计算方法——算法及其程序设计［M］. 西安：西安电子科技大学出版社，2014.

［12］李庆扬，王能超，易大义. 数值分析［M］. 5版. 北京：清华大学出版社，2008.

［13］徐世浙. 地球物理中的有限单元法［M］. 北京：科学出版社，1994.

［14］胡家赣. 线性代数方程组的迭代解法［M］. 北京：科学出版社，1999.

［15］刘海飞，柳建新，麻昌英. 直流激电反演成像理论与方法应用［M］. 长沙：中南大学出版社，2017.

［16］周少博. 大型线性方程组不完全分解预条件方法的研究［D］. 成都：电子科技大学，2008.

［17］Yousef Saad. Iterative methods for sparse linear systems［M］. Secondedition. Society for Industrial and Applied Mathematics, 2003.

［18］姚姚. 地球物理反演基本理论与应用方法［M］. 武汉：中国地质大学出版社，2002.

图书在版编目（CIP）数据

数值计算与程序设计：地球物理类／刘海飞，柳建新编著. —长沙：中南大学出版社，2021.8

普通高等教育新工科人才培养地球物理学专业"十四五"规划教材

ISBN 978-7-5487-4573-0

Ⅰ. ①数… Ⅱ. ①刘… ②柳… Ⅲ. ①地球物理勘探－数值计算－程序设计－高等学校－教材 Ⅳ. ①O241 ②TP311.1③P631

中国版本图书馆 CIP 数据核字（2021）第 145645 号

数值计算与程序设计
（地球物理类）

SHUZHI JISUAN YU CHENGXU SHEJI（DIQIU WULI LEI）

刘海飞　柳建新　编著

□**责任编辑**	刘小沛
□**责任印制**	唐　曦
□**出版发行**	中南大学出版社
	社址：长沙市麓山南路　　　邮编：410083
	发行科电话：0731-88876770　　传真：0731-88710482
□**印　　装**	长沙雅鑫印务有限公司

□**开　　本**　787 mm×1092 mm　1/16　□**印张** 18.5　□**字数** 469 千字
□**互联网+图书**　二维码内容　字数 1 千字　图片 3 张
□**版　　次**　2021 年 8 月第 1 版　　□**印次** 2021 年 8 月第 1 次印刷
□**书　　号**　ISBN 978-7-5487-4573-0
□**定　　价**　58.00 元